개발 책임 이운영
편집 관리 이채원
디자인 이현지 임성자
온라인 강진식
마케팅 박진용
관리 장희정
용지 영지페이퍼
인쇄 제본 벽호 · GKC
유통 북앤북

학습 내용	주/일	계획	확인 ☑
❶ 도형 그리기	1일	월 일	☐
	2일	월 일	☐
	3일	월 일	☐
	4일	월 일	☐
	5일	월 일	☐
❷ 같은 도형 찾기	1일	월 일	☐
	2일	월 일	☐
	3일	월 일	☐
	4일	월 일	☐
	5일	월 일	☐
❸ 도형의 수 세기	1일	월 일	☐
	2일	월 일	☐
	3일	월 일	☐
	4일	월 일	☐
	5일	월 일	☐
❹ 도형의 규칙 찾기	1일	월 일	☐
	2일	월 일	☐
	3일	월 일	☐
	4일	월 일	☐
	5일	월 일	☐
❺ 칠교판 이용하기	1일	월 일	☐
	2일	월 일	☐
	3일	월 일	☐
	4일	월 일	☐
	5일	월 일	☐
❻ 분류하기	1일	월 일	☐
	2일	월 일	☐
	3일	월 일	☐
	4일	월 일	☐
	5일	월 일	☐
❼ 도형 겹치기	1일	월 일	☐
	2일	월 일	☐
	3일	월 일	☐
	4일	월 일	☐
	5일	월 일	☐
❽ 쌓기나무	1일	월 일	☐
	2일	월 일	☐
	3일	월 일	☐
	4일	월 일	☐
	5일	월 일	☐

도형의 신神

B단계
·
초2 과정

1 학습 내용 미리보기

◆ 이 단원에서 배우게 될 내용을 간단한 미리보기로 확인해 볼 수 있어요.

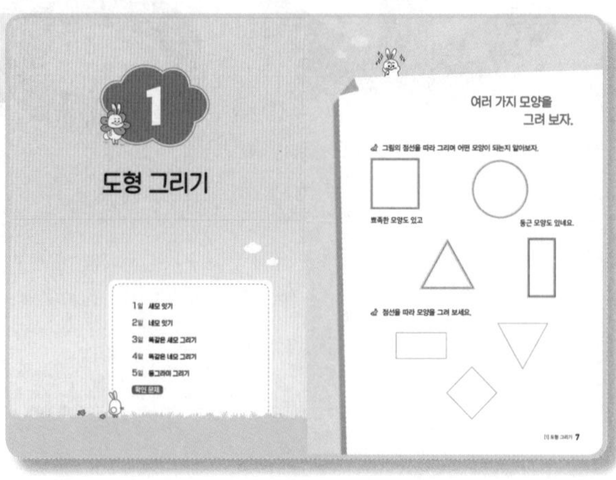

2 개념 학습

◆ 도형을 생활 주변에서 찾아보거나, 다양한 형태의 문제로 학습할 수 있어요.

◆ 매일 2쪽씩 꾸준히 학습하는 습관을 기르면 도형이 더 이상 어렵다고 느껴지지 않을 거예요.

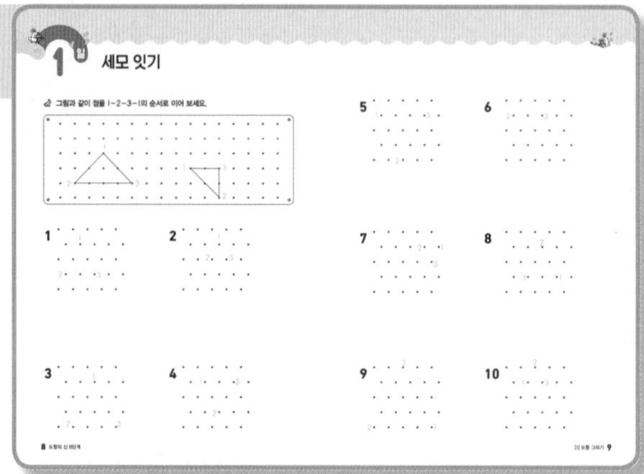

3 확인 문제

◆ 한 주 동안 학습한 내용을 확인해 볼 수 있는 문제를 구성했어요.

◆ 스스로 학습의 성취를 점검해 볼 수 있어요.

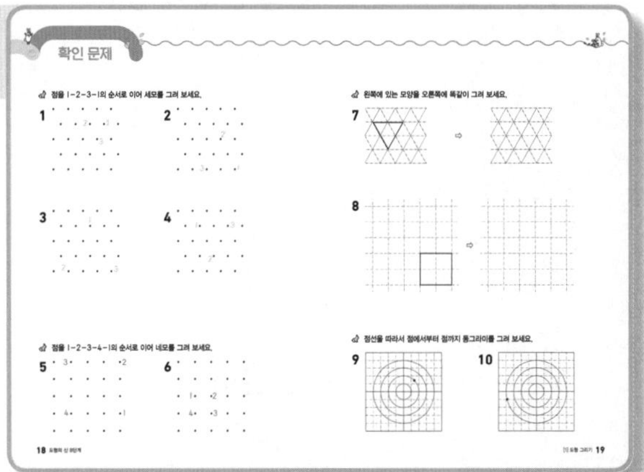

4 형성 평가

◆ 이 책을 마무리하면서 각 단원별로 2쪽씩, 학습 완성도를 점검할 수 있는 문제로 구성했어요.

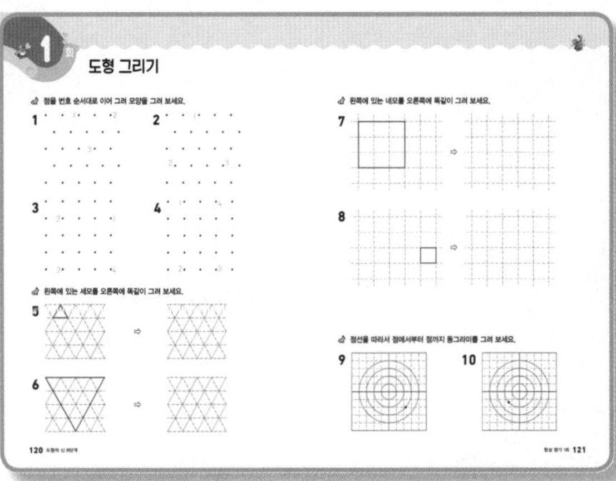

차례

도형 그리기

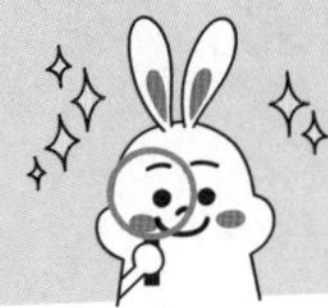

여러 가지 모양을 그려 보자.

그림의 점선을 따라 그리며 어떤 모양이 되는지 알아보자.

뾰족한 모양도 있고

둥근 모양도 있네요.

점선을 따라 모양을 그려 보세요.

1일 세모 잇기

그림과 같이 점을 1−2−3−1의 순서로 이어 보세요.

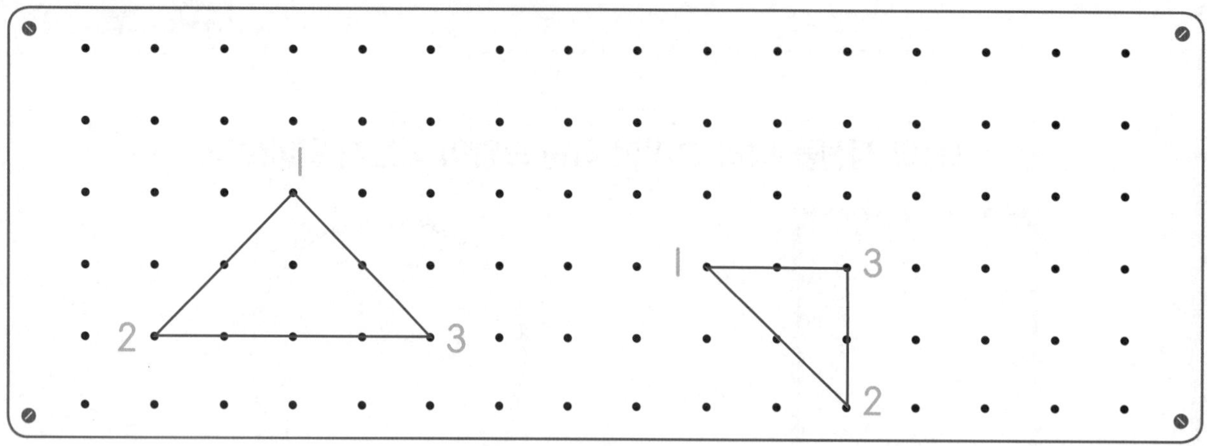

1

2

3

4

5

6

7

8

9

10

2일 네모 잇기

그림과 같이 점을 1−2−3−4−1의 순서로 이어 보세요.

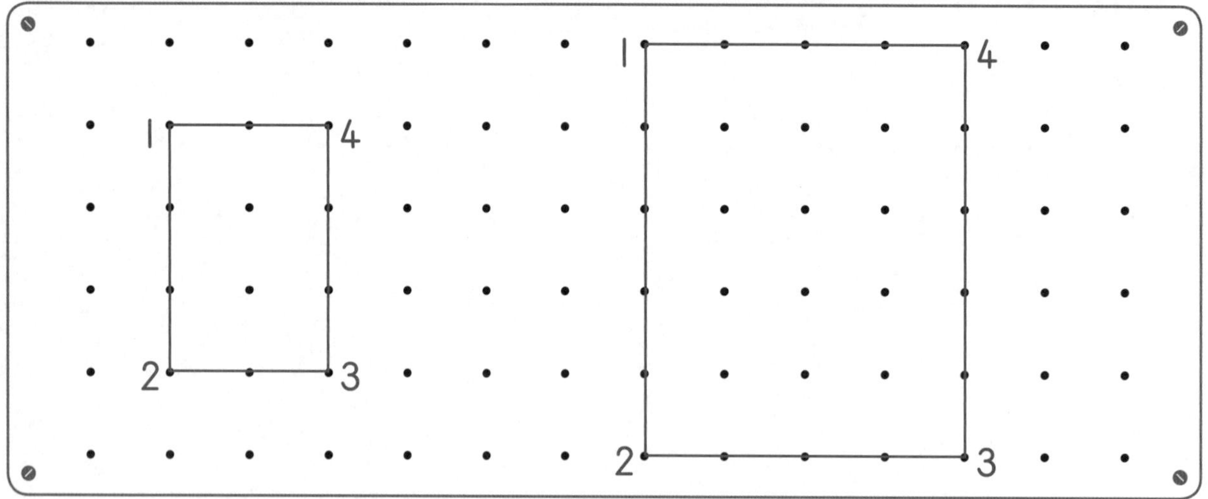

1

1 4

2 3

2

1 4

2 3

3

1 2

4 3

4

4 3

1 2

5

6

7

8

9

10

3일 똑같은 세모 그리기

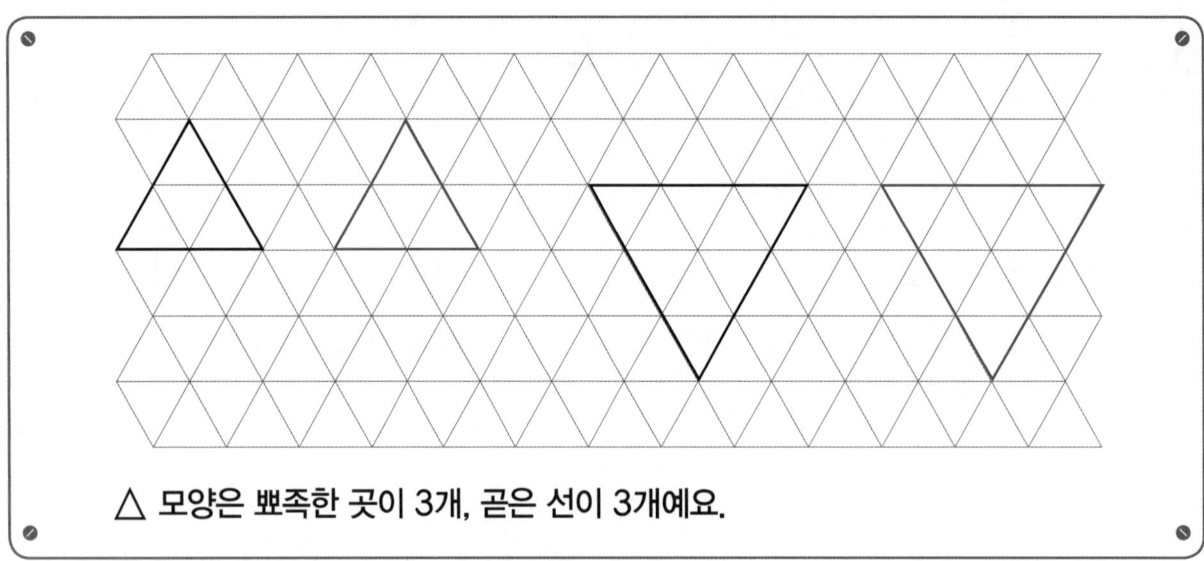

△ 모양은 뾰족한 곳이 3개, 곧은 선이 3개예요.

세모 모양을 잘 보고 똑같이 그려 보세요.

1

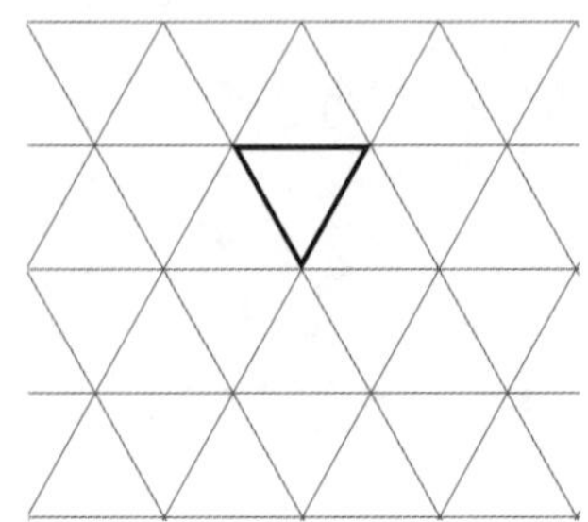

⇨

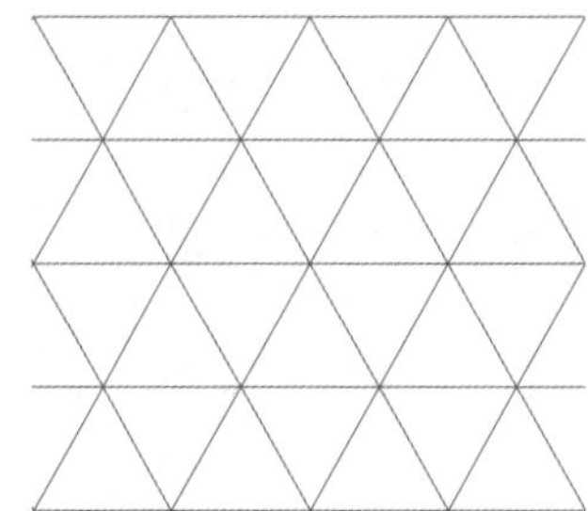

2

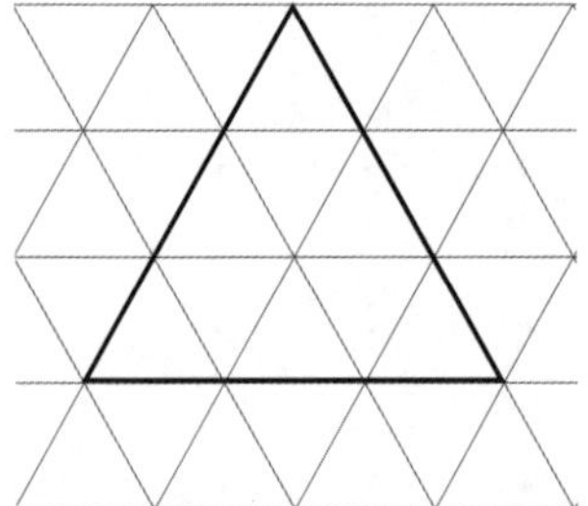

⇨

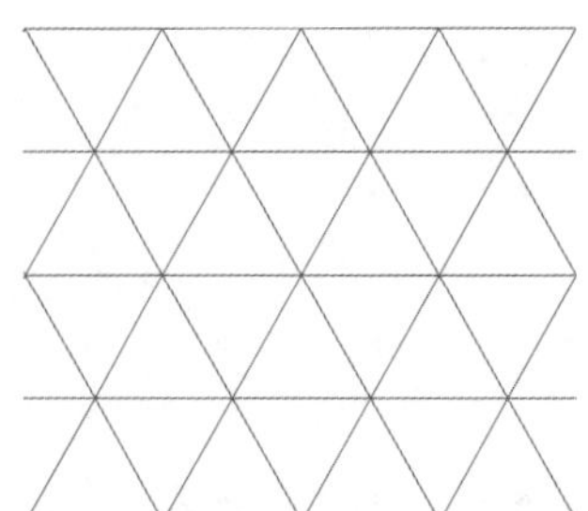

3

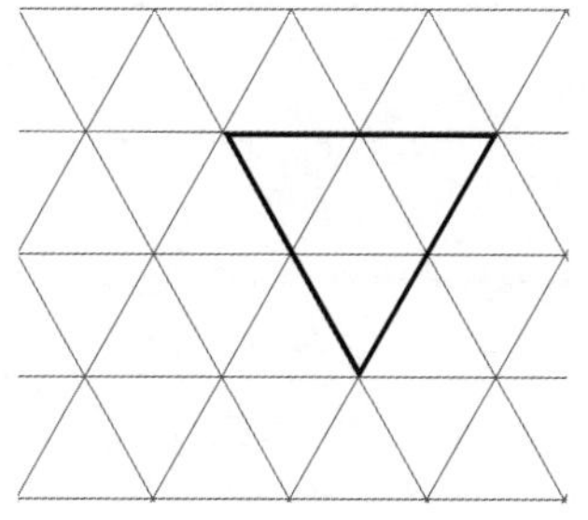

⇨

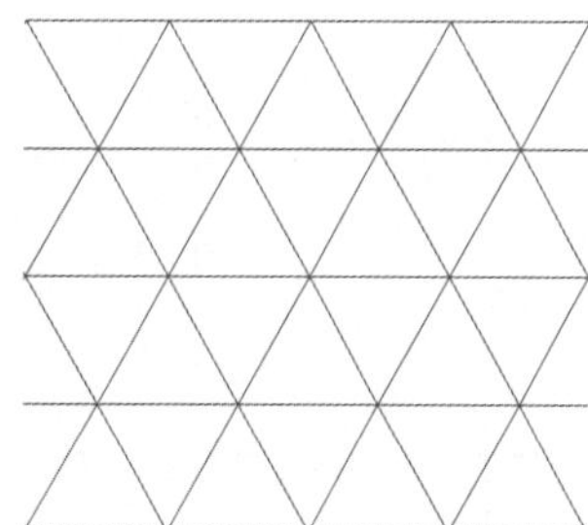

4

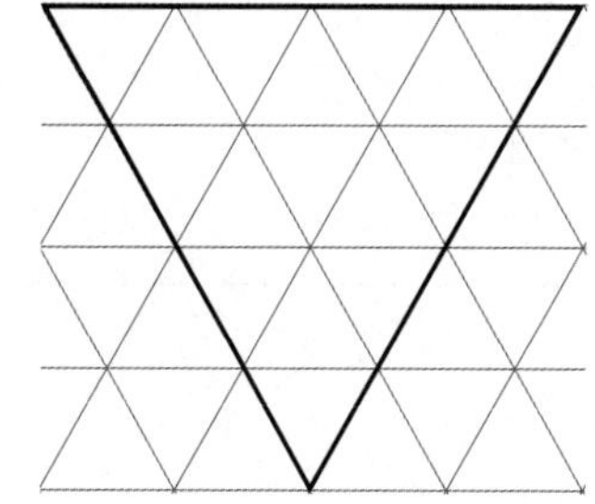

⇨

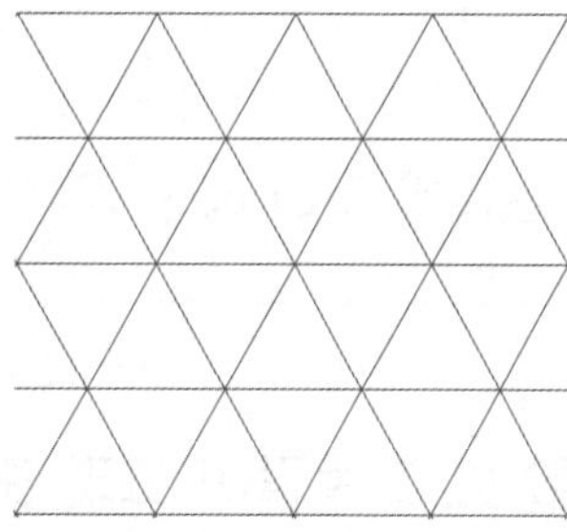

5

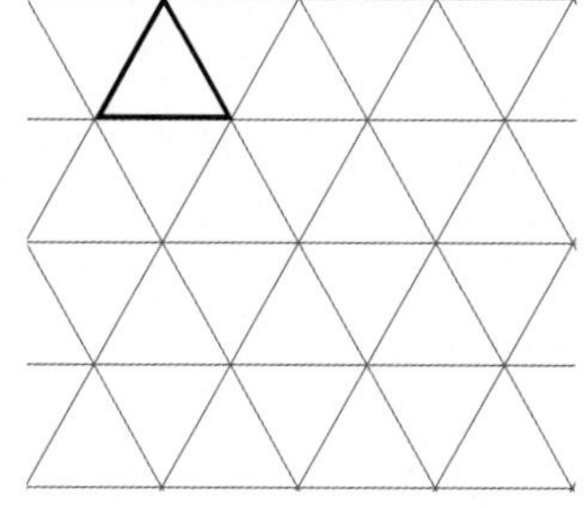

⇨

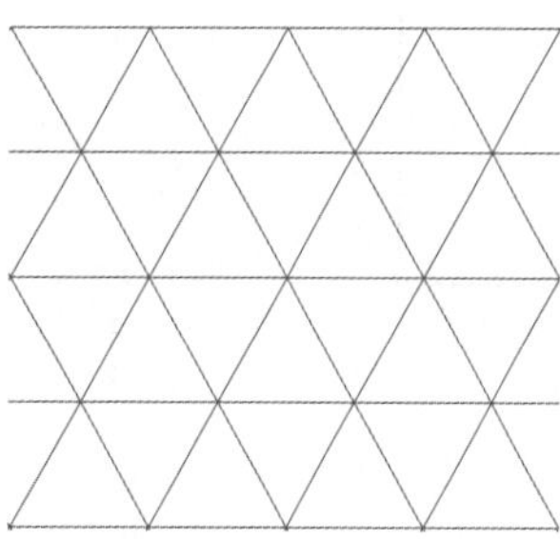

6

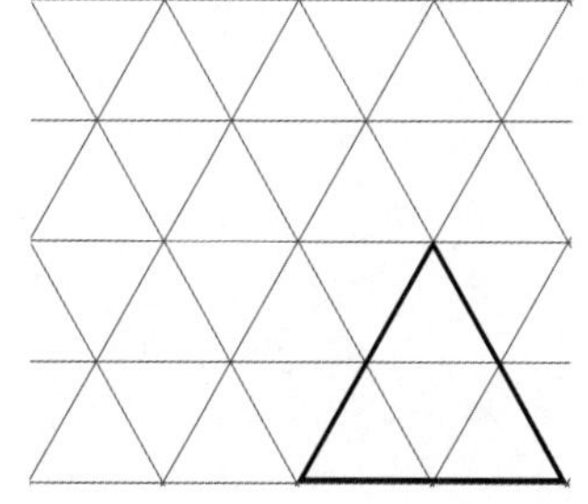

⇨

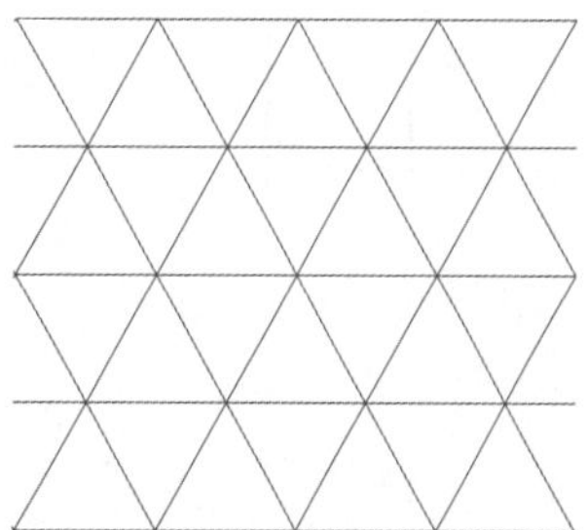

4일 똑같은 네모 그리기

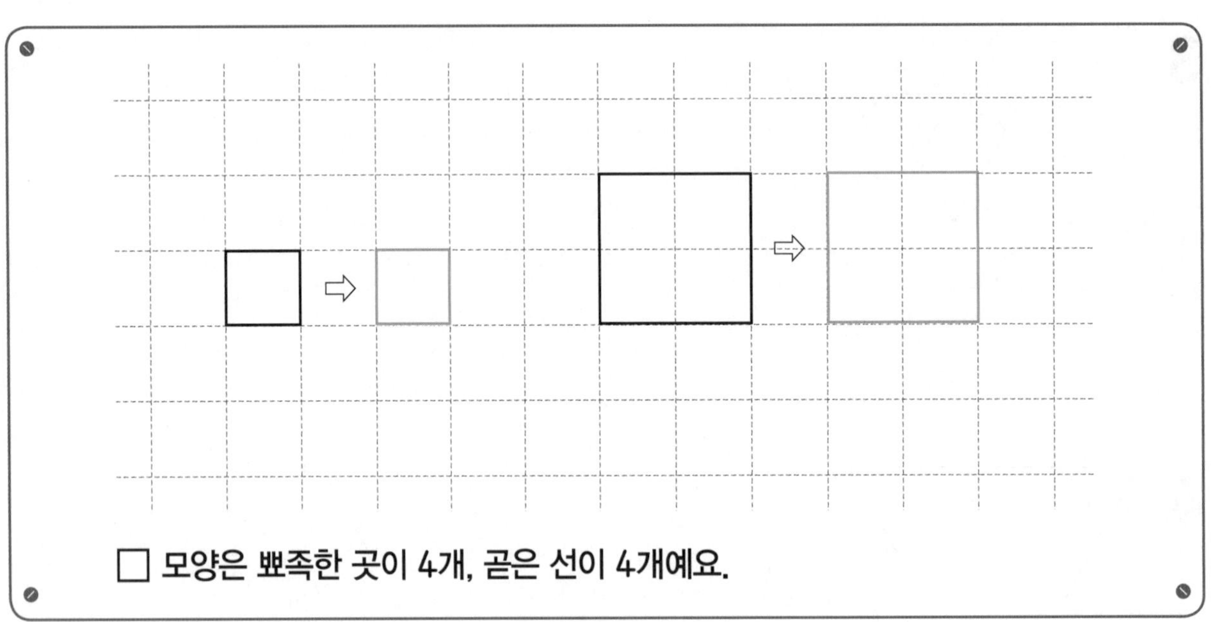

□ 모양은 뾰족한 곳이 4개, 곧은 선이 4개예요.

네모 모양을 잘 보고 똑같이 그려 보세요.

1

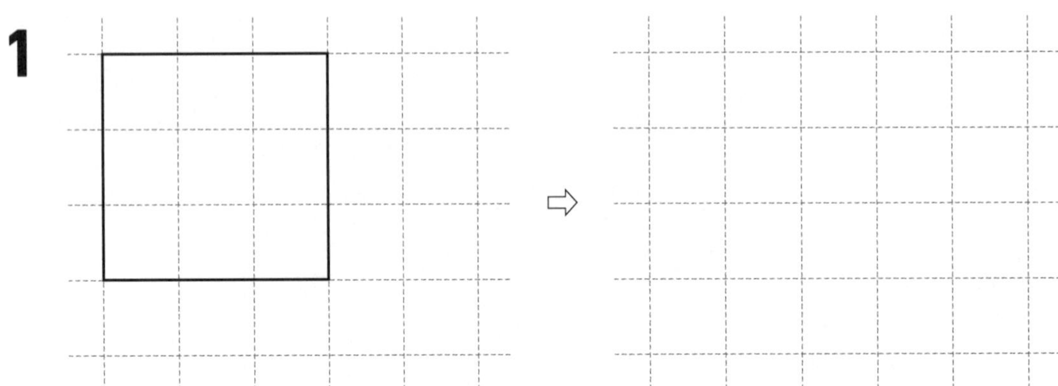

2

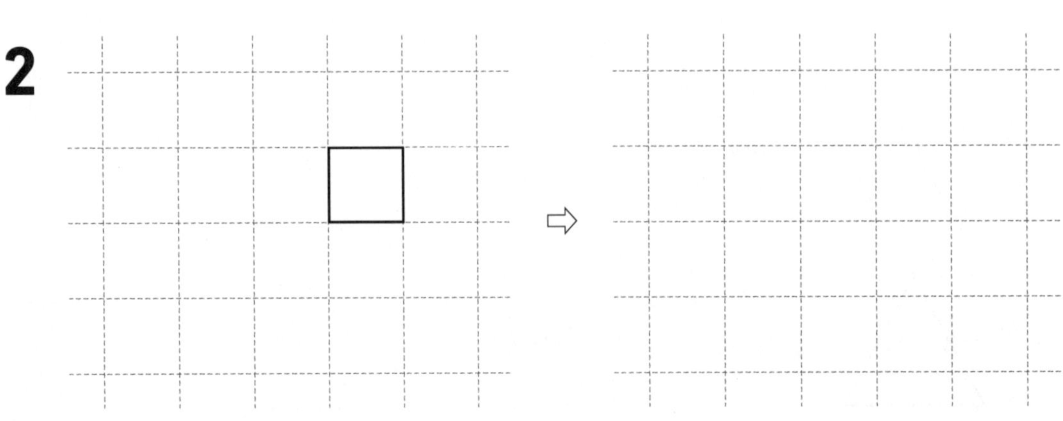

3

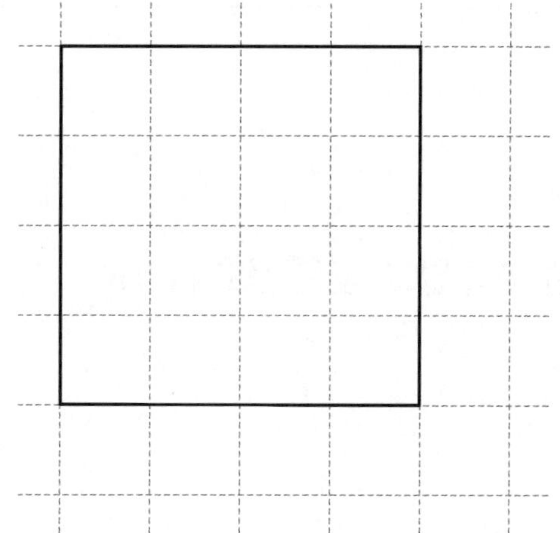

⇨

4

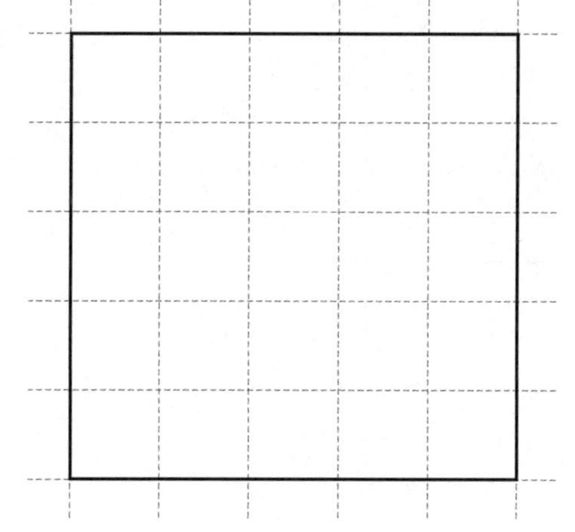

⇨

5

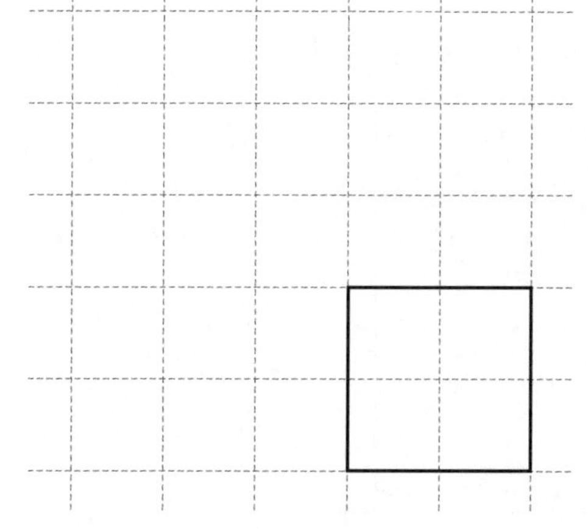

⇨

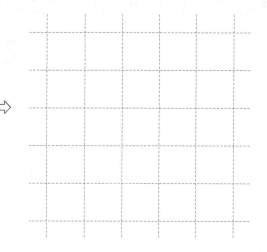

5일 동그라미 그리기

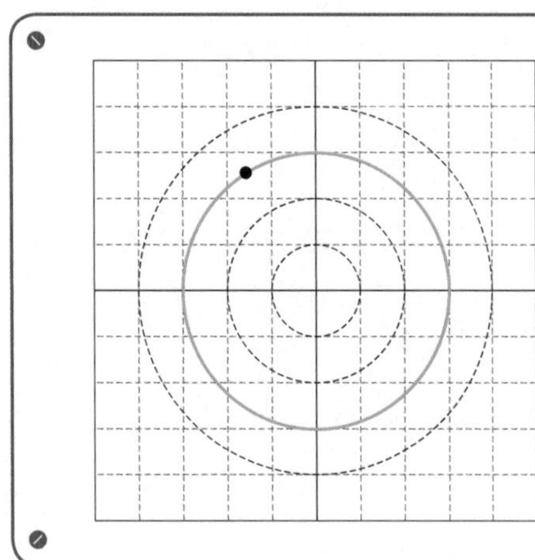

○ 모양은 뾰족한 곳이 없고, 곧은 선도 없어요.

점선을 따라서 점에서부터 점까지 동그라미를 그려 보세요.

1

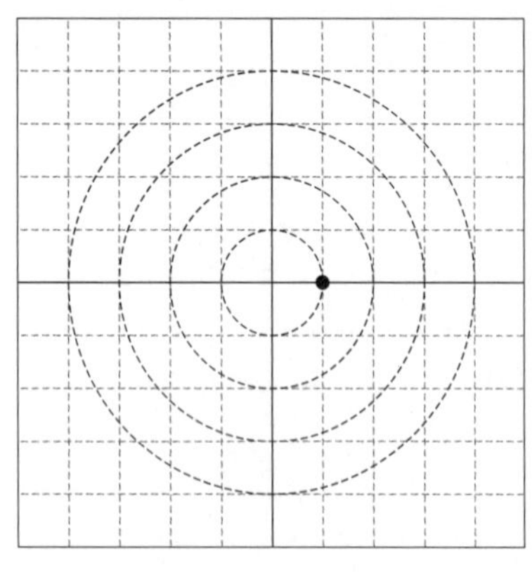

2

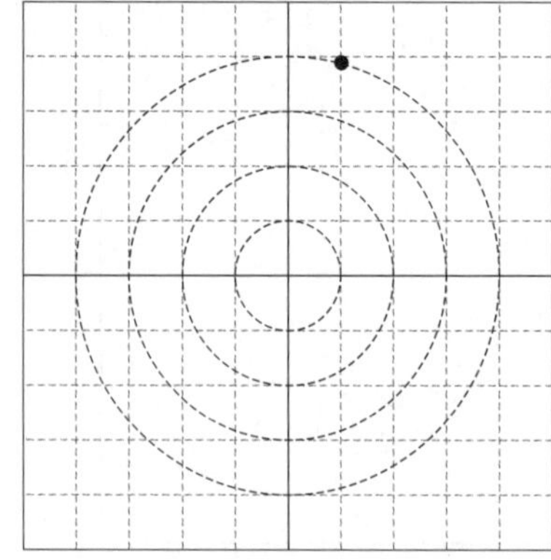

3

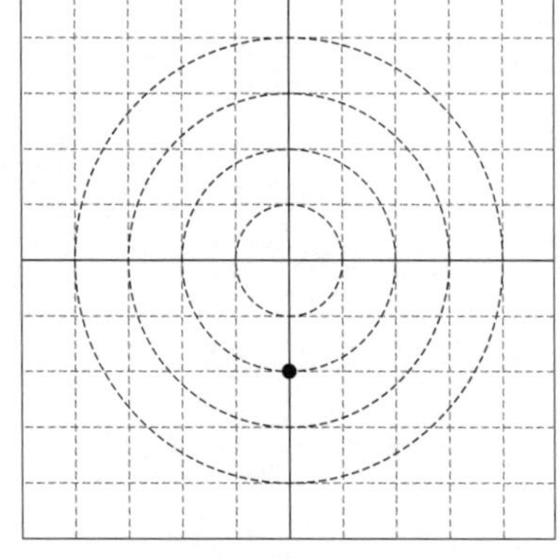

4

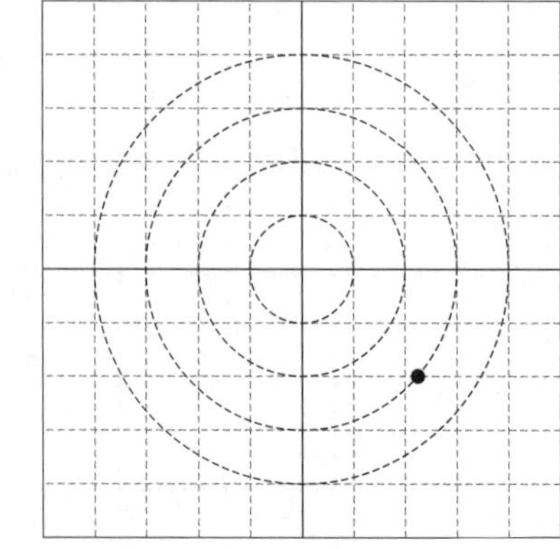

5

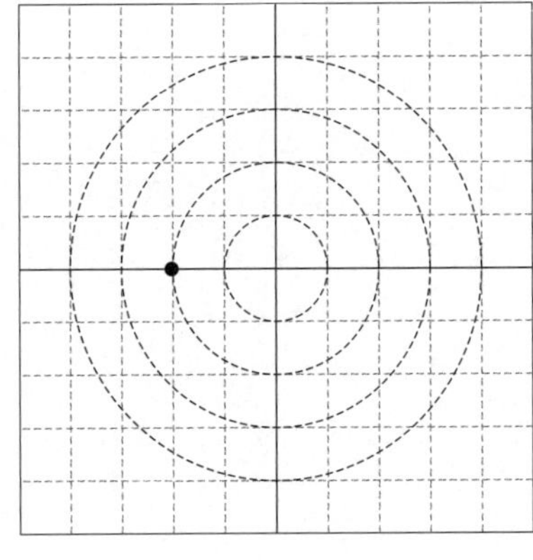

6

7

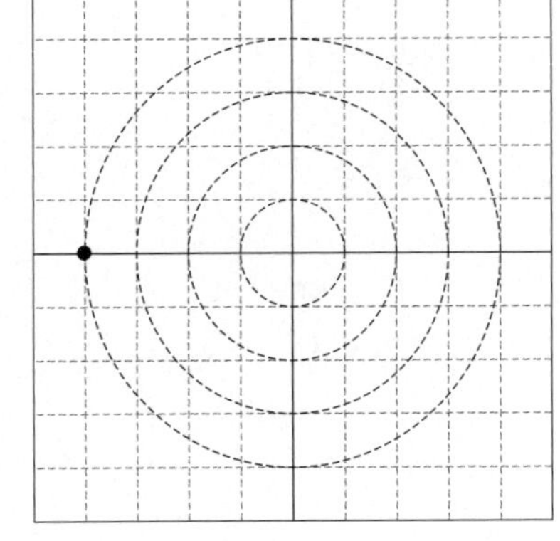

8

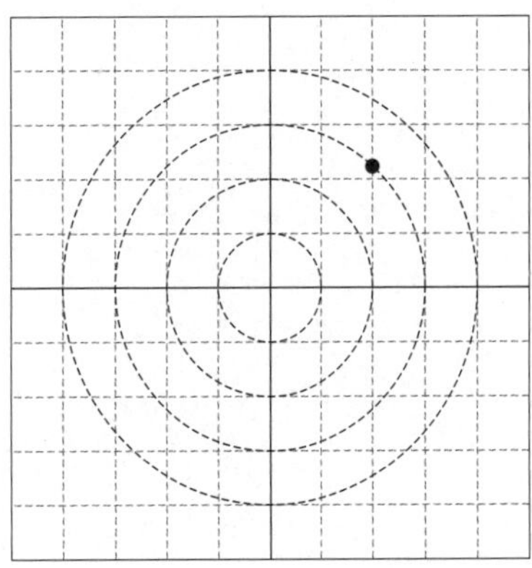

9

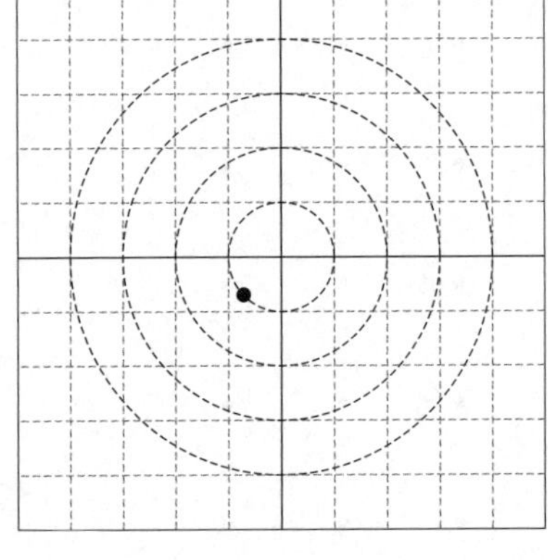

10

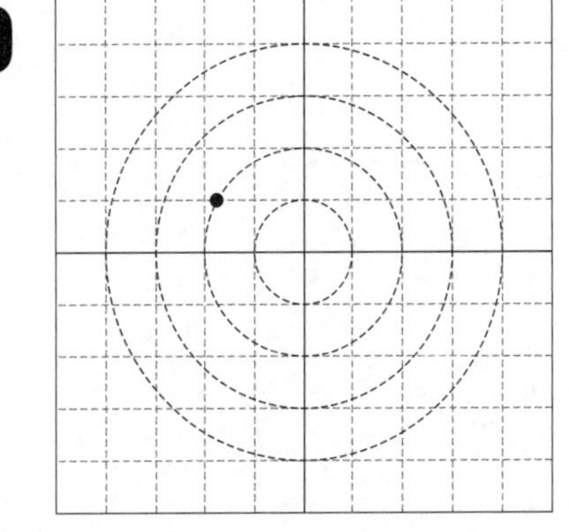

확인 문제

점을 1-2-3-1의 순서로 이어 세모를 그려 보세요.

1

2

3

4

점을 1-2-3-4-1의 순서로 이어 네모를 그려 보세요.

5

6

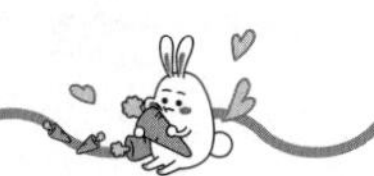

왼쪽에 있는 모양을 오른쪽에 똑같이 그려 보세요.

7

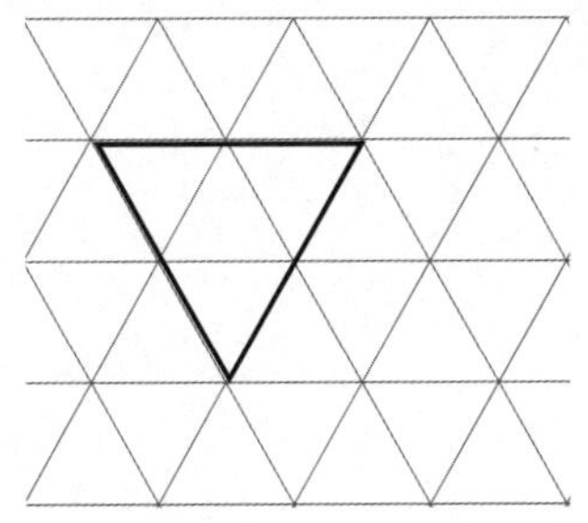

⇨

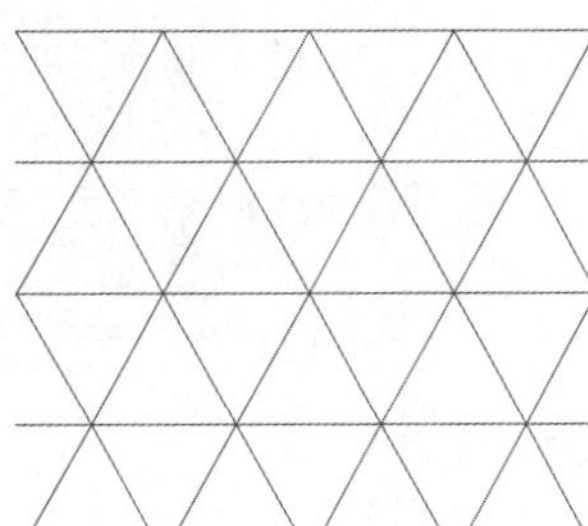

8

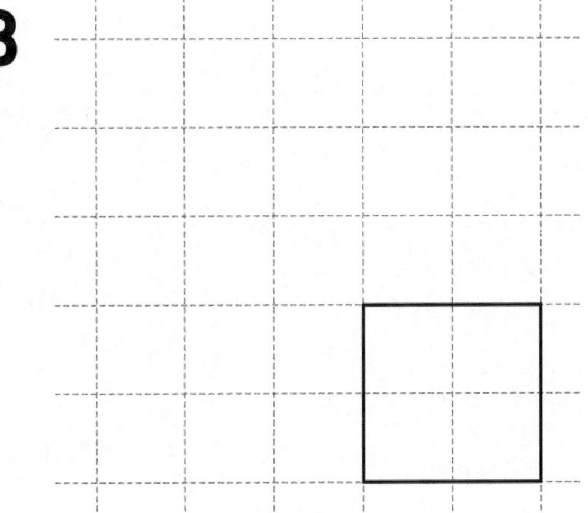

⇨

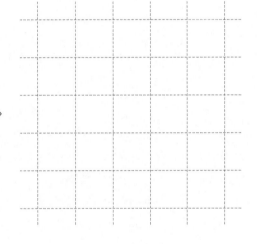

점선을 따라서 점에서부터 점까지 동그라미를 그려 보세요.

9

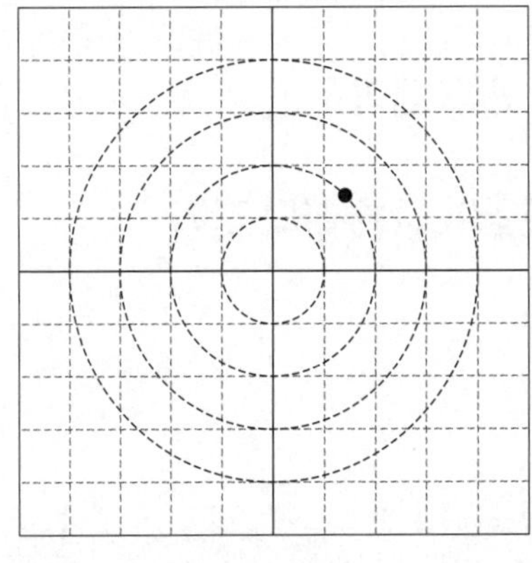

10

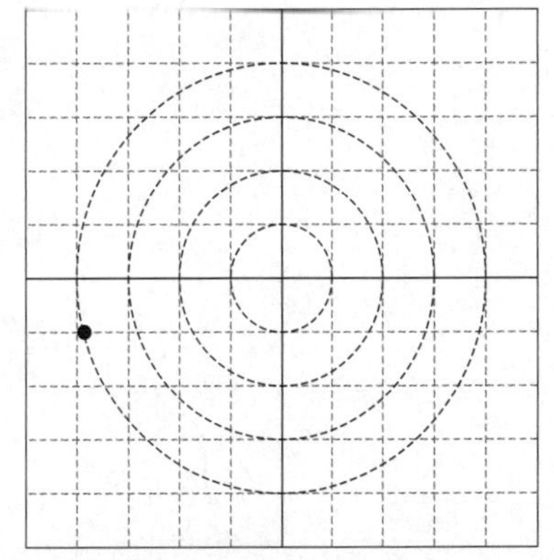

같은 도형 찾기

여러 가지 모양을 찾아보자.

똑같은 도형 찾기

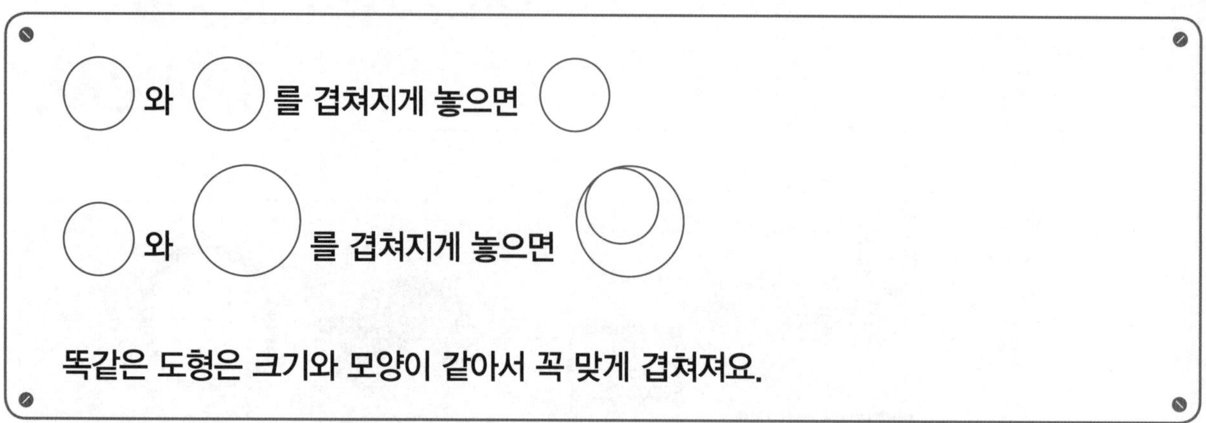

와
를 겹쳐지게 놓으면
와
를 겹쳐지게 놓으면
똑같은 도형은 크기와 모양이 같아서 꼭 맞게 겹쳐져요.

왼쪽과 똑같은 도형을 찾아 ○표 하세요.

1

2

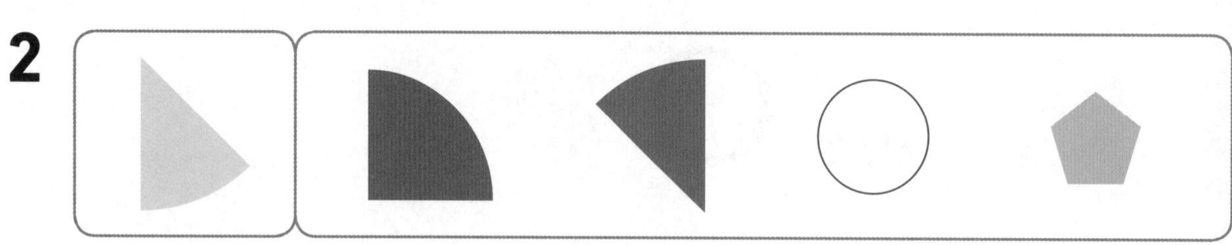

3

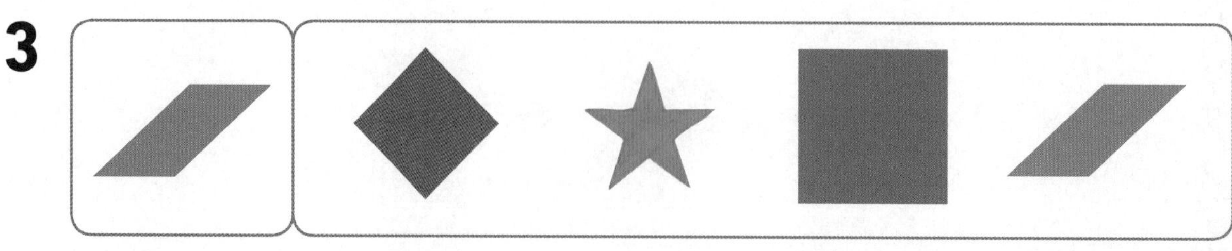

똑같은 도형을 찾아 줄(—)로 이어 보세요.

4

5

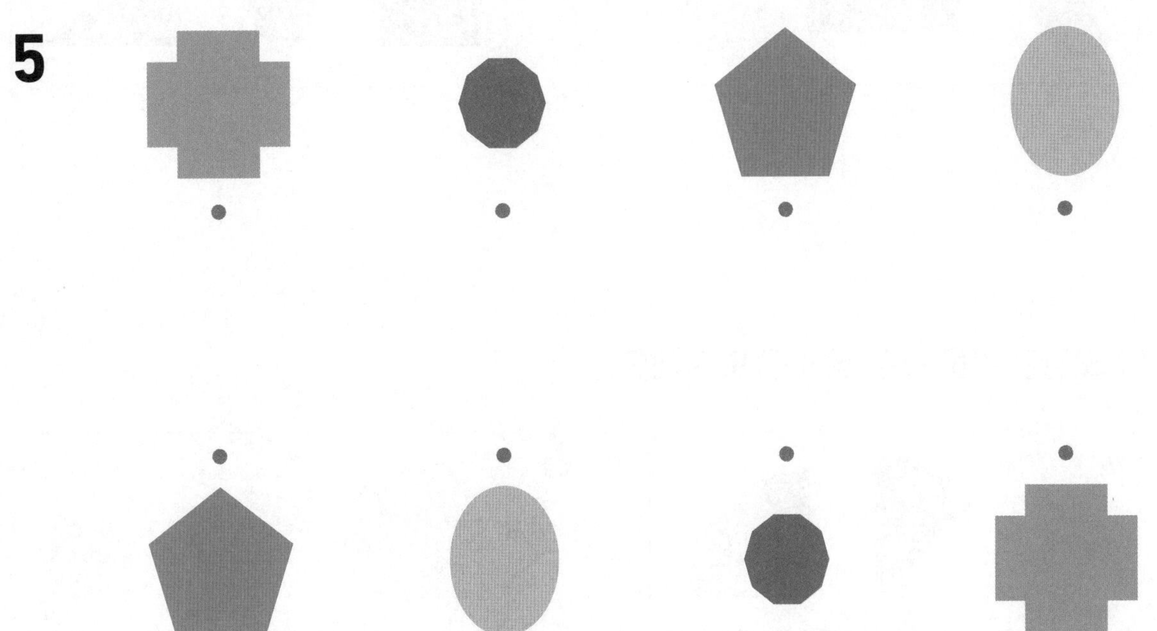

2일 모양이 같은 도형 찾기

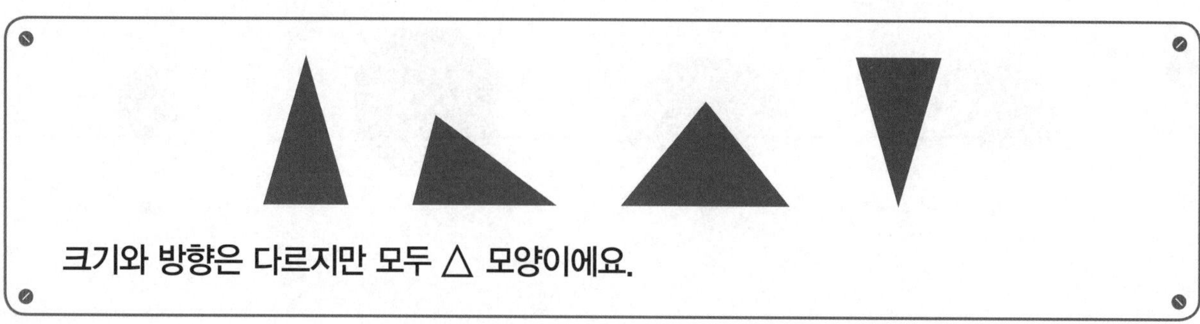

크기와 방향은 다르지만 모두 △ 모양이에요.

□ 모양인 것을 모두 찾아 ○표 하세요.

1

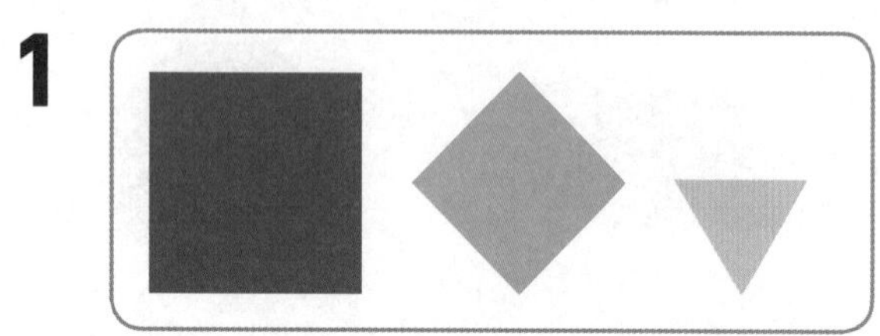

2

3

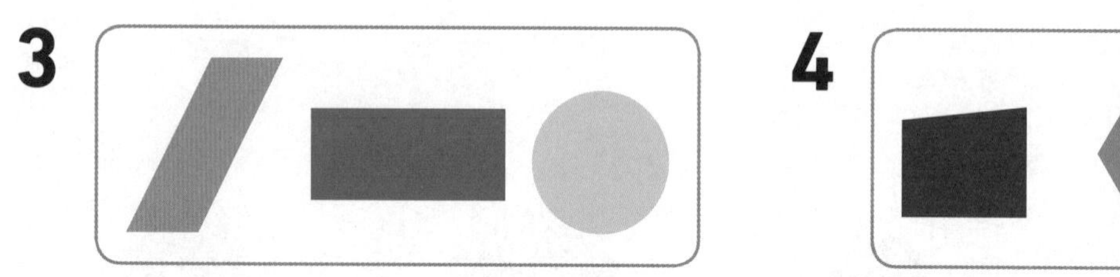

4

○ 모양인 것을 모두 찾아 ○표 하세요.

5

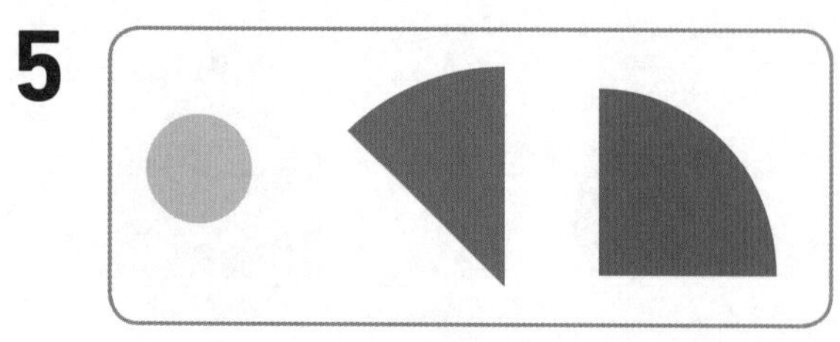

6

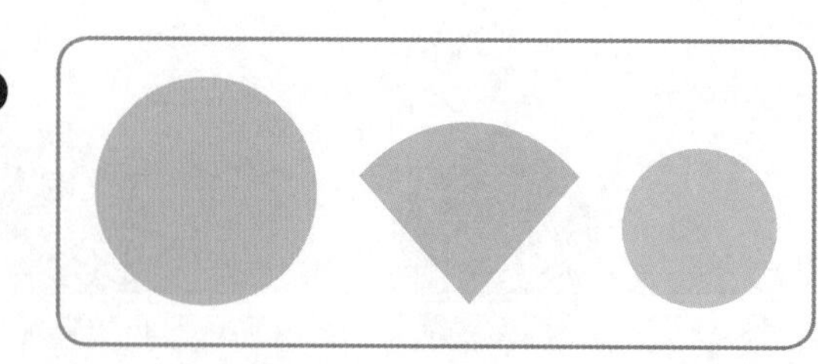

7 모양이 같은 것끼리 줄(—)로 이어 보세요.

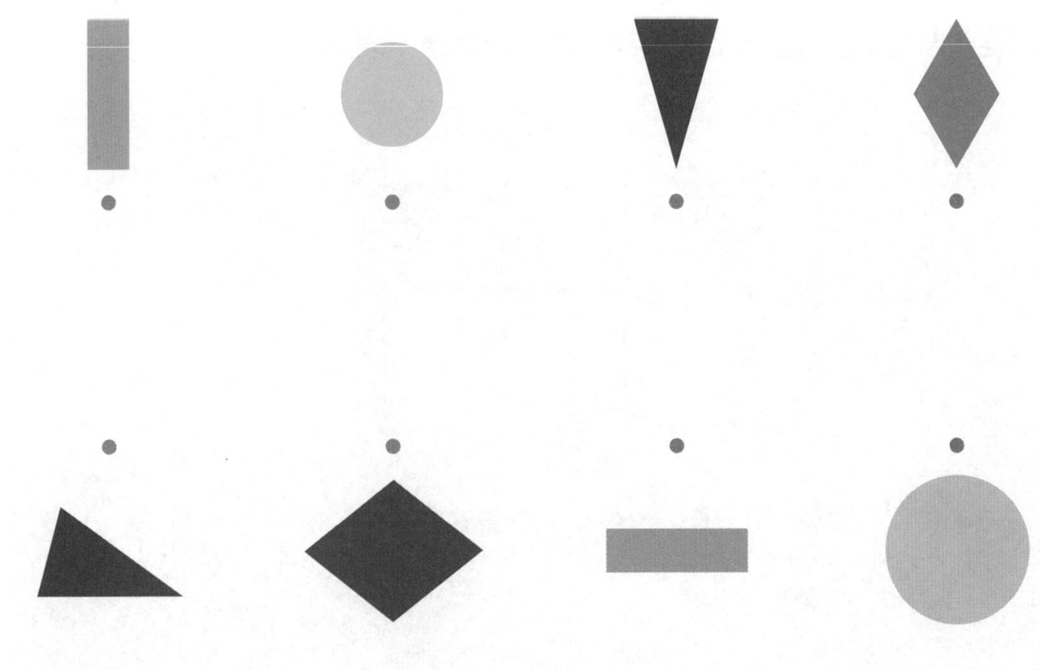

8 △ 모양을 모두 찾아 ○표 하세요.

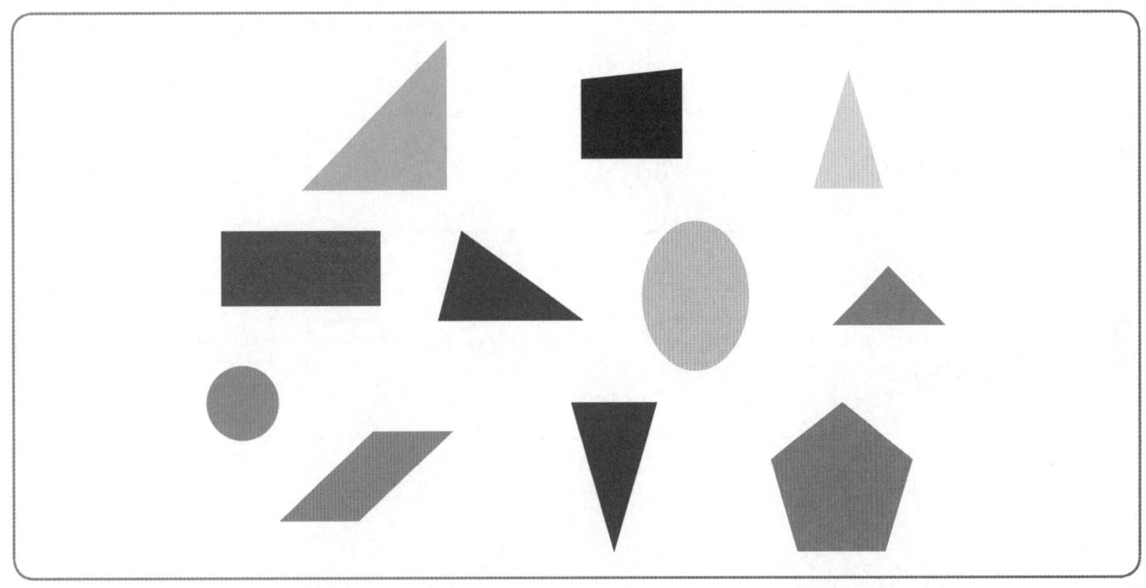

3일

생활 주변에서 모양이 같은 도형 찾기

그림에서 ○, △, □ 모양을 찾아 각각 번호를 쓰세요.

1 ○ 모양은

2 △ 모양은

3 □ 모양은

4 같은 모양인 것끼리 줄(—)로 이어 보세요.

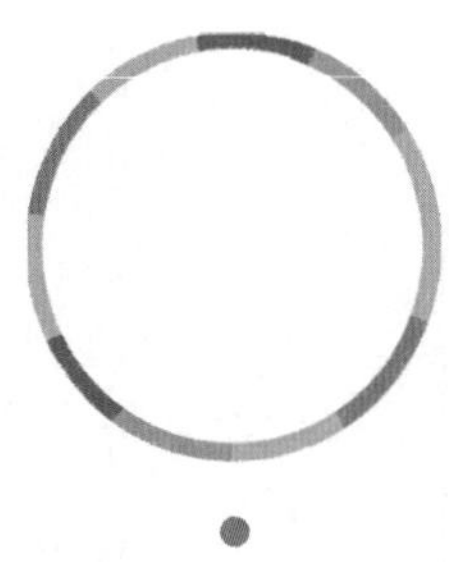

왼쪽과 같은 모양을 찾아 ○표 하세요.

5

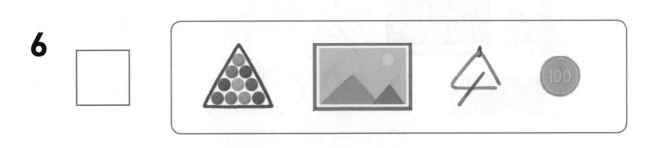

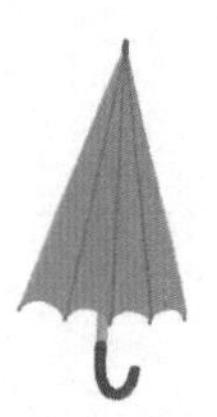

6

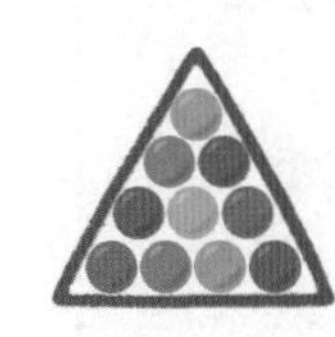

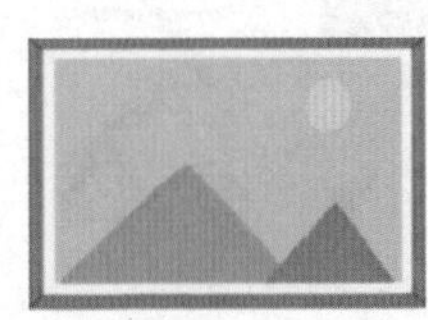

4일 그림에서 모양의 개수 세기

그림에서 찾을 수 있는 모양의 개수를 세어 보세요.

1

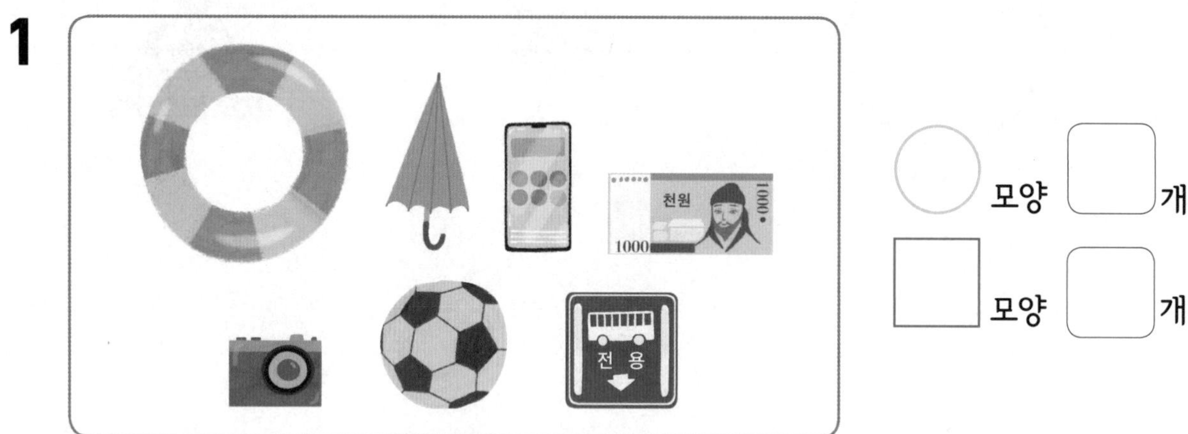

○ 모양 □개

□ 모양 □개

2

○ 모양 □개

△ 모양 □개

3

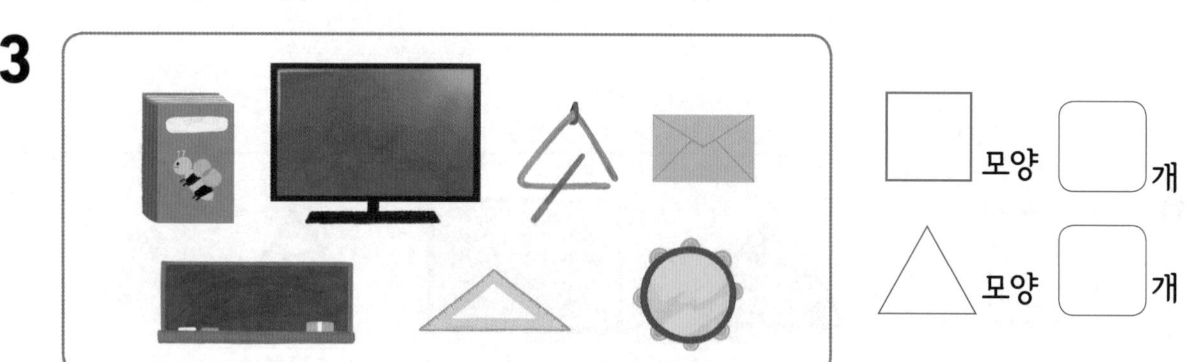

□ 모양 □개

△ 모양 □개

그림에서 ○, △, □ 모양을 찾아 그 수만큼 개수를 세어 보세요.

4

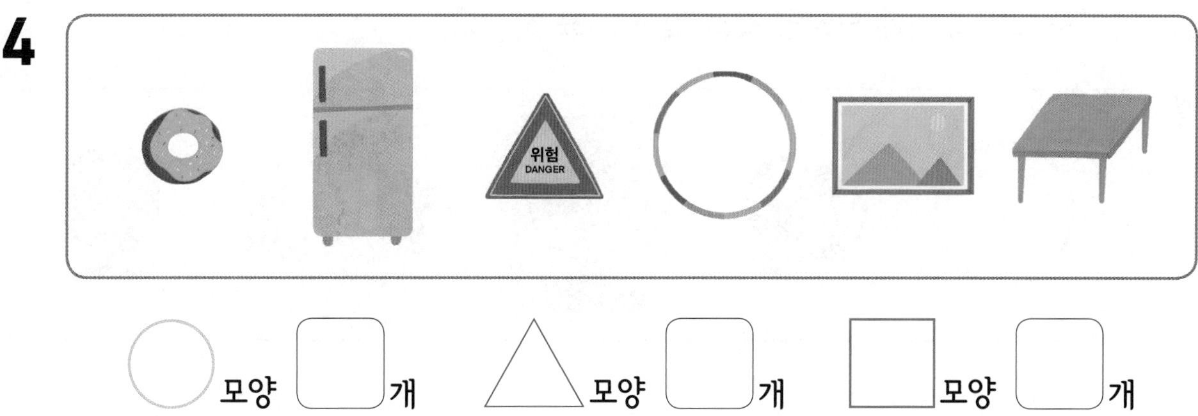

○ 모양 □ 개 △ 모양 □ 개 □ 모양 □ 개

5

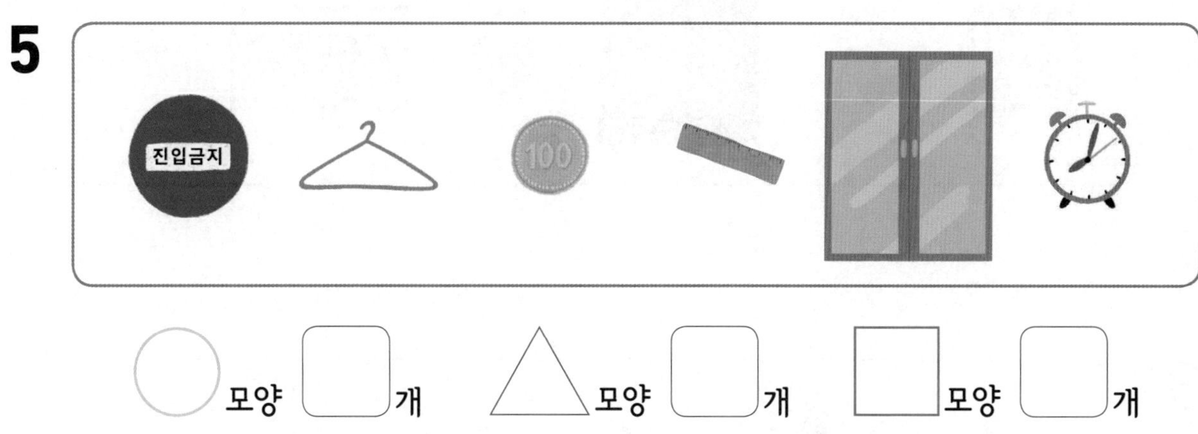

○ 모양 □ 개 △ 모양 □ 개 □ 모양 □ 개

6

○ 모양 □ 개 △ 모양 □ 개 □ 모양 □ 개

5일 생활 주변에서 모양이 다른 하나 찾기

나머지 모양과 다른 모양인 것을 찾아 ○표 하세요.

1

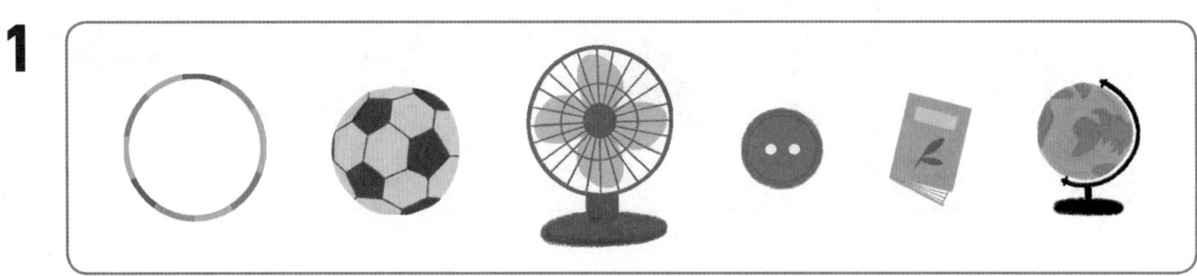

2

3

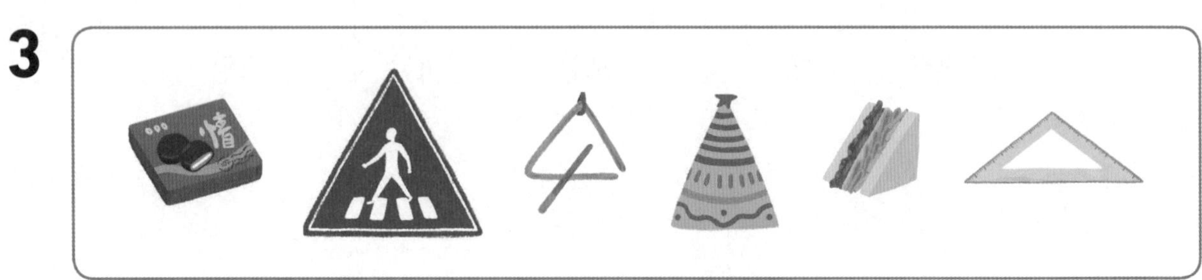

4

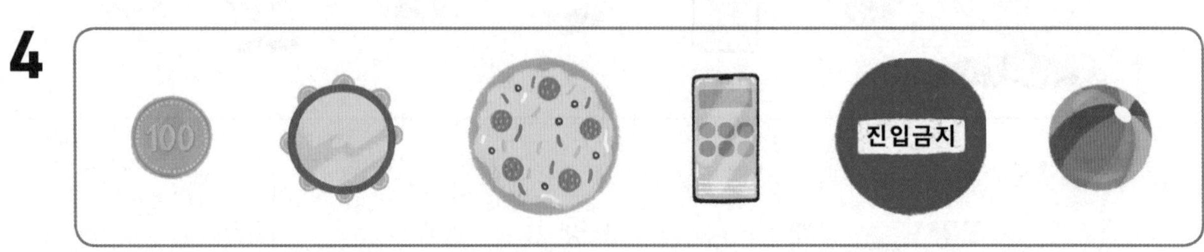

같은 모양끼리 모은 것이에요. 모양이 다른 하나를 찾아 ○표 하세요.

5

6

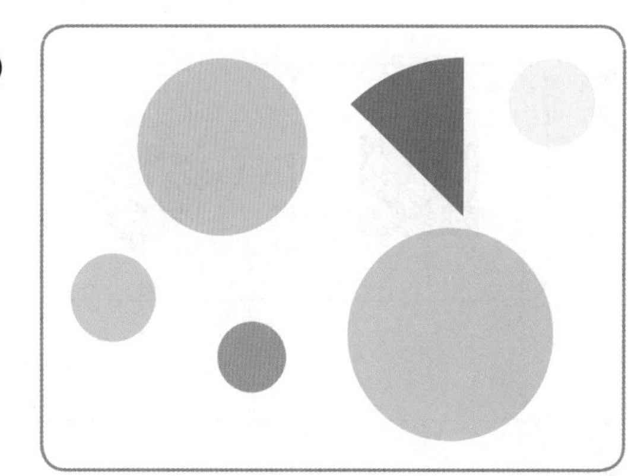

7

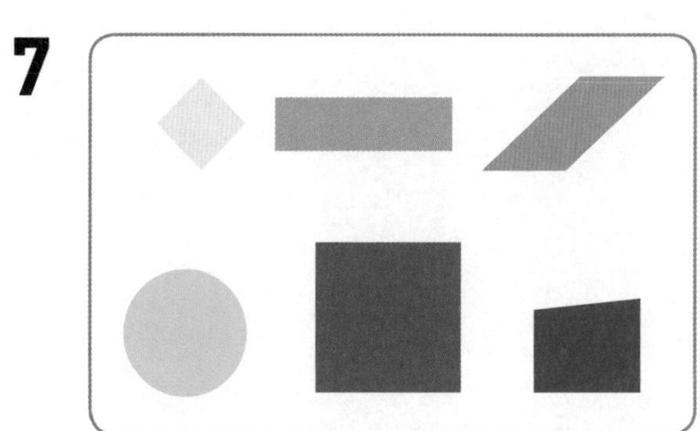

8

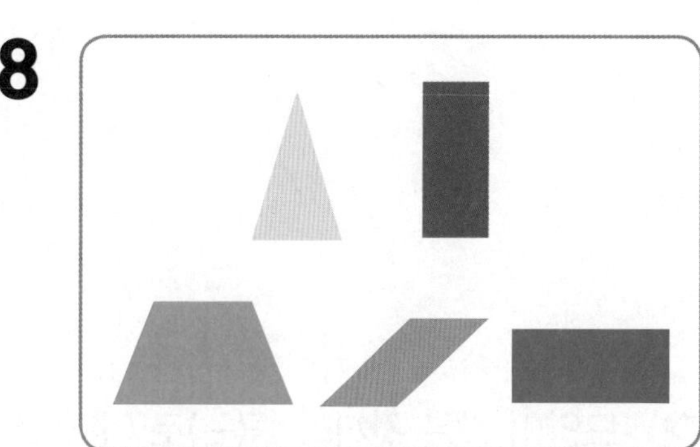

9

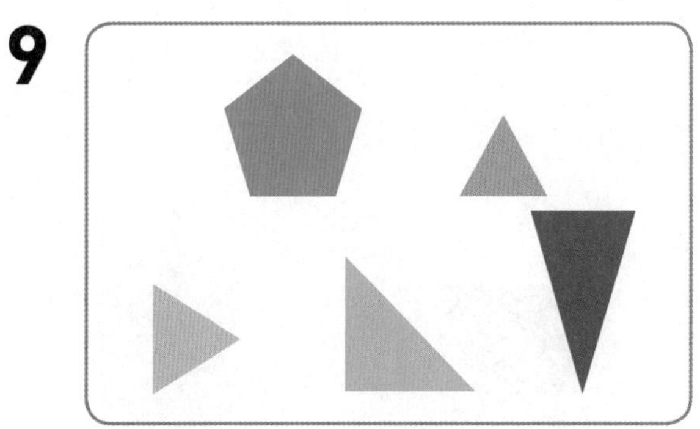

10

확인 문제

왼쪽과 똑같은 도형을 찾아 ○표 하세요.

1

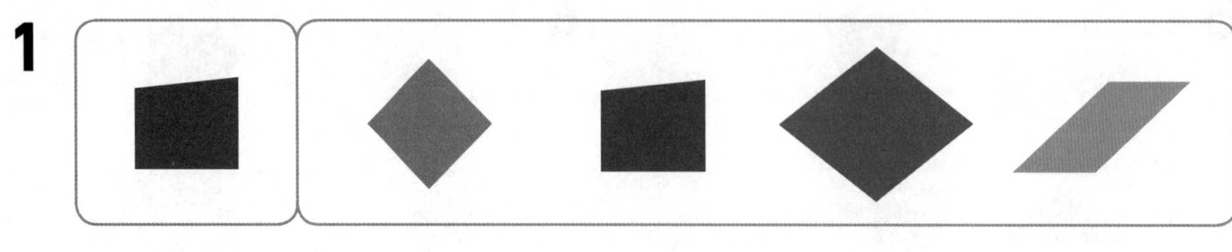

2

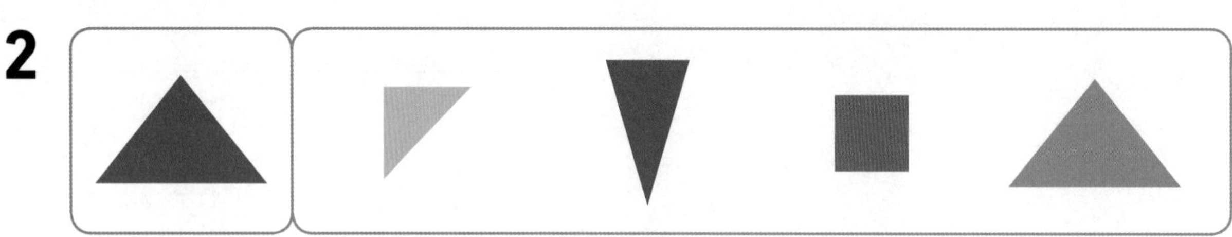

3 모양이 같은 것끼리 줄(—)로 이어 보세요.

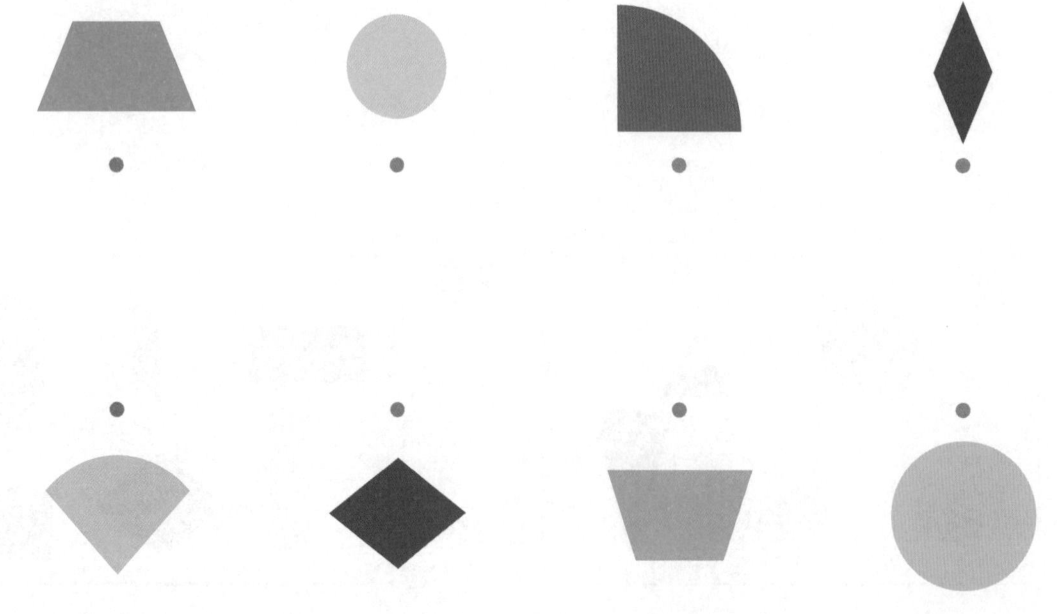

왼쪽과 같은 모양을 찾아 ○표 하세요.

4 ○

5 △

6 그림에서 ○, △, □ 모양을 찾아 그 수만큼 개수를 세어 보세요.

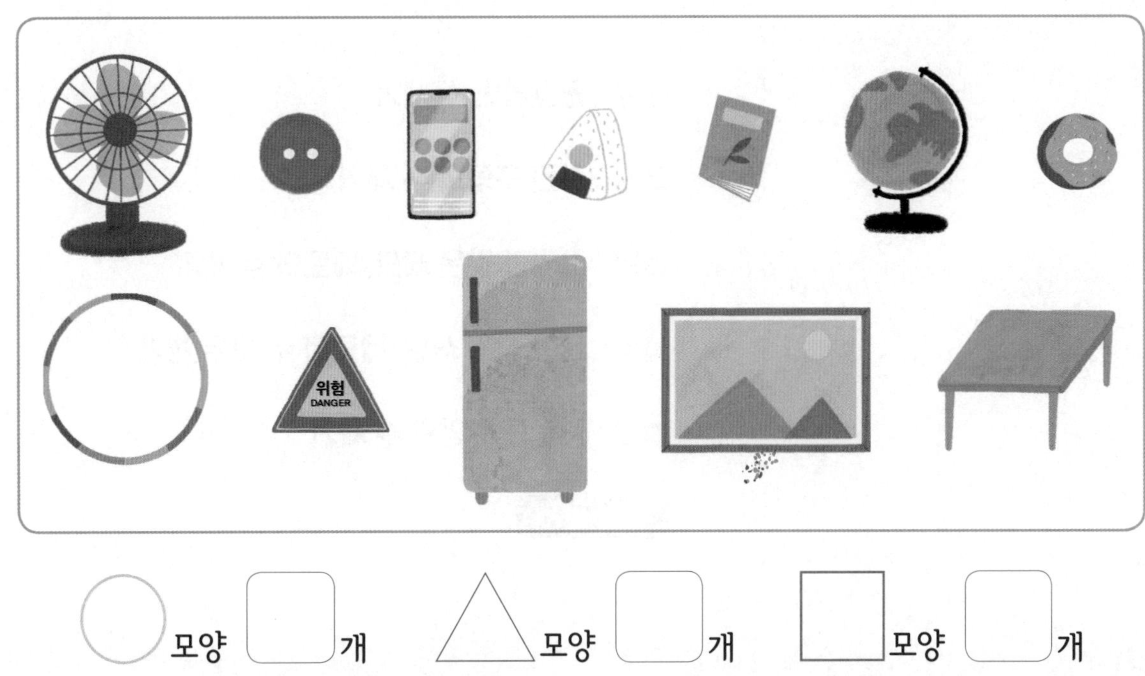

○ 모양 □ 개 △ 모양 □ 개 □ 모양 □ 개

도형의 수 세기

크고 작은 도형의 수를 세어 보자.

그림에서 □ 모양은

2개와

2개를 모은 모양 1개로

모두 3개예요.

마찬가지로

그림에서 □ 모양은

4개와

2개를 모은 모양 2개, 모양 2개

4개를 모은 모양 1개로

모두 9개예요.

1일 동그라미 수 세기

하나씩 동그라미의 수를 세어 보세요.

1

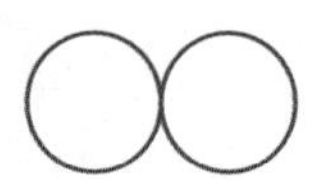

☐개

2

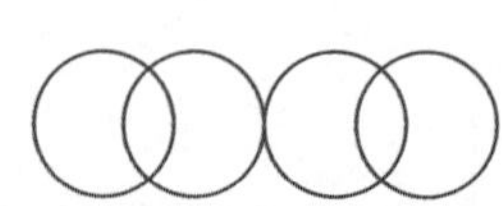

☐개

3

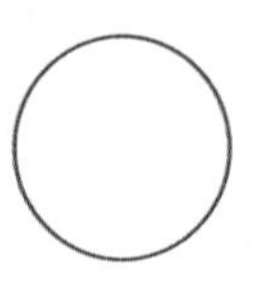

☐개

4

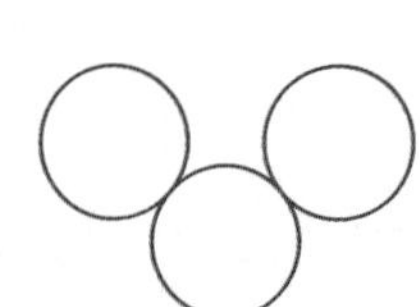

☐개

5

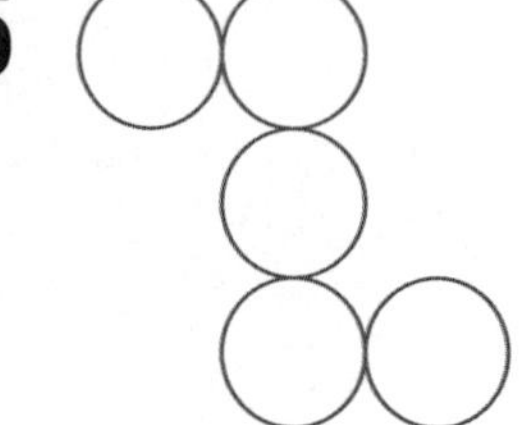

☐개

6

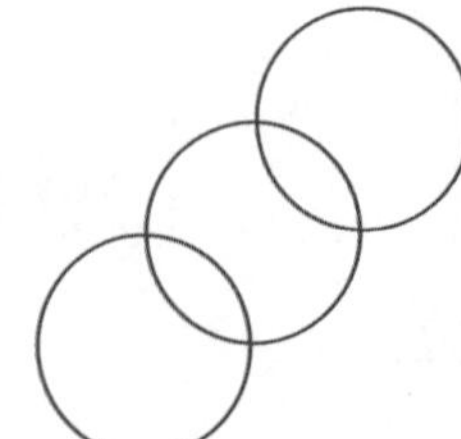

☐개

7

개

8

개

9

개

10

개

11

개

12

개

잘린 도형의 수 세기

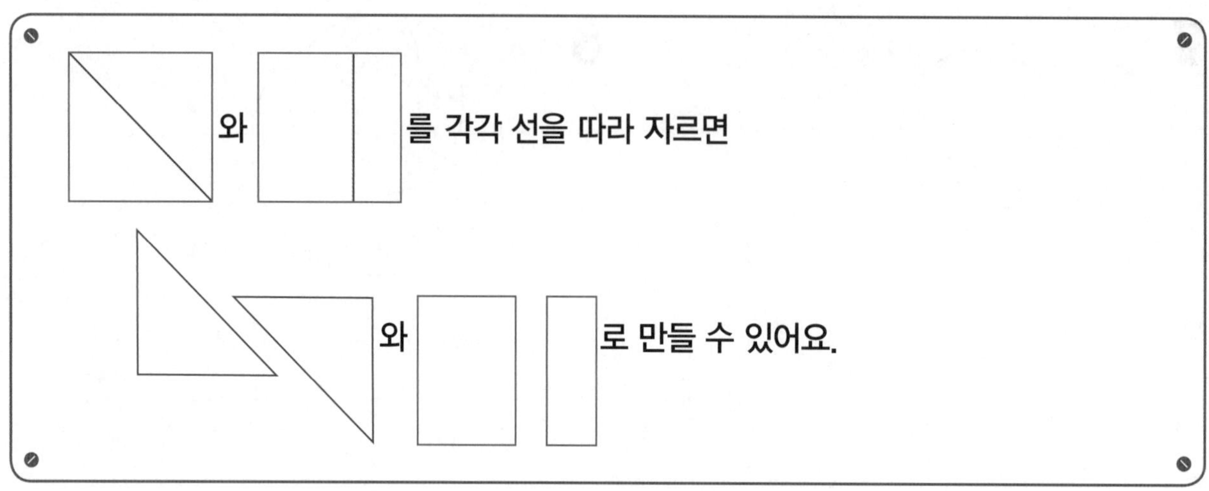

와
를 각각 선을 따라 자르면
와
로 만들 수 있어요.

선을 따라 자를 때 만들어지는 도형의 수를 세어 보세요.

1

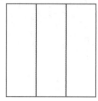

☐개

2

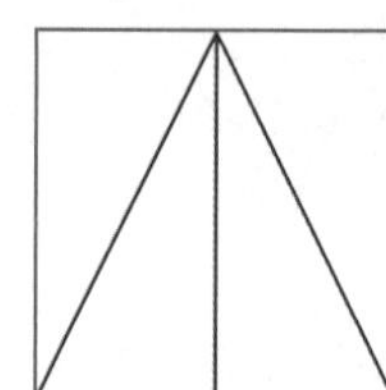

☐개

3

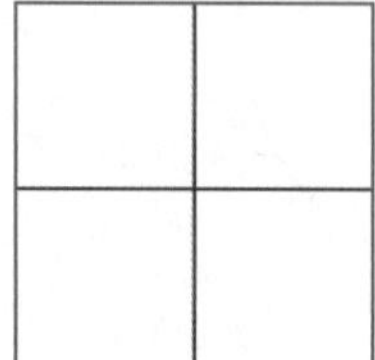

☐개

4

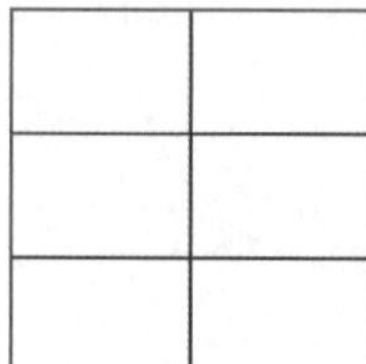

☐개

5

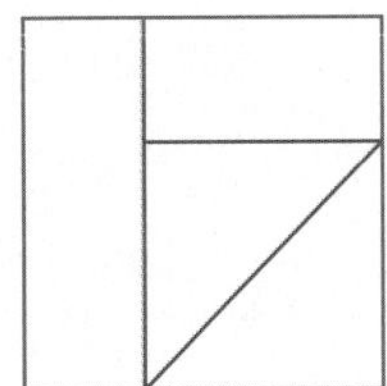

개

6

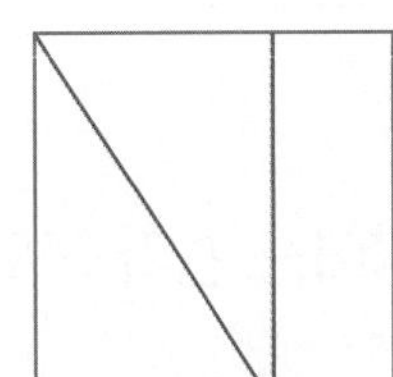

개

7

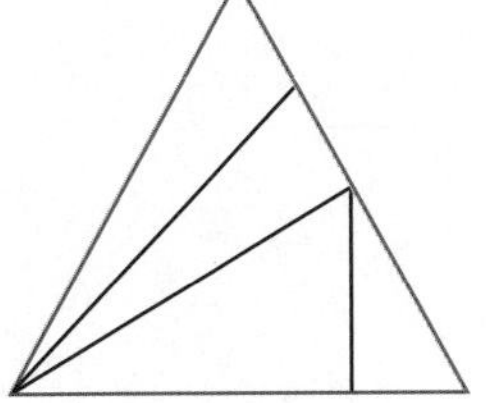

개

8

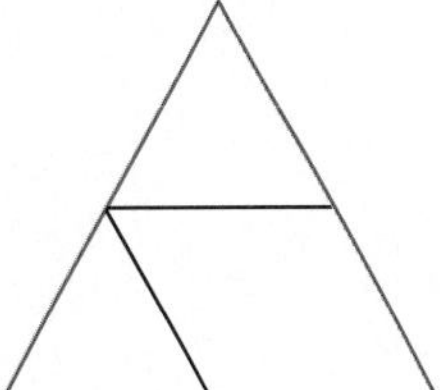

개

9

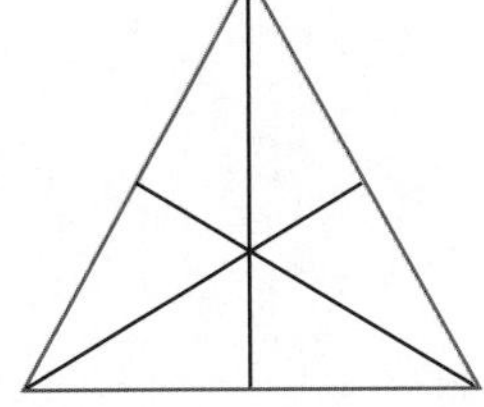

개

10

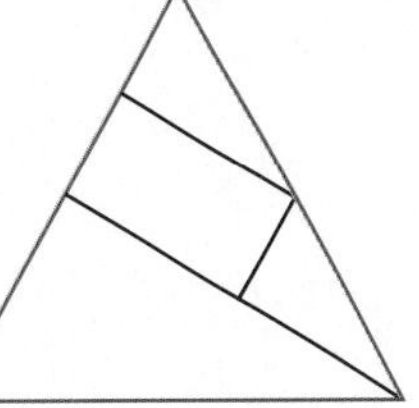

개

3일 크기가 같은 세모, 네모의 수 세기

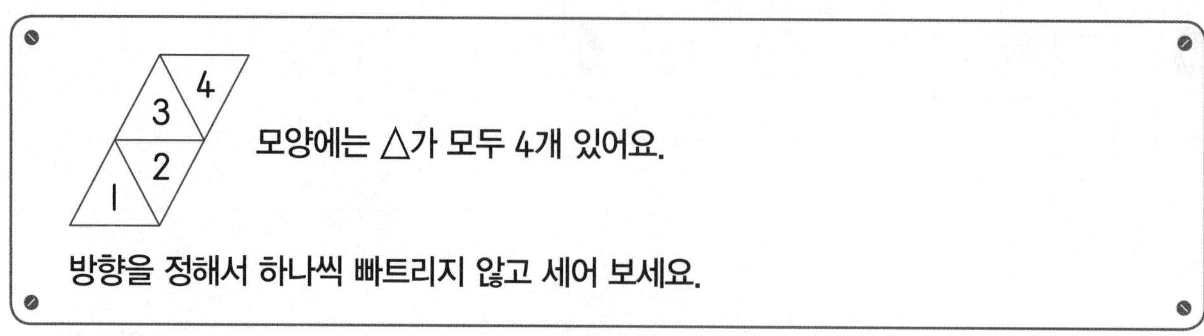

1
2
3
4
모양에는 △가 모두 4개 있어요.
방향을 정해서 하나씩 빠트리지 않고 세어 보세요.

크기가 같은 세모의 수를 세어 보세요.

1

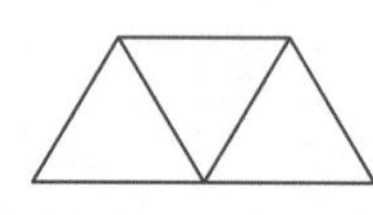

☐개

2

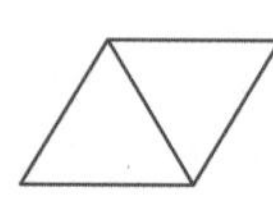

☐개

3

☐개

4

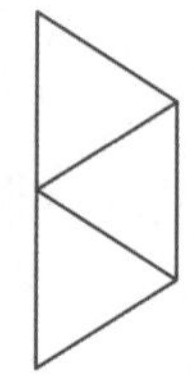

☐개

5

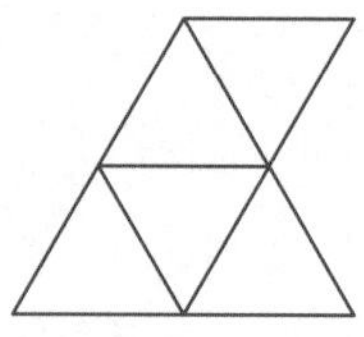

☐개

6

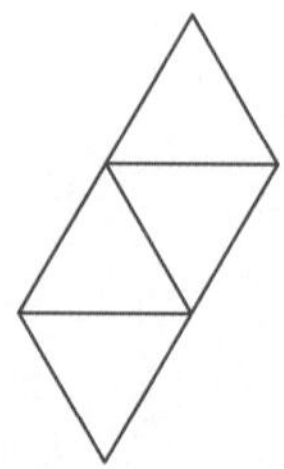

☐개

크기가 같은 네모의 수를 세어 보세요.

7

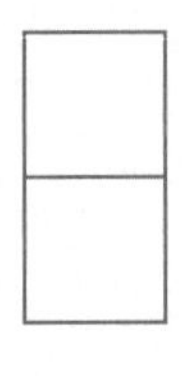

개

8

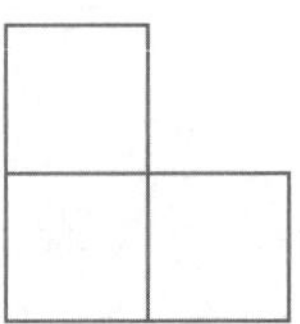

개

9

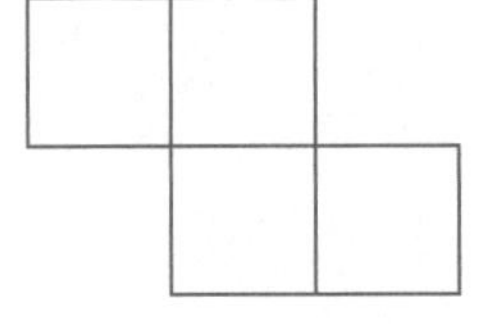

개

10

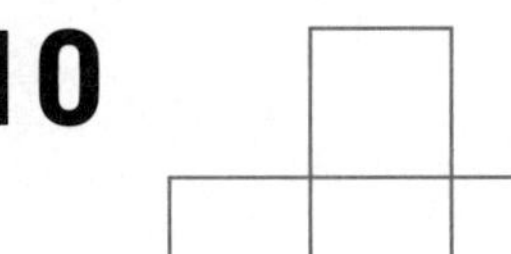

개

11

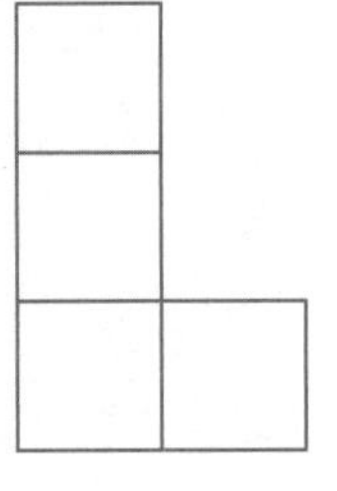

개

12

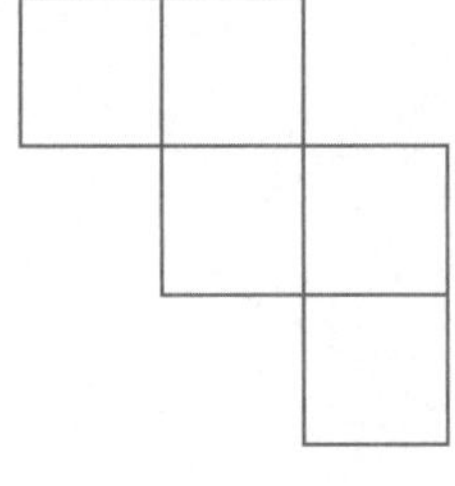

개

13

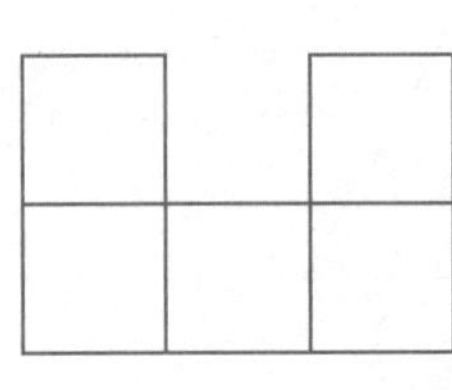

개

14

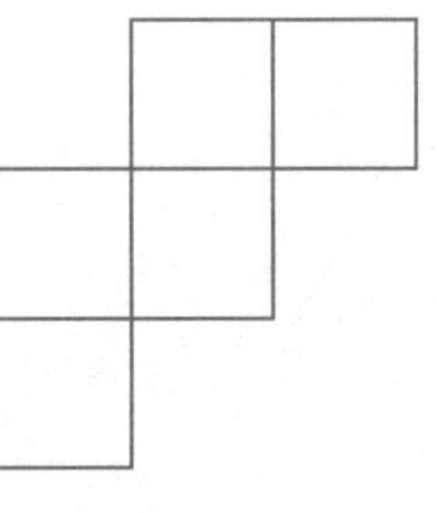

개

4일 크고 작은 세모, 네모의 수 모두 세기

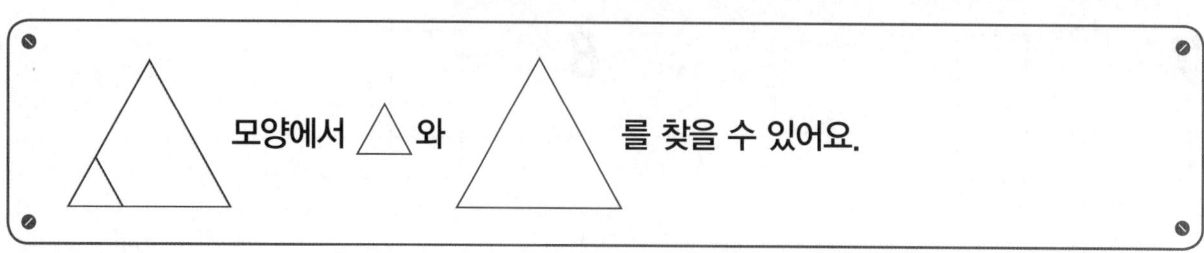

크고 작은 세모의 수를 모두 세어 보세요.

1

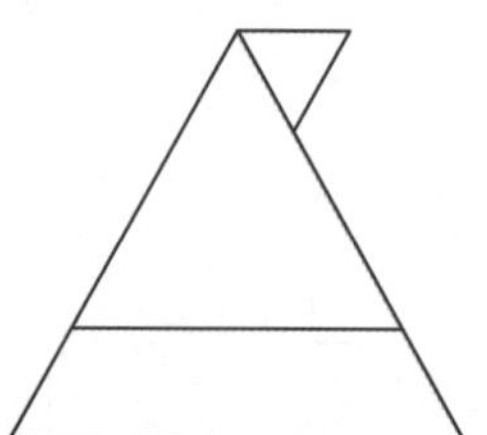

개

2

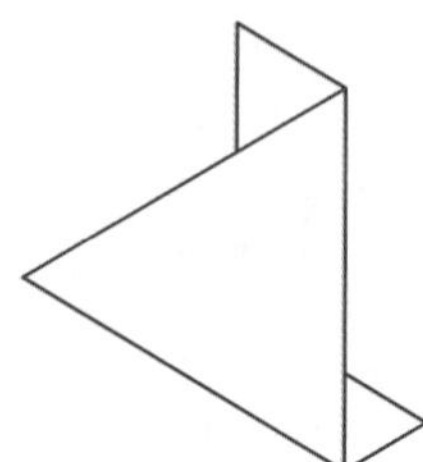

개

3

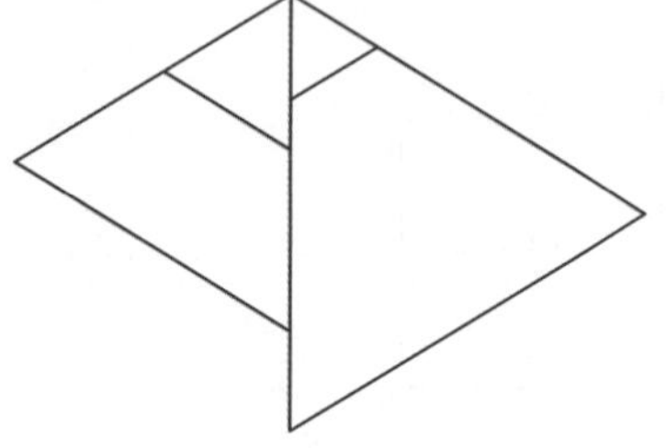

개

4

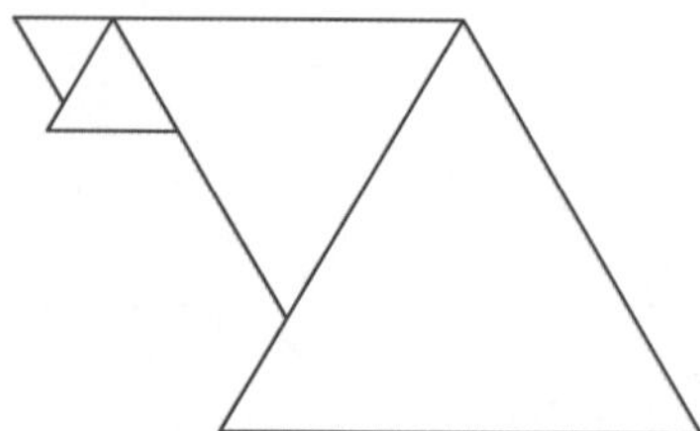

개

5

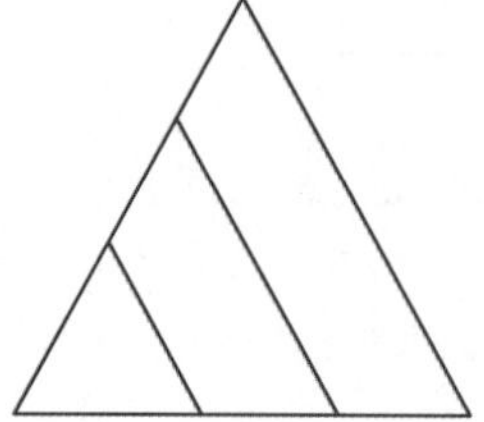

개

6

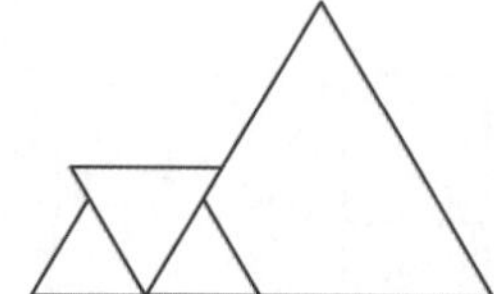

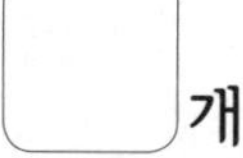

개

크고 작은 네모의 수를 모두 세어 보세요.

7

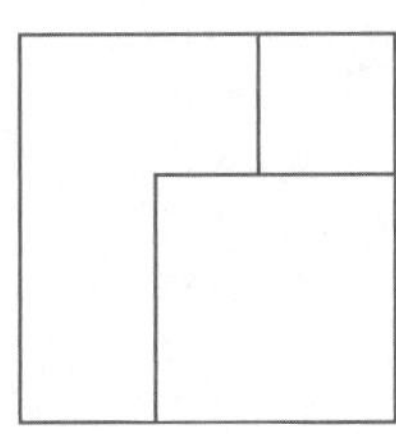

☐개

8

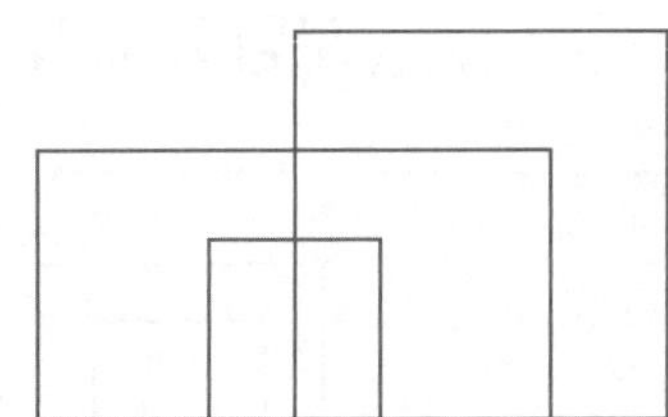

☐개

9

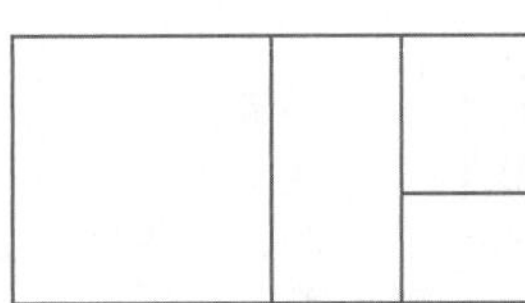

☐개

10

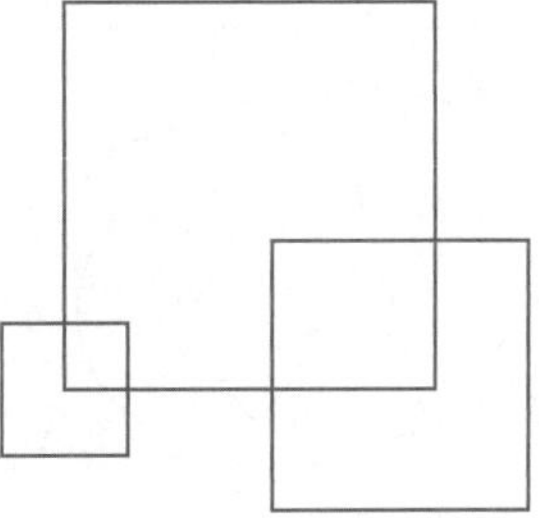

☐개

11

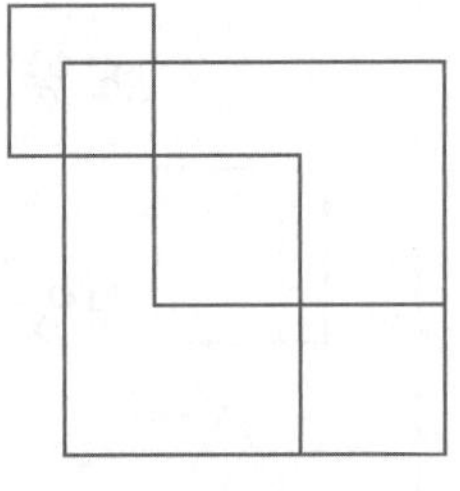

☐개

12

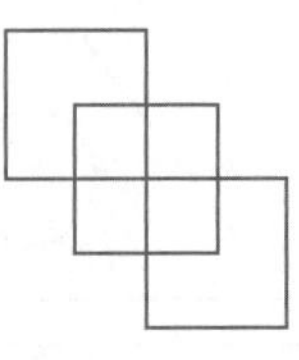

☐개

5일 사용한 모양의 수 세기

그림에서 ○, □, △ 모양이 각각 몇 개 있는지 세어 보세요.

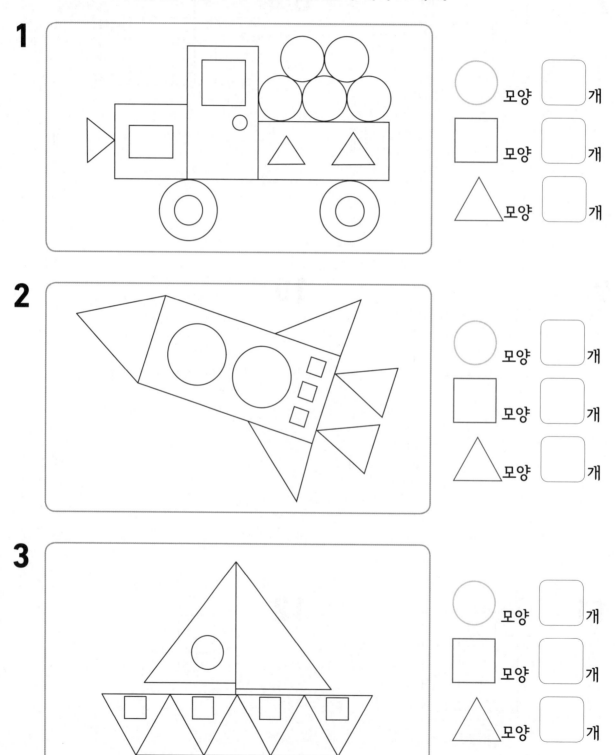

1

○ 모양 □개
□ 모양 □개
△ 모양 □개

2

○ 모양 □개
□ 모양 □개
△ 모양 □개

3

○ 모양 □개
□ 모양 □개
△ 모양 □개

그림에서 가장 많이 사용한 도형의 개수를 쓰세요.

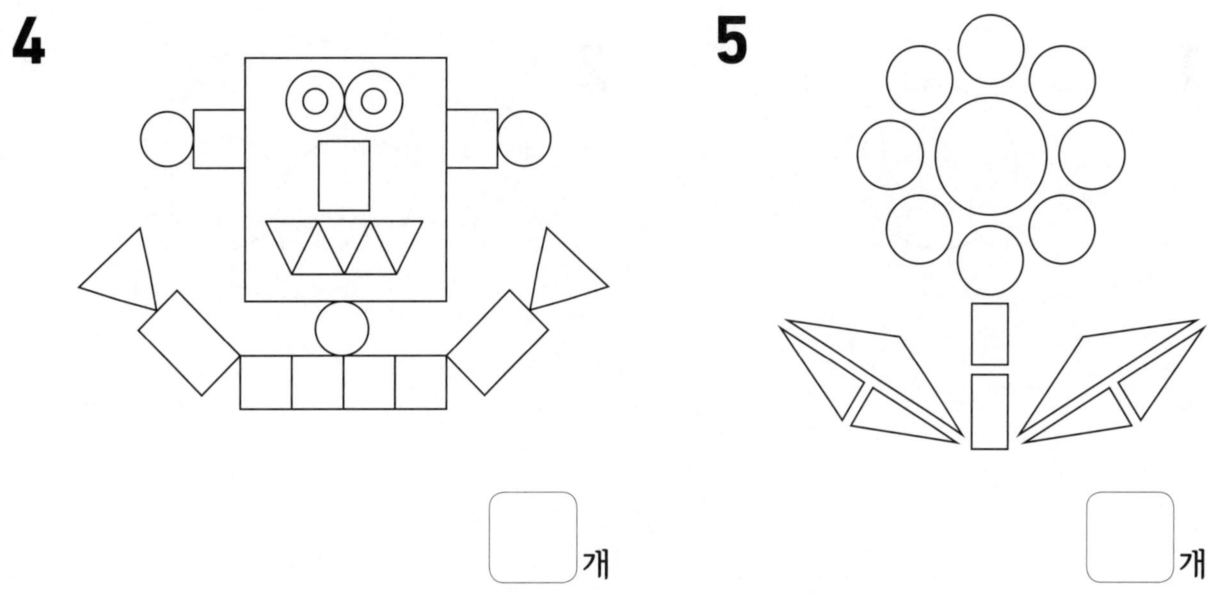

4 ☐개

5 ☐개

6 그림에서 가장 적게 사용한 도형을 찾아 그 모양과 개수를 쓰세요.

(, ☐개)

확인 문제

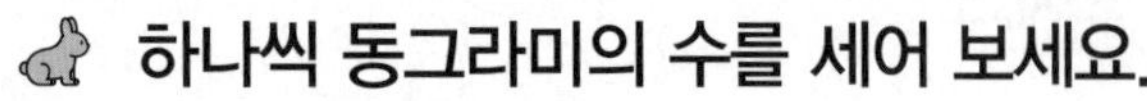

하나씩 동그라미의 수를 세어 보세요.

1

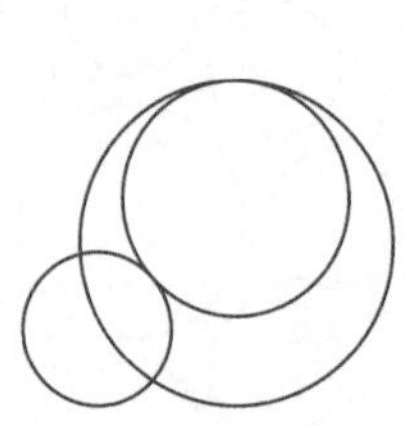

☐개

2

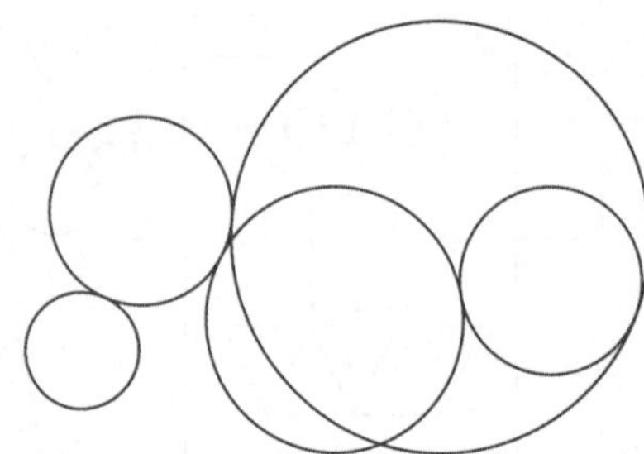

☐개

선을 따라 자를 때 만들어지는 도형의 수를 세어 보세요.

3

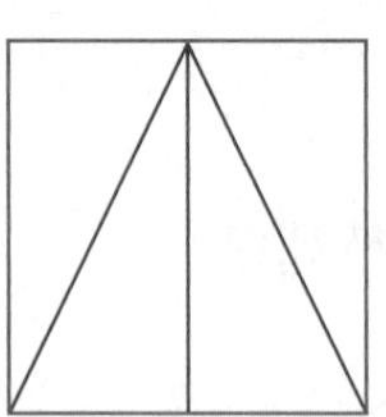

☐개

4

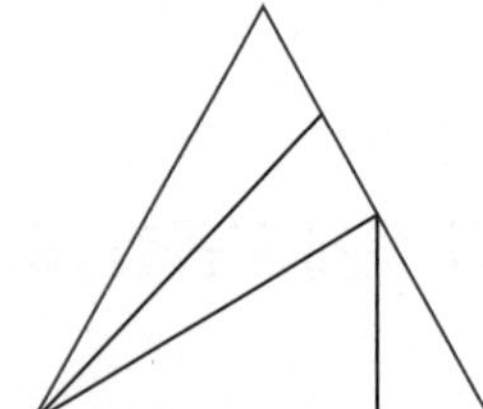

☐개

크기가 같은 도형의 수를 세어 보세요.

5

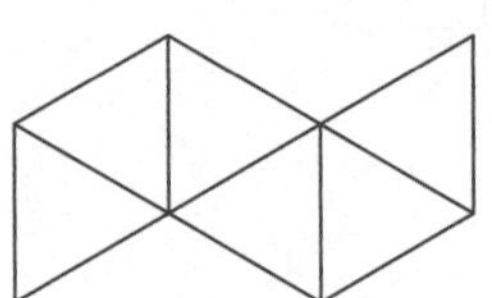

☐개

6

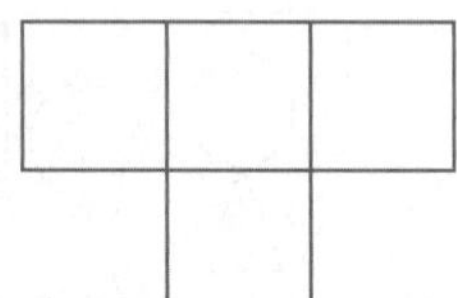

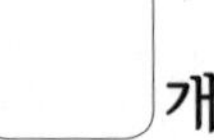

☐개

크고 작은 도형의 수를 모두 세어 보세요.

7

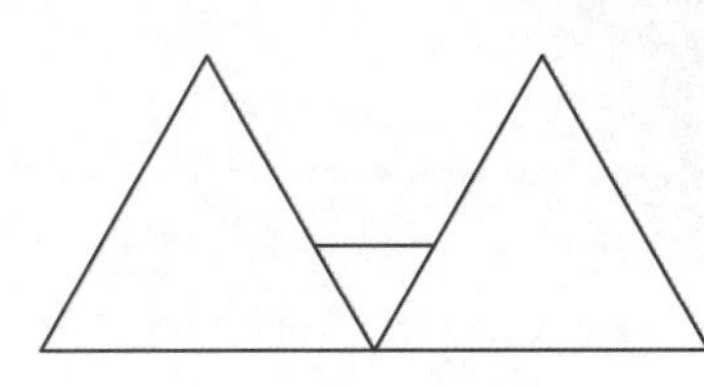

☐개

8

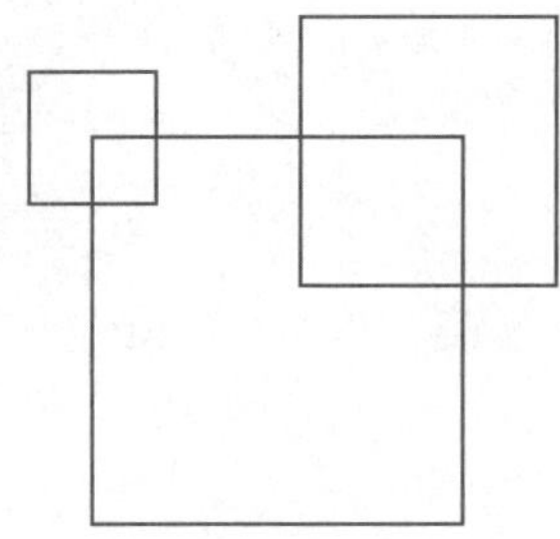

☐개

그림에서 ○, □, △ 모양을 찾아 그 수만큼 개수를 세어 보세요.

9

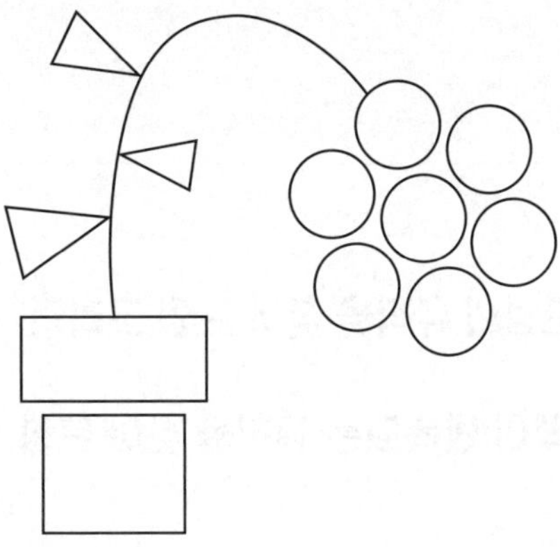

○ 모양 ☐개

□ 모양 ☐개

△ 모양 ☐개

10

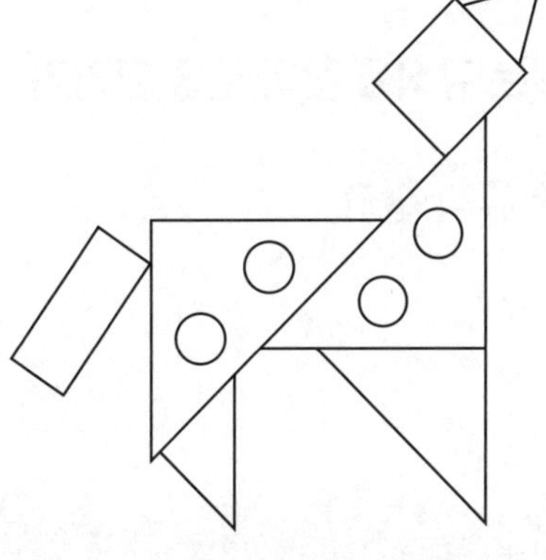

○ 모양 ☐개

□ 모양 ☐개

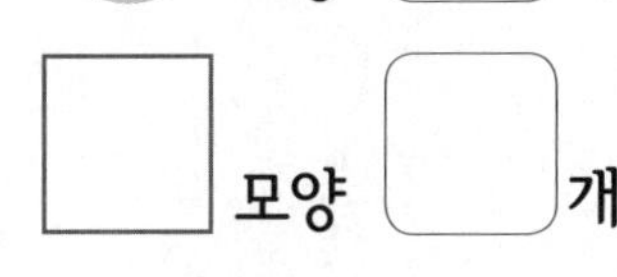

△ 모양 ☐개

도형의 규칙 찾기

주변에서 반복되는 모양을 찾아보자.

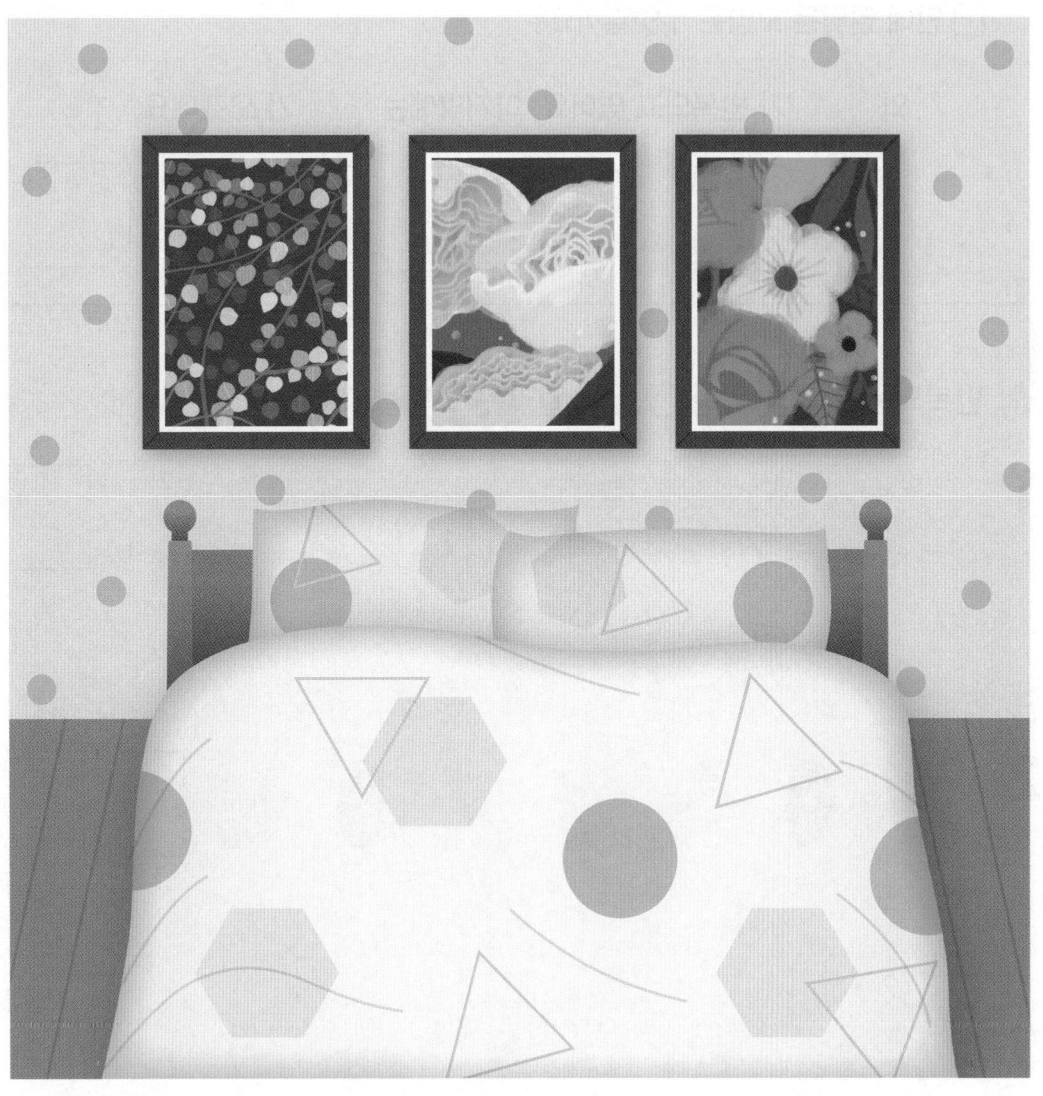

방 안의 모습이에요.

방의 벽지에는 같은 크기의 ●가 있고, □ 모양의 액자가 3개 있어요.

또, 침대에는 ●, ⬢, △ 모양이 그려진 이불이 있네요.

1일 반복되는 모양의 규칙을 찾아 도형 그리기

□ 안에 알맞은 모양은 무엇일까요?

○와 □가 반복되고 있어요. 마지막에는 ○가 오겠네요.

반복되는 규칙을 찾아 □ 안에 알맞은 도형을 그려 보세요.

1

2

3

4

모양이 반복되는 부분을 찾아 왼쪽에서부터 ⬭ 로 묶어 보세요.

5

6

7

반복되는 규칙을 찾아 마지막에 알맞은 도형을 그려 보세요.

8

9

10

2일 크기 또는 색이 반복되는 규칙을 찾아 도형 그리기

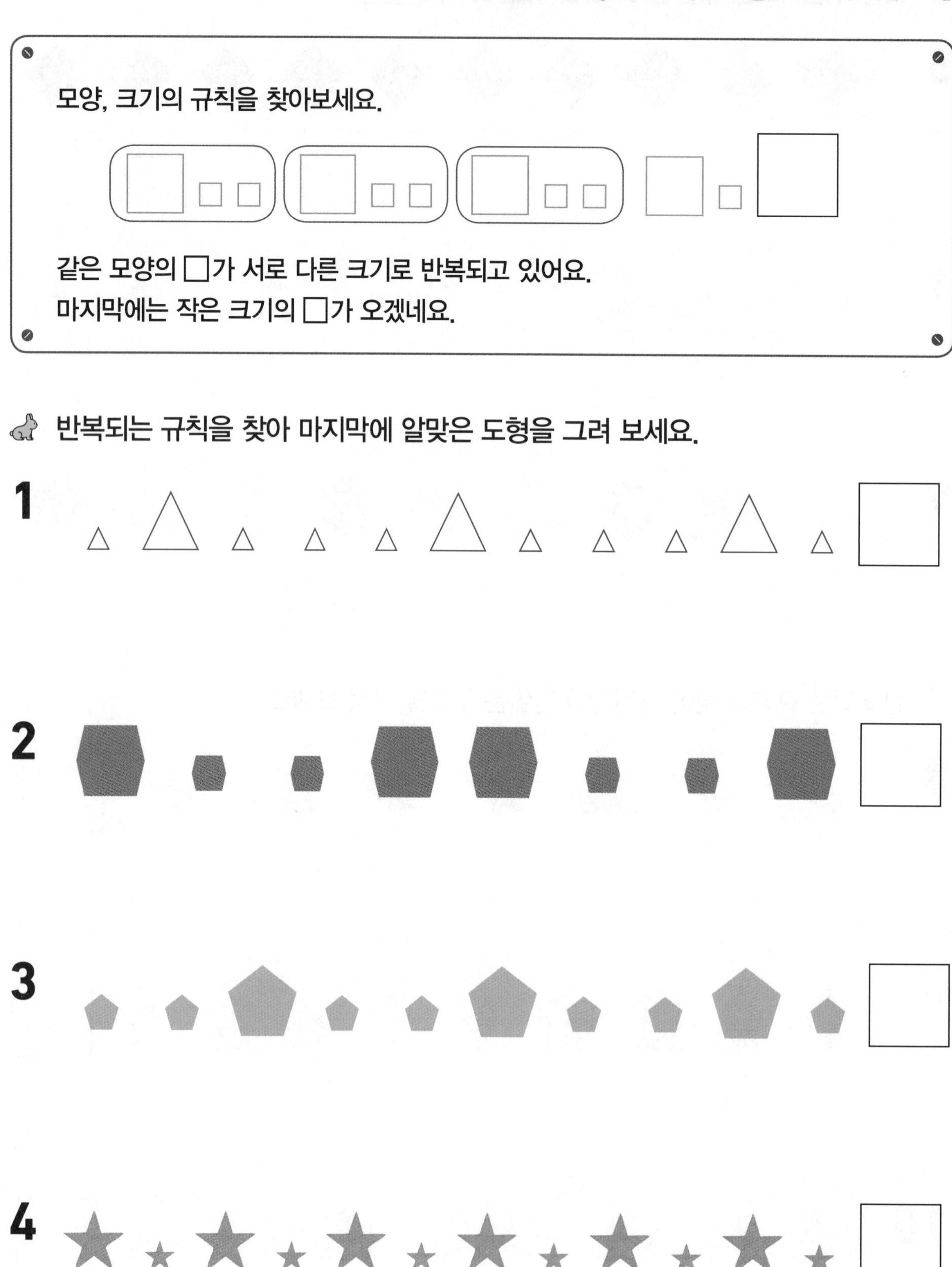

모양, 크기의 규칙을 찾아보세요.

같은 모양의 □가 서로 다른 크기로 반복되고 있어요.
마지막에는 작은 크기의 □가 오겠네요.

반복되는 규칙을 찾아 마지막에 알맞은 도형을 그려 보세요.

1

2

3

4

반복되는 규칙을 찾아 알맞은 도형을 그리고, 색칠하세요.

5

6

7

8

9

10

반복되는 방향의 규칙을 찾아 도형 그리기

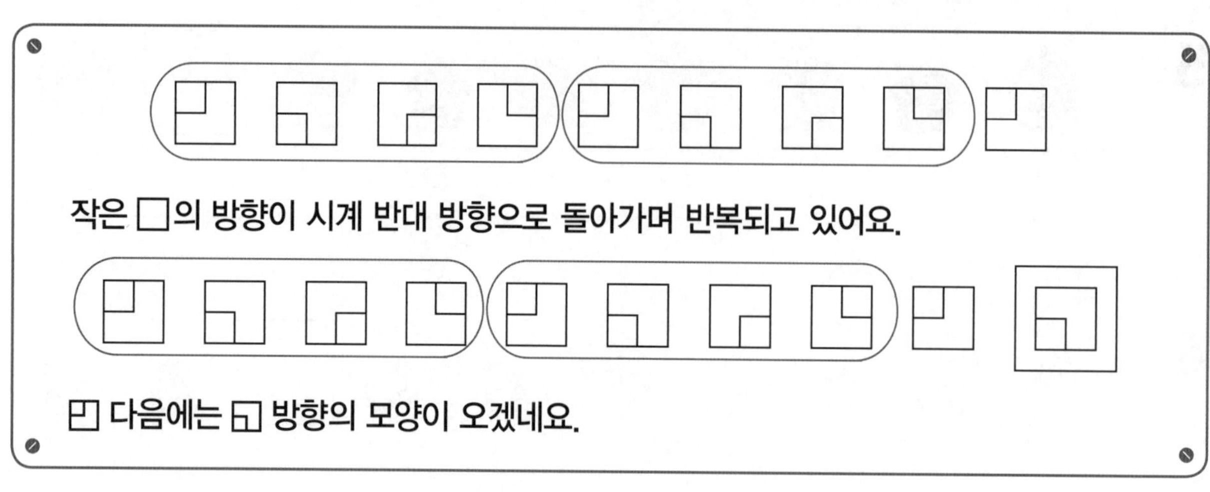

작은 □의 방향이 시계 반대 방향으로 돌아가며 반복되고 있어요.
다음에는 방향의 모양이 오겠네요.

반복되는 방향의 규칙을 찾아 마지막에 알맞은 도형을 그려 보세요.

1

2

3

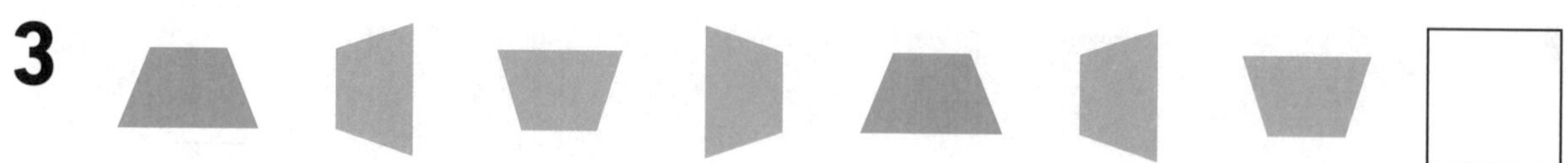

4

 반복되는 방향의 규칙을 찾아 마지막에 알맞은 도형을 완성하세요.

5        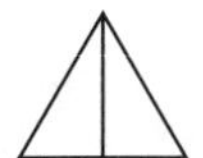

6 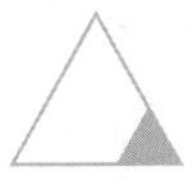  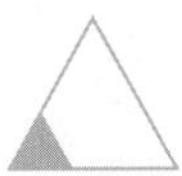 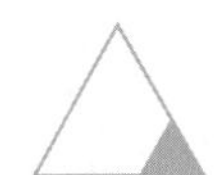 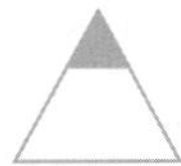 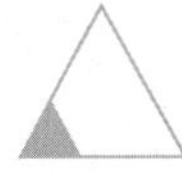 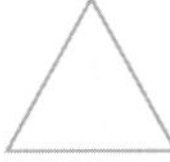

7 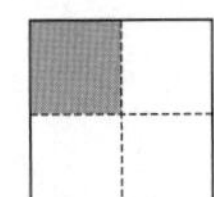 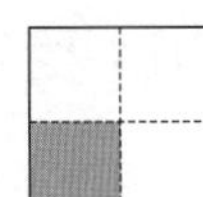 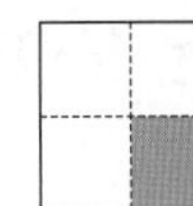 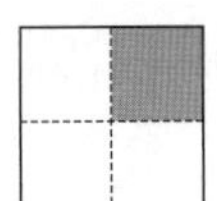 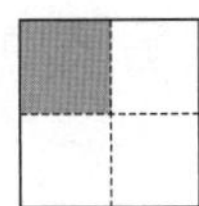 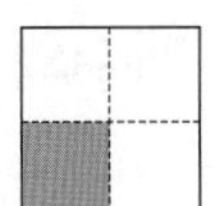 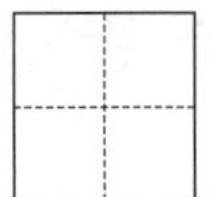

8  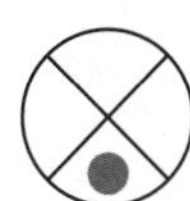 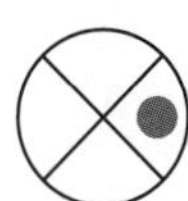 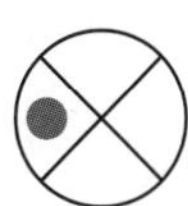 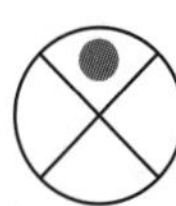  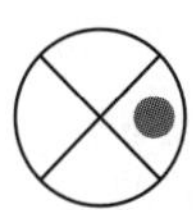 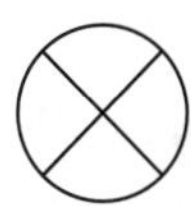

9 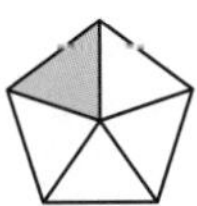 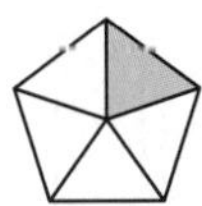 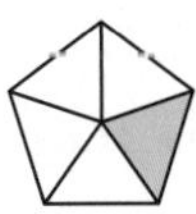 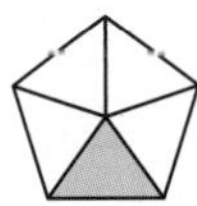 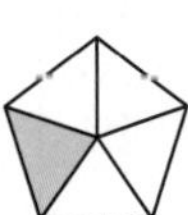 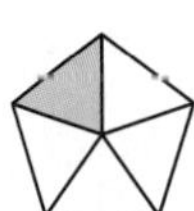 

10 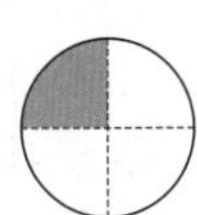 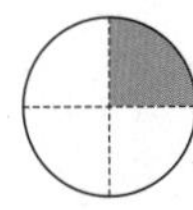 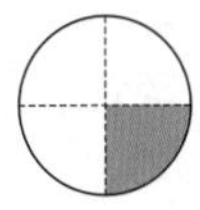 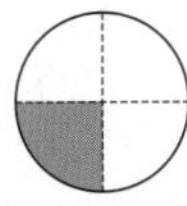 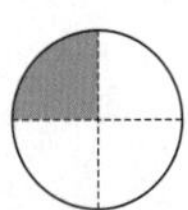 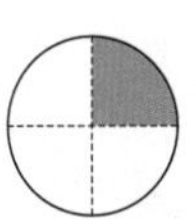 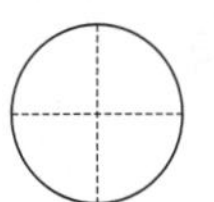

4일 개수가 반복되는 규칙을 찾아 도형 그리기

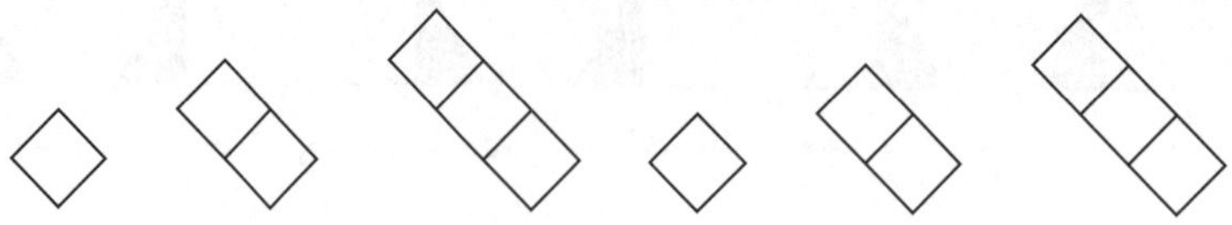

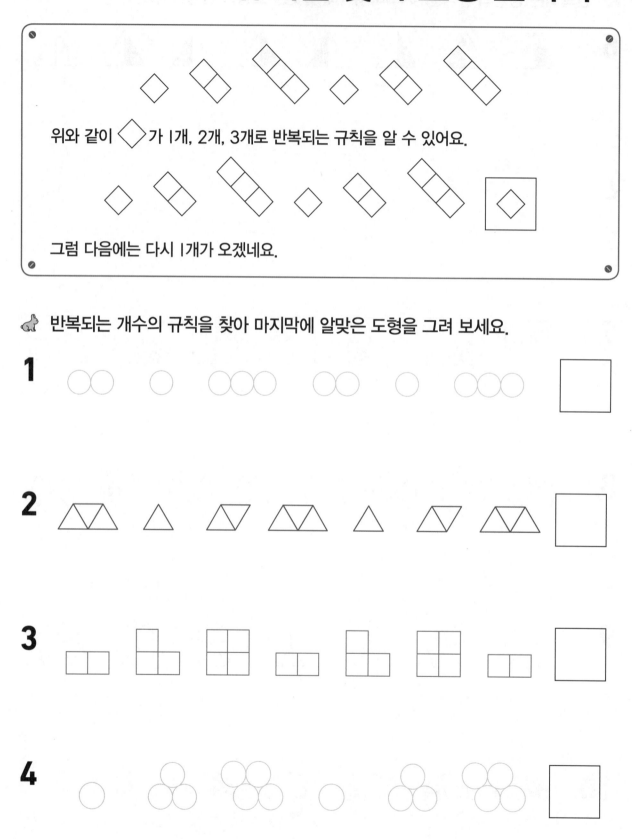

위와 같이 ◇가 1개, 2개, 3개로 반복되는 규칙을 알 수 있어요.

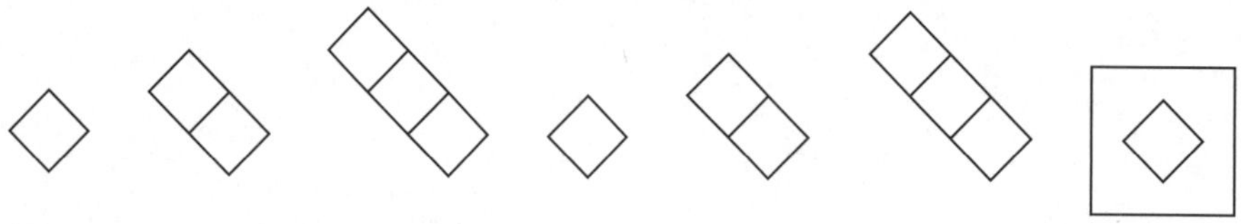

그럼 다음에는 다시 1개가 오겠네요.

반복되는 개수의 규칙을 찾아 마지막에 알맞은 도형을 그려 보세요.

1

2

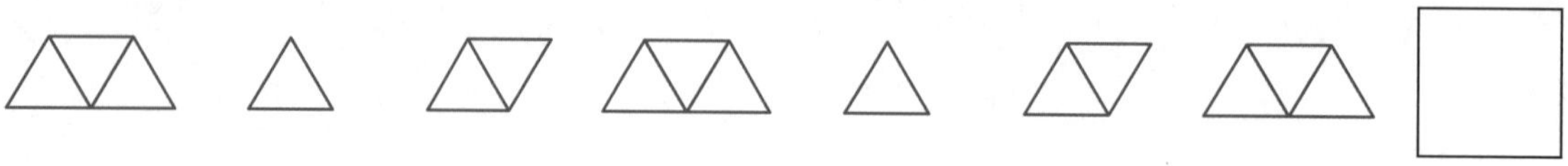

3

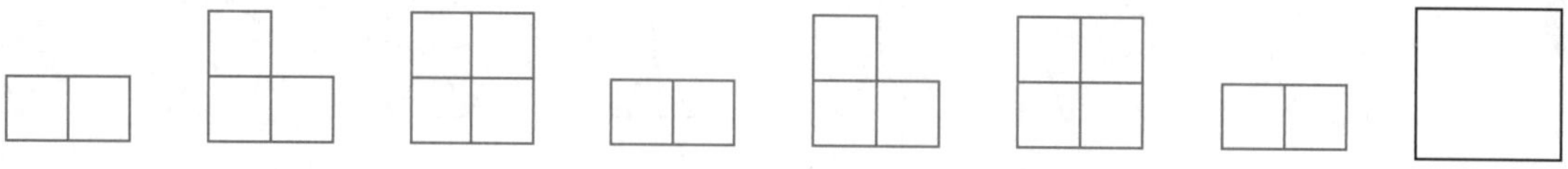

4

반복되는 규칙을 찾아 마지막에 알맞은 도형의 △ 모양의 개수를 세어 보세요.

5

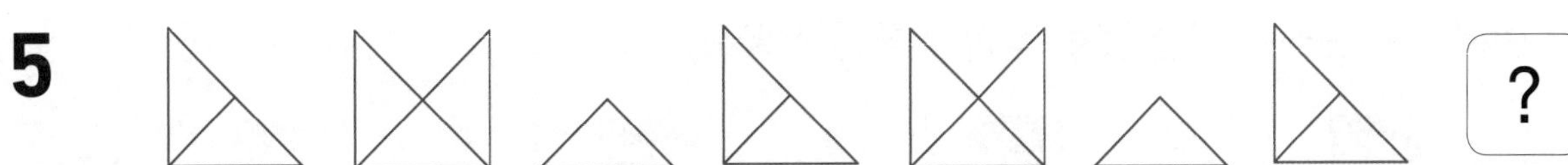

?

6

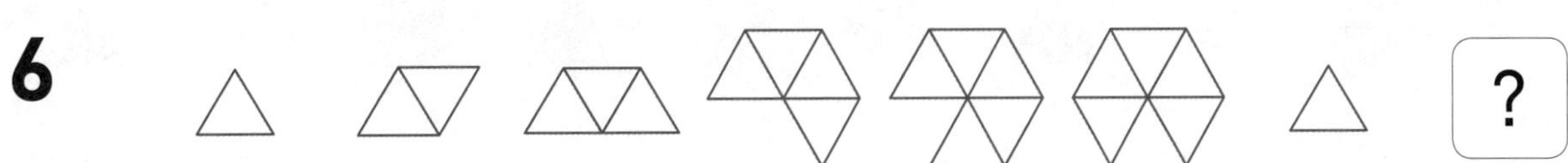

?

7

?

반복되는 규칙을 찾아 마지막에 알맞은 도형의 ⬠ 모양의 개수를 세어 보세요.

8

?

9

?

10

?

5일 나머지와 다른 규칙 찾기

1 반복되는 규칙이 다른 것을 찾아 기호를 쓰세요.

(　　　　)

2 반복되는 규칙이 다른 것을 찾아 기호를 쓰세요.

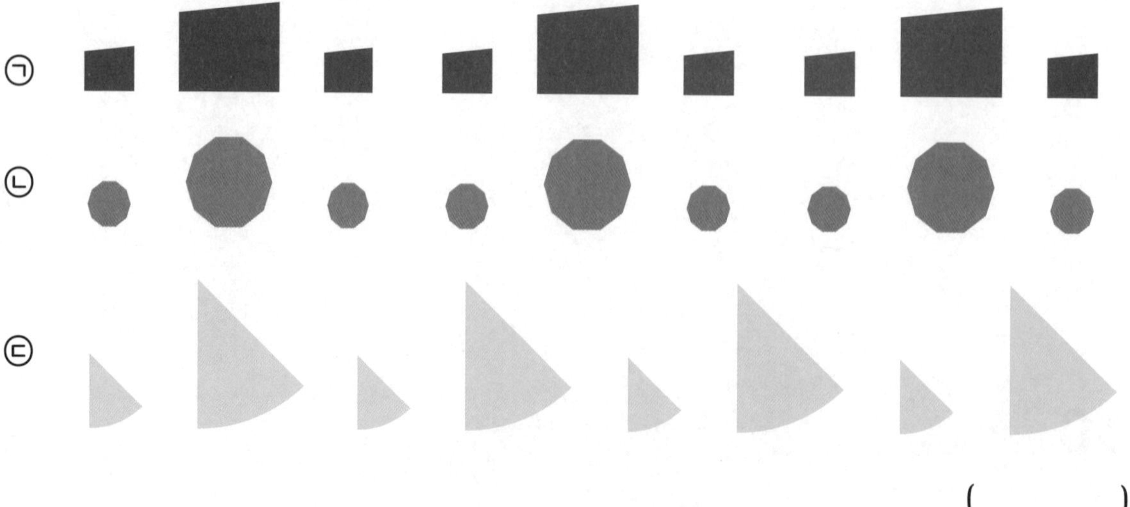

(　　　　)

3 반복되는 규칙이 다른 것을 찾아 기호를 쓰세요.

( )

4 반복되는 방향의 규칙이 다른 것을 찾아 기호를 쓰세요.

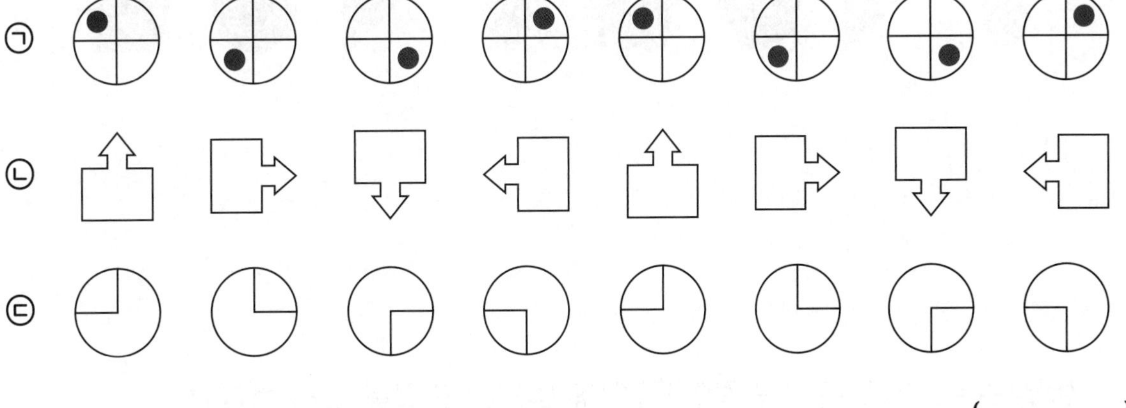

( )

5 반복되는 개수의 규칙이 다른 것을 찾아 기호를 쓰세요.

㉠

㉡

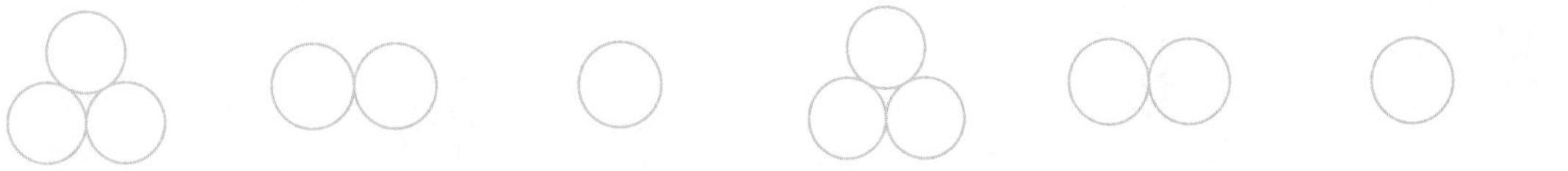

㉢

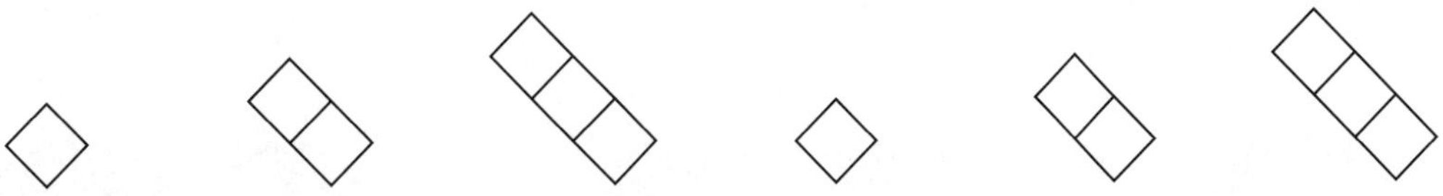

( )

확인 문제

반복되는 모양의 규칙을 찾아 □ 안에 알맞은 도형을 그려 보세요.

1

2

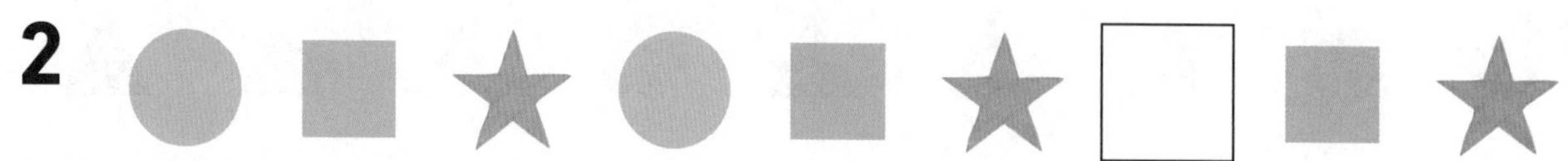

3

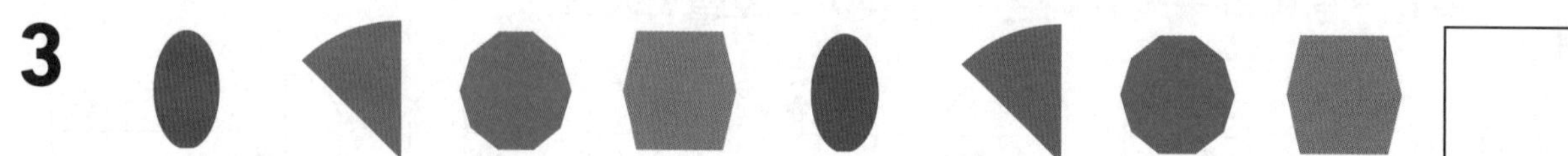

반복되는 크기의 규칙을 찾아 □ 안에 알맞은 도형을 그려 보세요.

4

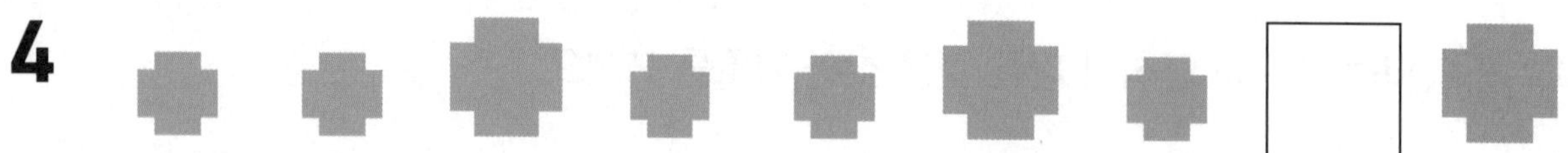

5

6

반복되는 방향의 규칙을 찾아 마지막에 알맞은 도형을 그리고, 색칠하세요.

7       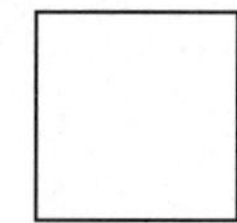

8       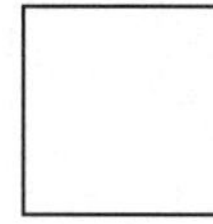

9   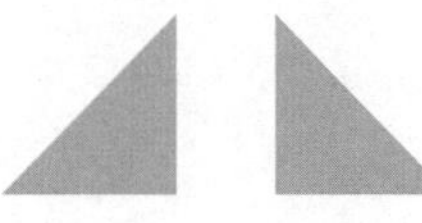    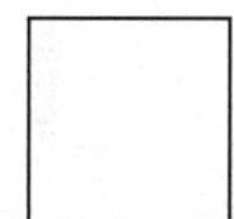

반복되는 개수의 규칙을 찾아 마지막에 알맞은 도형을 그려 보세요.

10 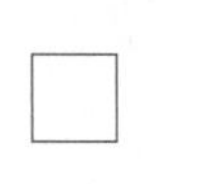 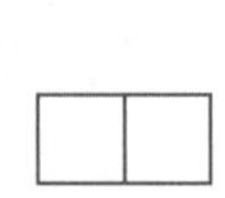 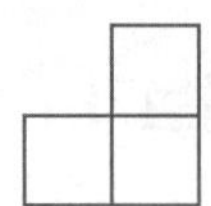 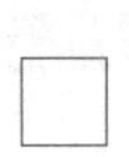 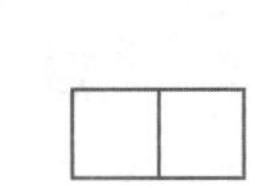 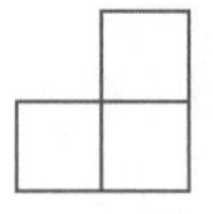  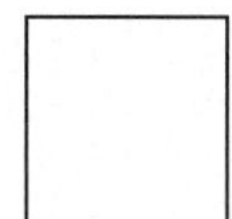

11 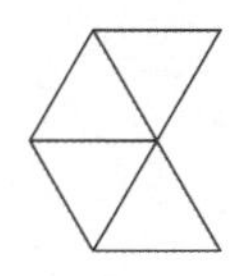 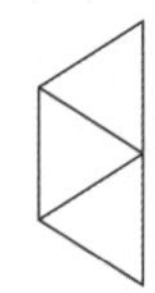 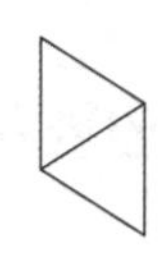 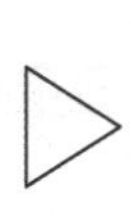  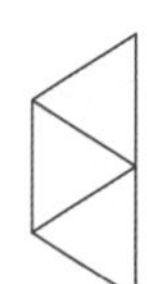  

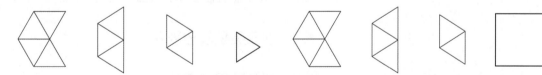

12 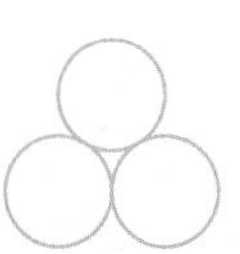   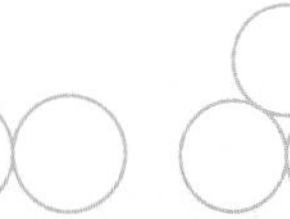 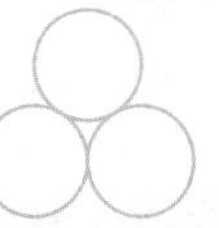    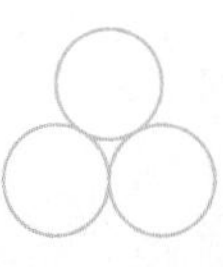 

칠교판 이용하기

칠교판

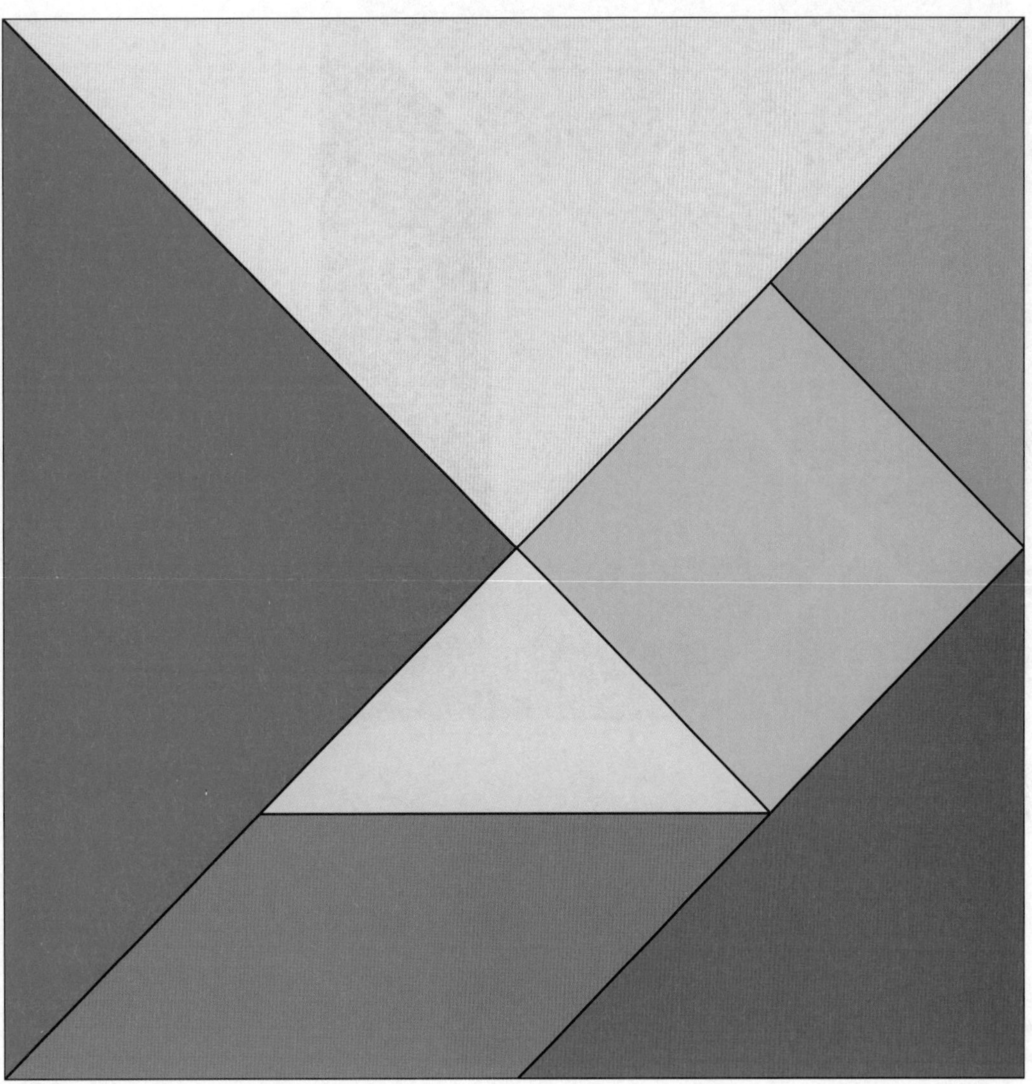

그림처럼 사방이 같은 길이의 사각형을 모두 일곱 개로 조각낸 것을 칠교판이라고 해요.

칠교판 조각 중에는

사각형이 2개, 삼각형이 5개예요.

1일 칠교판 알아보기

칠교판의 도형을 찾아 보세요.

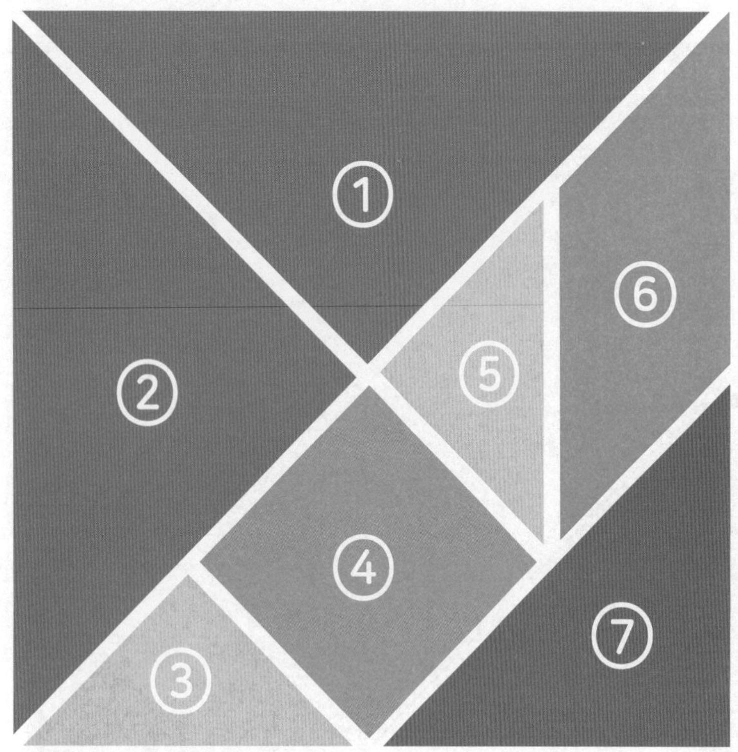

1 ①과 크기가 같은 도형을 찾아 보세요. ☐

2 네모인 도형은 ☐ 와 ☐ 이에요.

3 ④와 크기가 같은 조각은 ☐ 과 ☐ 이에요.

4 ④와 ⑥을 제외한 나머지 다섯 개 도형의 이름을 말해 보세요. (   )

5 다음 모양을 만드는 데 이용한 칠교판의 도형을 찾아 번호를 쓰세요.

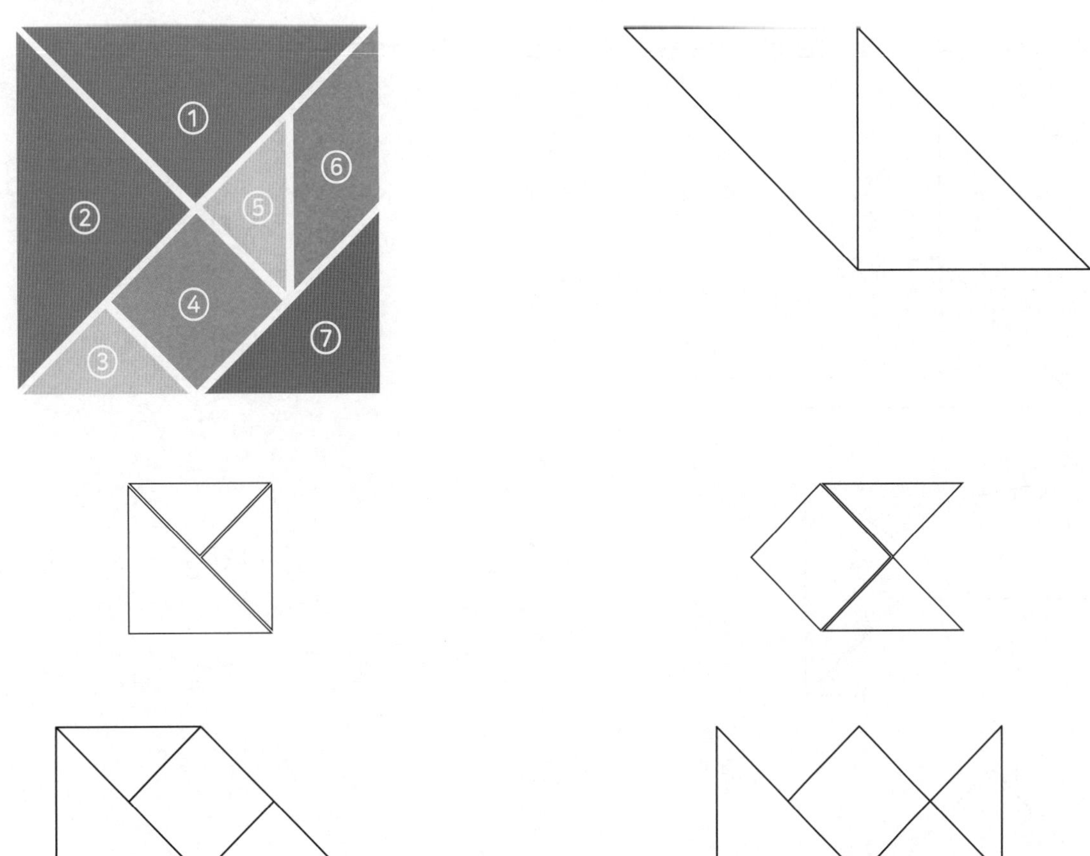

6 위의 칠교판을 보고 칠교판의 도형을 찾아 ○표 하세요.

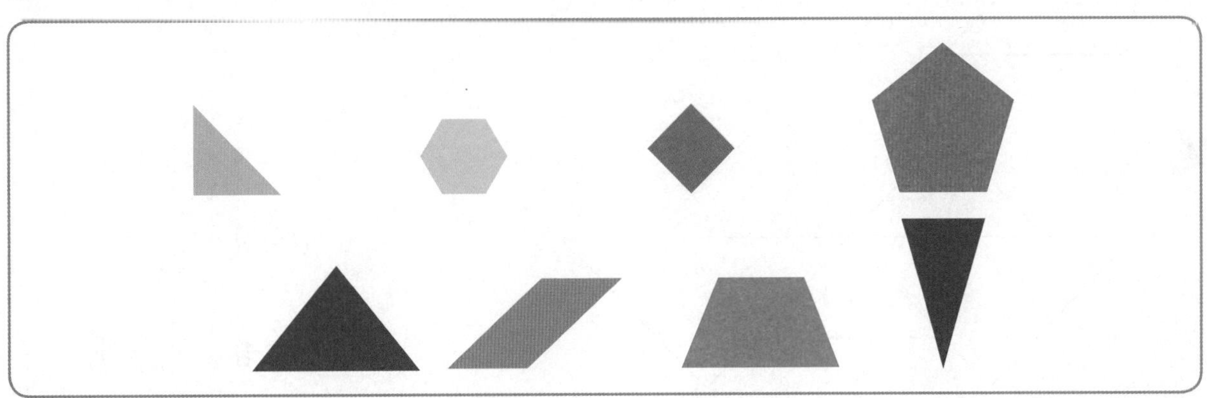

2일

칠교판으로 만든 모양의 조각의 수 세기

모양을 만드는 데 이용한 삼각형과 사각형 조각의 수를 각각 세어 보세요.

1

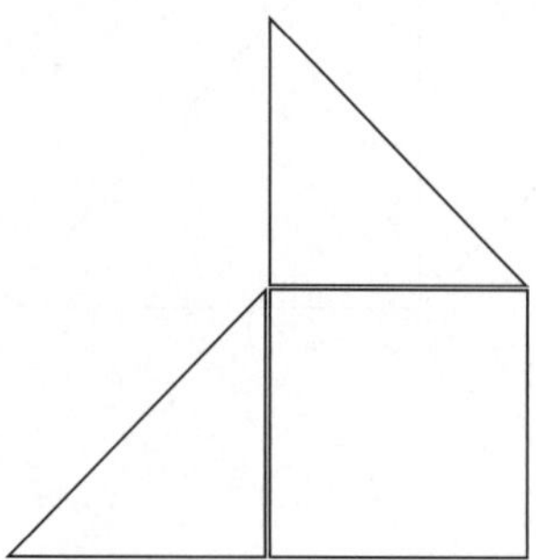

삼각형 ☐개

사각형 ☐개

2

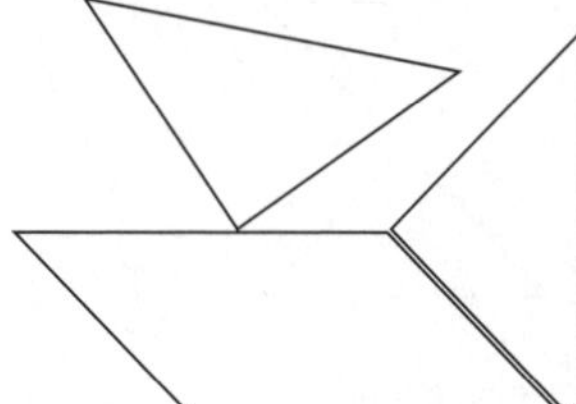

삼각형 ☐개

사각형 ☐개

3

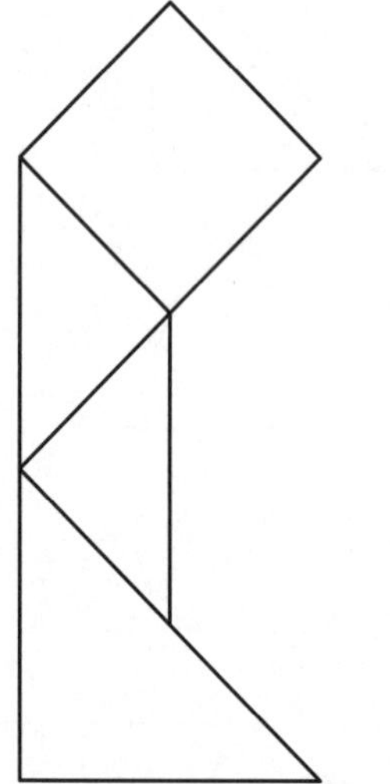

삼각형 ☐개

사각형 ☐개

4

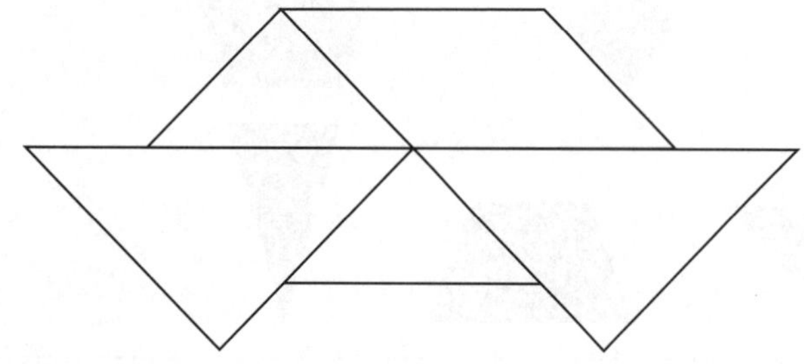

삼각형 ☐개

사각형 ☐개

도형을 만드는 데 이용한 삼각형과 사각형 조각의 수를 각각 세어 보세요.

5

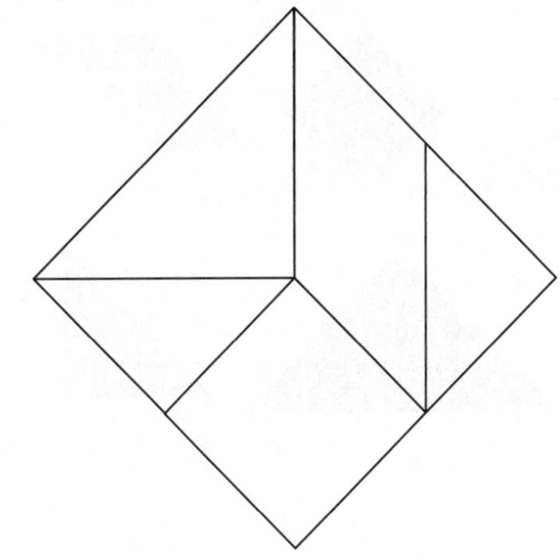

삼각형 ☐개

사각형 ☐개

6

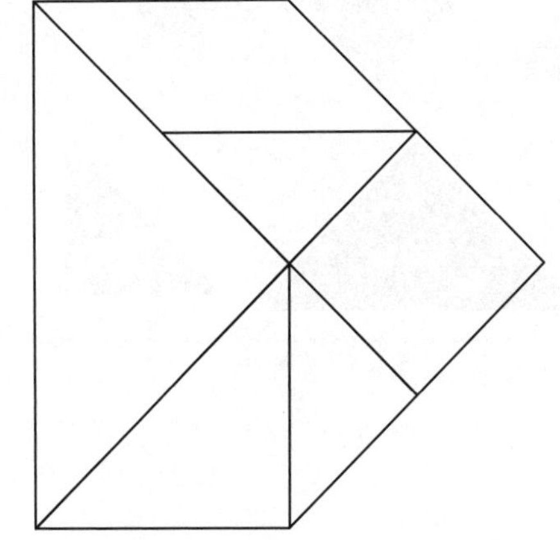

삼각형 ☐개

사각형 ☐개

7

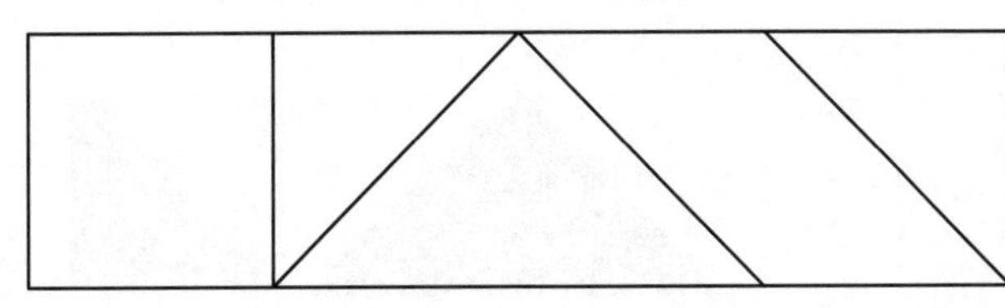

삼각형 ☐개

사각형 ☐개

3일 모양을 만드는 데 이용하지 않은 조각 찾기

왼쪽의 모양을 만드는 데 이용하지 않은 조각을 모두 찾아 ○표 하세요.

1

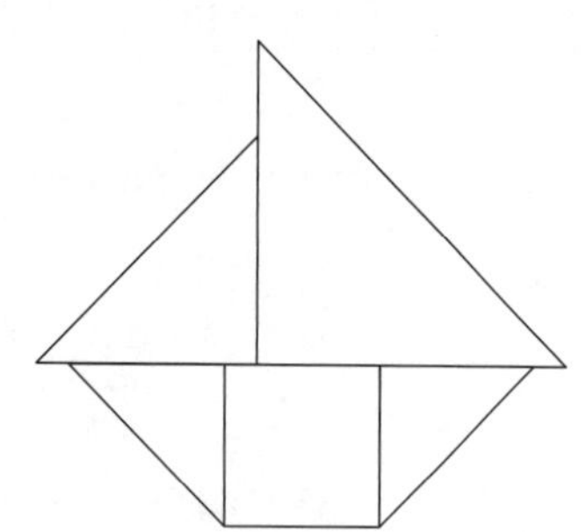

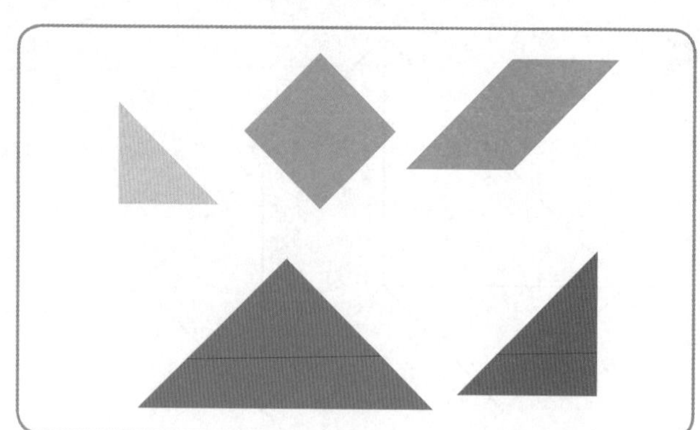

2

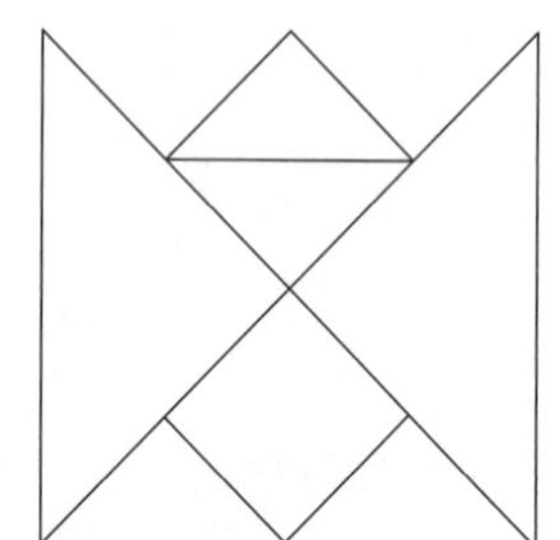

3

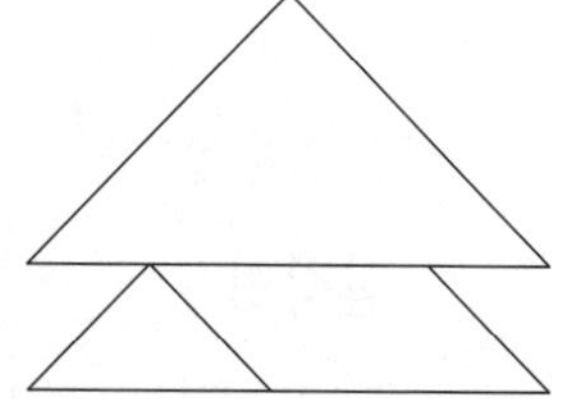

🐇 모양을 만드는 데 이용하지 않은 조각을 위에서 모두 찾아 번호를 쓰세요.

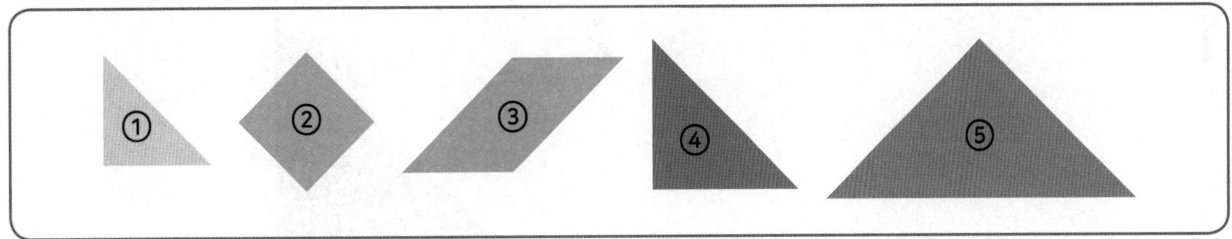

4

( )

5

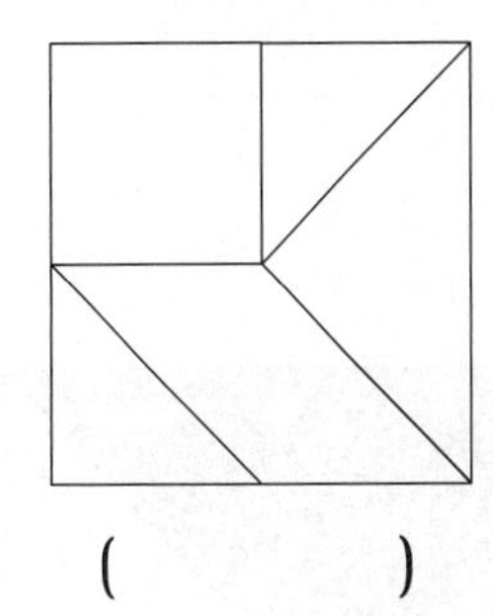

( )

6

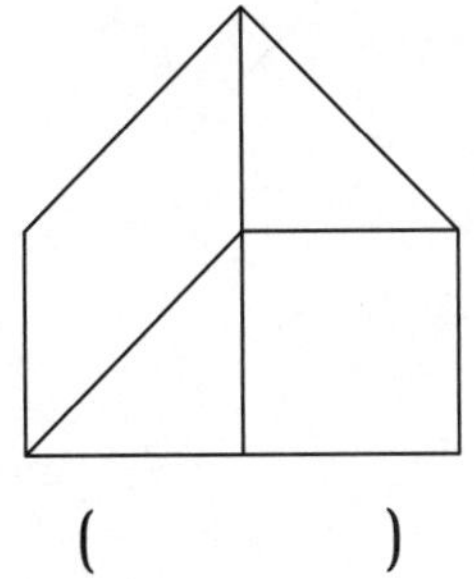

( )

7

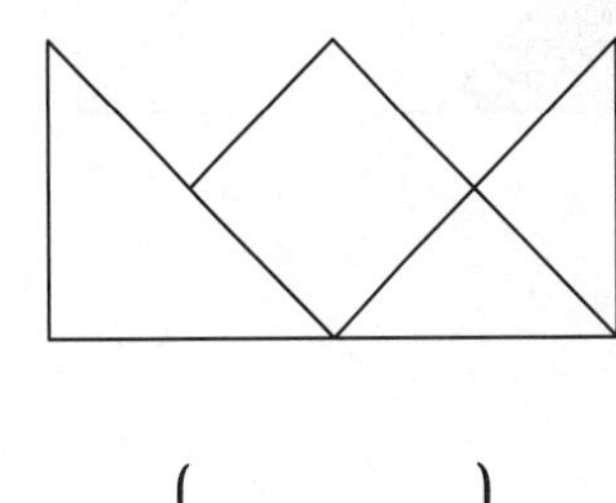

( )

8

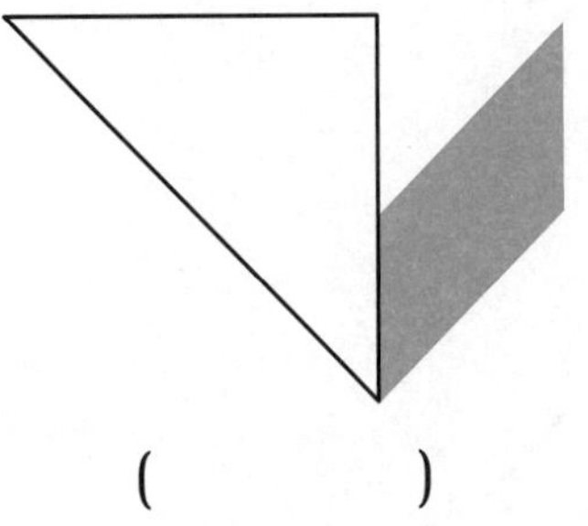

( )

9

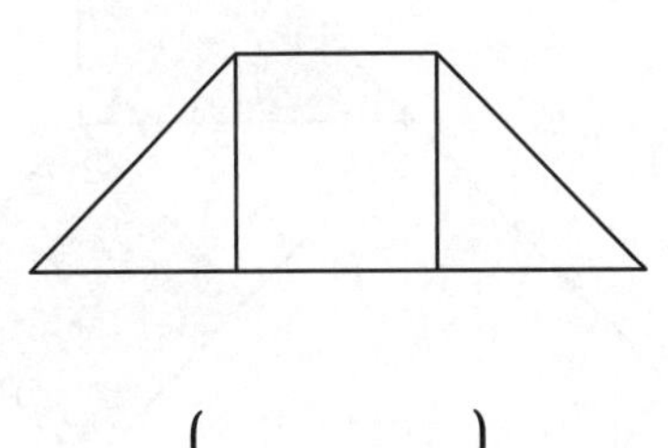

( )

칠교로 도형 만들기

칠교판 조각을 이용하여 삼각형과 사각형을 완성하세요.

1

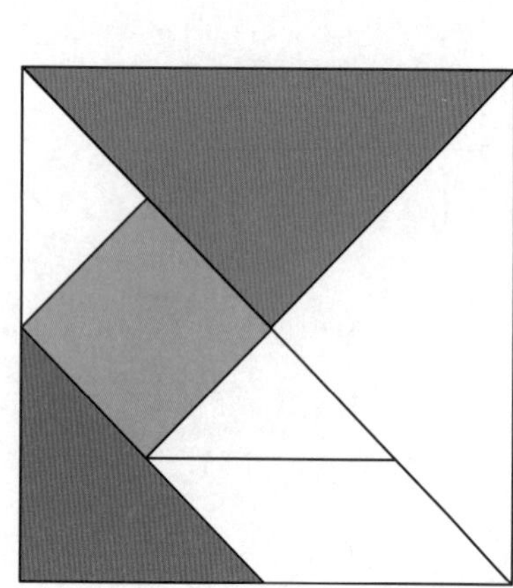

2

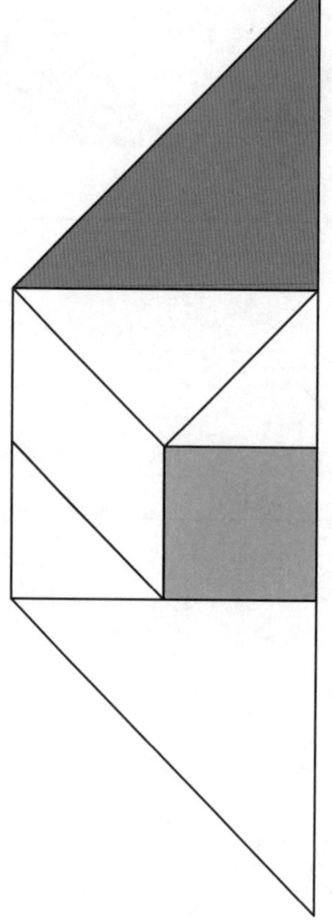

3

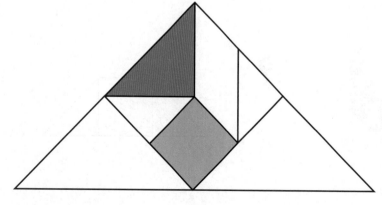

칠교판 조각을 이용하여 도형을 완성하세요.

4

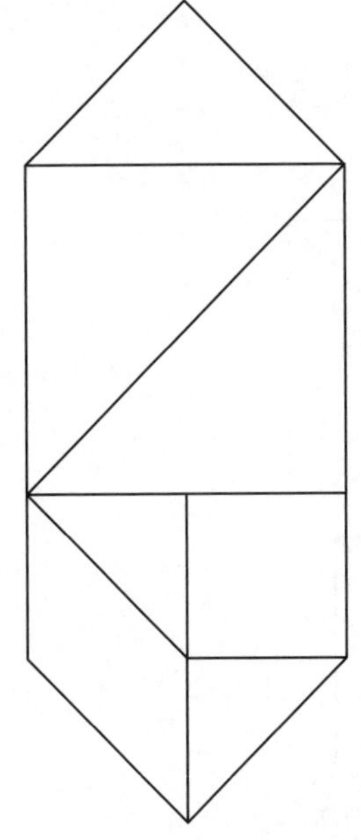

5

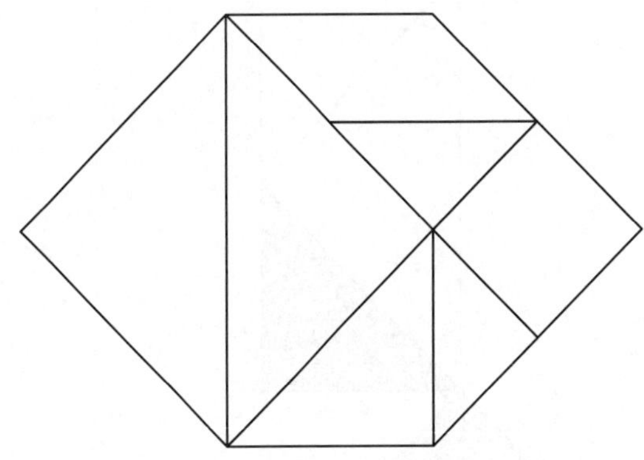

6

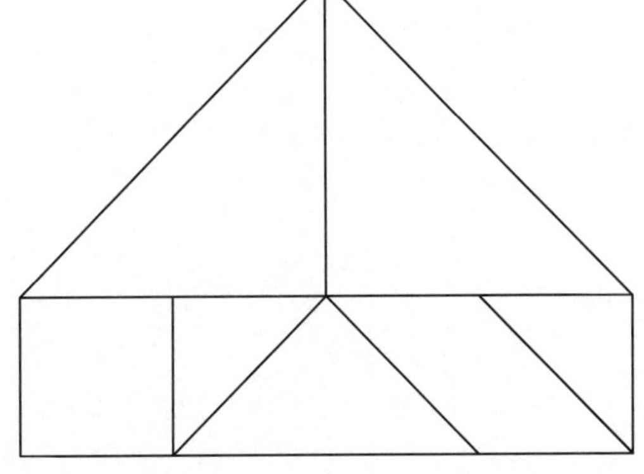

7

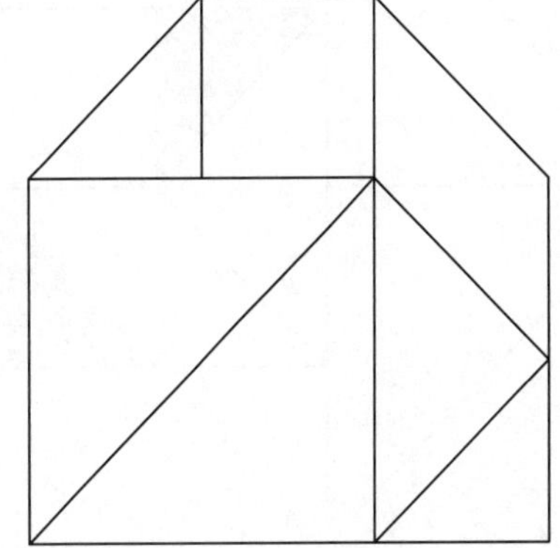

5일 칠교로 모양 만들기

칠교판 조각을 이용하여 모양을 완성하세요.

1

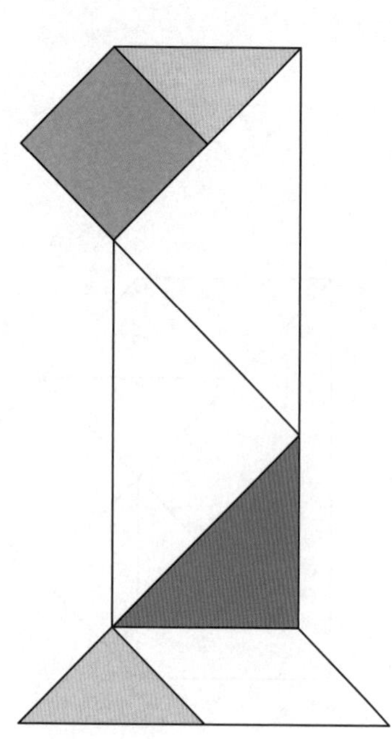

2

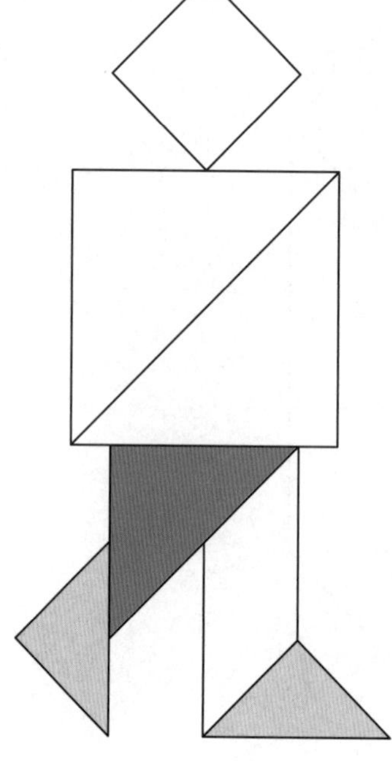

3

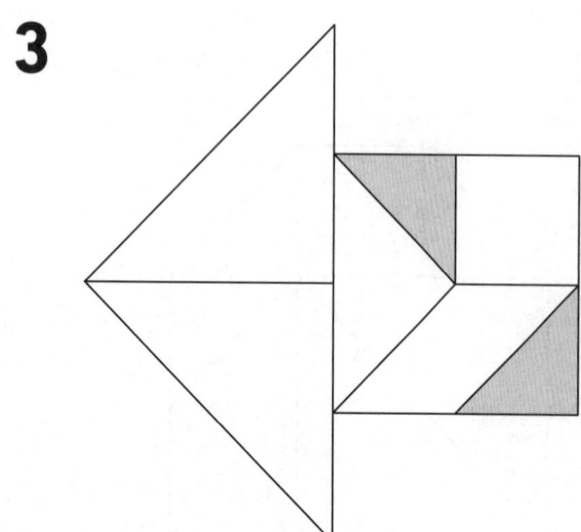

칠교판 조각을 모두 이용하여 모양을 만들어 보세요.

4 5

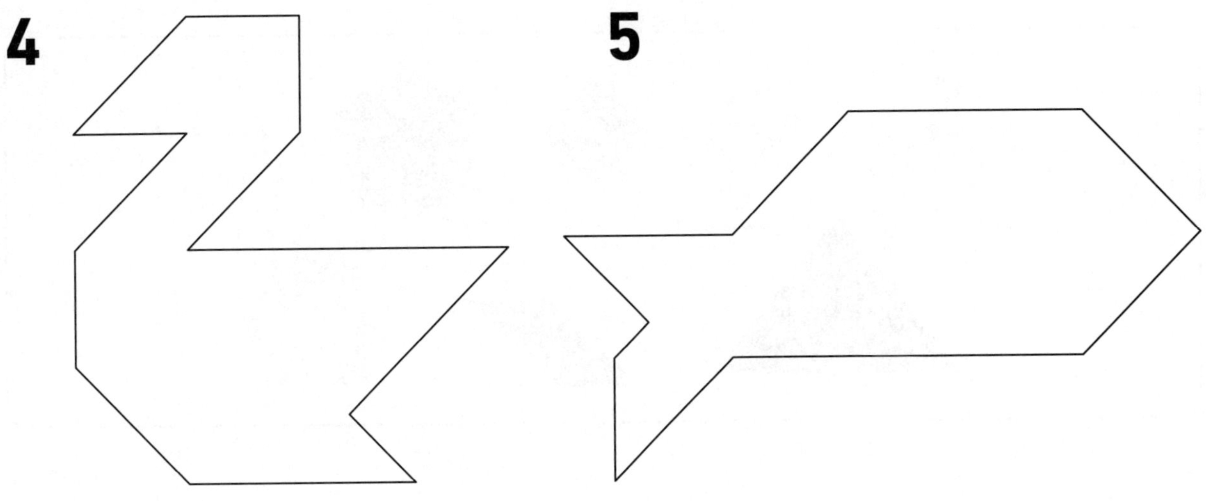

6 7

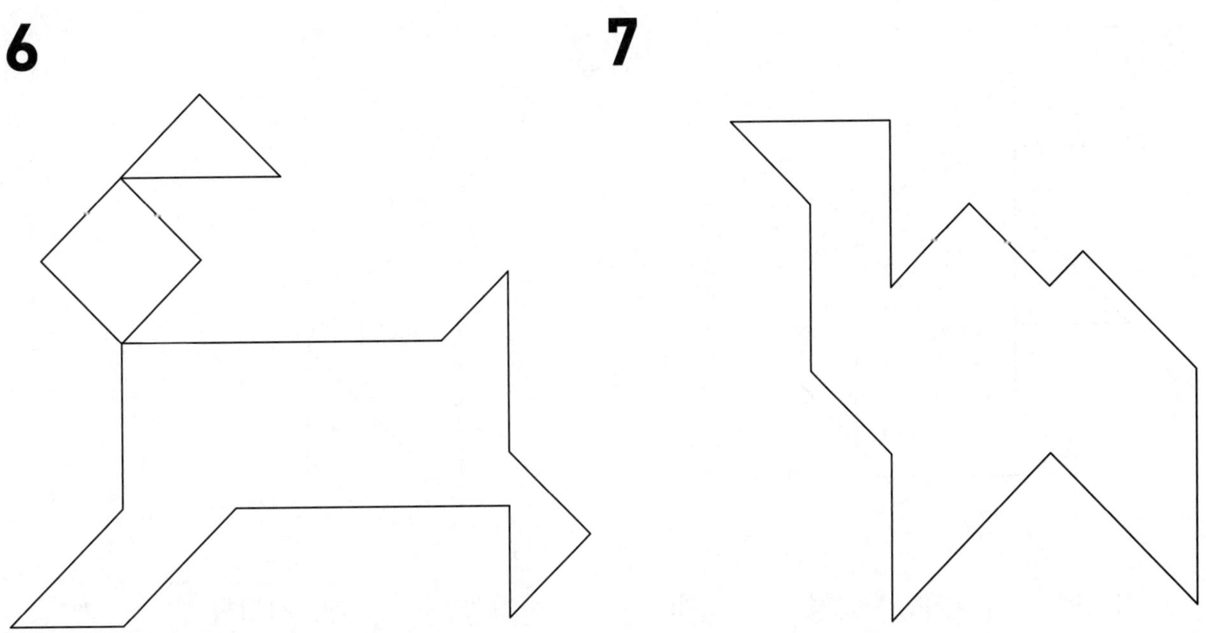

확인 문제

1 칠교판의 도형이 아닌 것을 찾아 ○표 하세요.

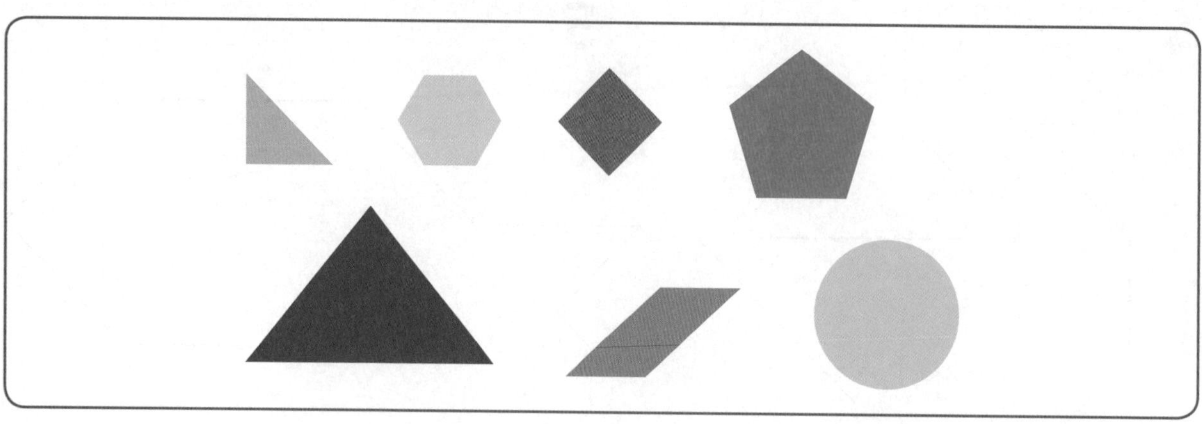

모양을 만드는 데 이용한 삼각형과 사각형 조각의 수를 각각 세어 보세요.

2

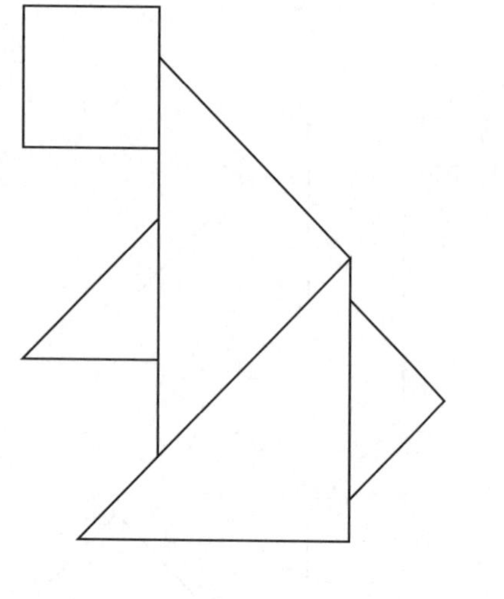

삼각형 □개, 사각형 □개

3

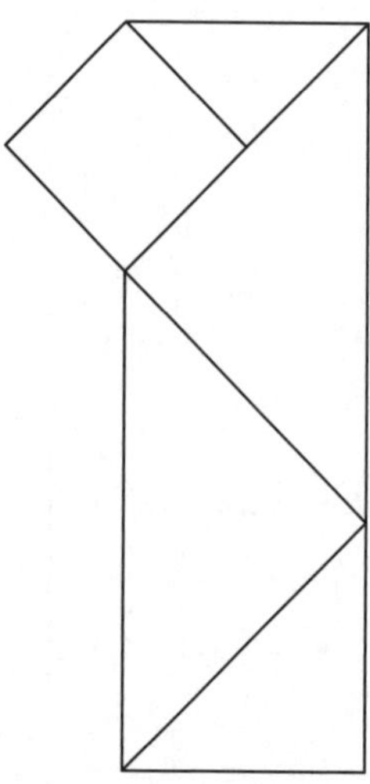

삼각형 □개, 사각형 □개

4 왼쪽의 모양을 만드는 데 이용하지 않은 조각을 찾아 ○표 하세요.

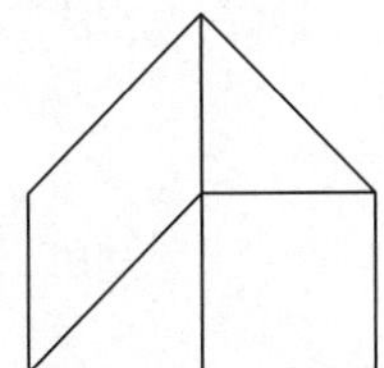

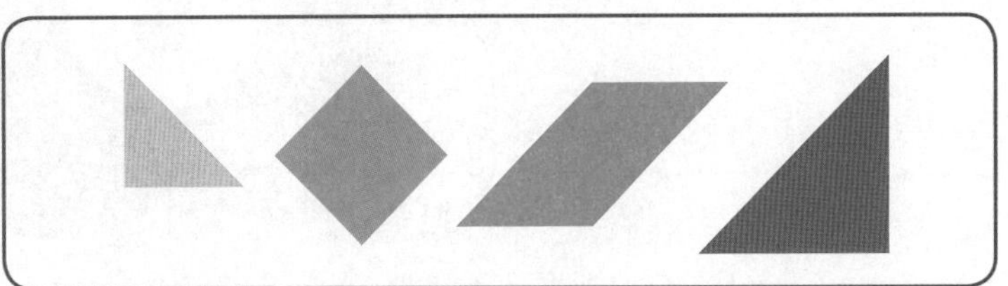

칠교판 조각을 모두 이용하여 모양을 만들어 보세요.

5

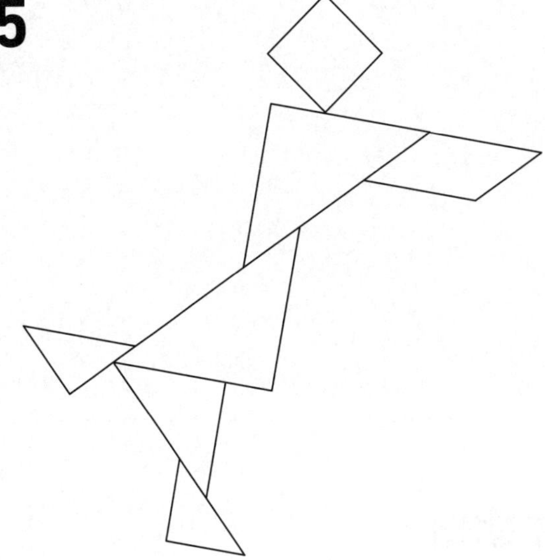

6

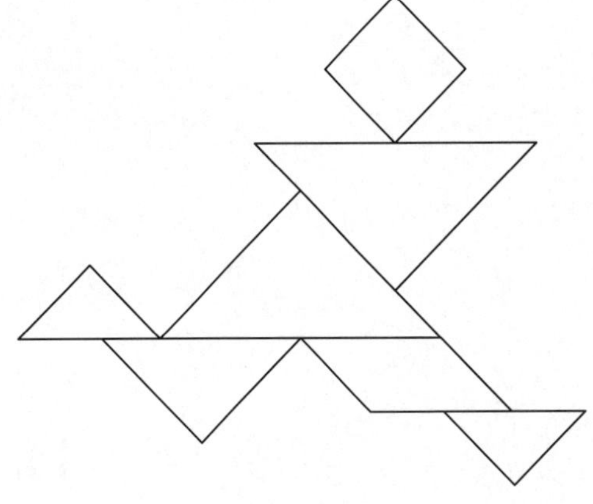

7

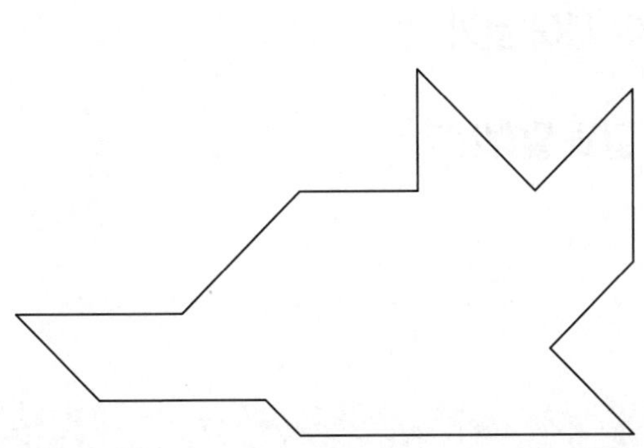

8

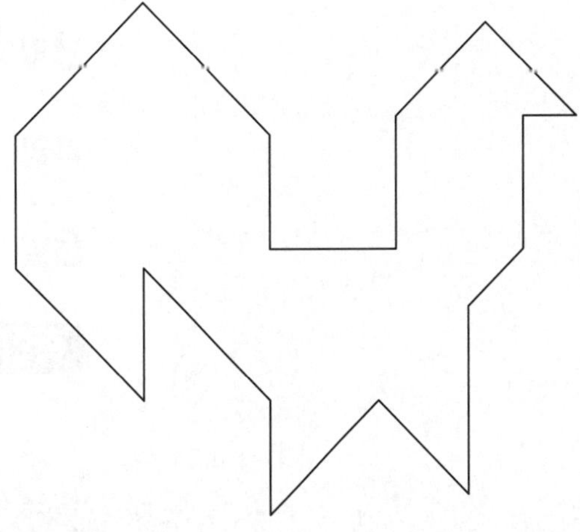

분류하기

주변에서 종류별로 나누어 놓은 것들을 찾아보자.

위의 그림은 과일과 채소를 종류별로 나누어 놓은 것이에요.
이처럼 같은 종류별로 나누어 놓는 것을 '분류'라고 해요.

그림에서 과일은 배, 오렌지로 2가지,
채소는 오이, 버섯, 당근, 옥수수, 호박으로 5가지가 있어요.
이렇게 과일과 채소로 분류하는 기준이 되는 것을 분류 기준이라고 해요.

1일 분류 기준 정하기

분류 기준으로 알맞은 것에 ○표 하세요.

1 맛있는 것과 맛없는 것 (　　　)

2 먹을 수 있는 것과 먹을 수 없는 것 (　　　)

3 무거운 것과 가벼운 것 (　　　)

분류 기준으로 알맞은 것에 색칠하세요.

4

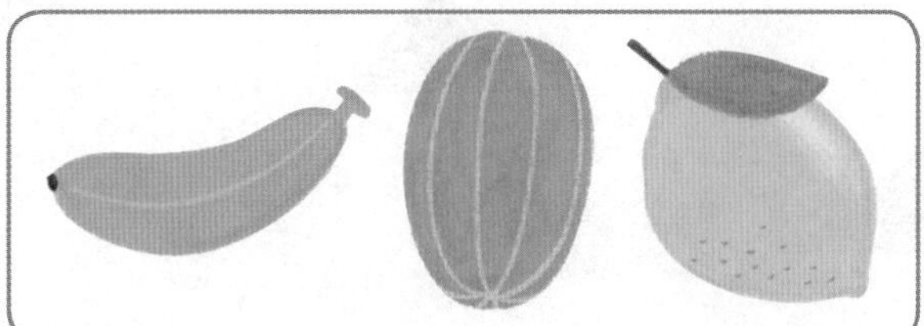

모양 색깔

5

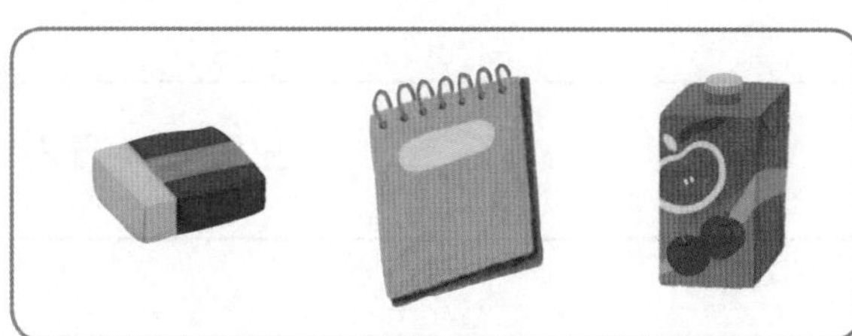

모양 크기

6

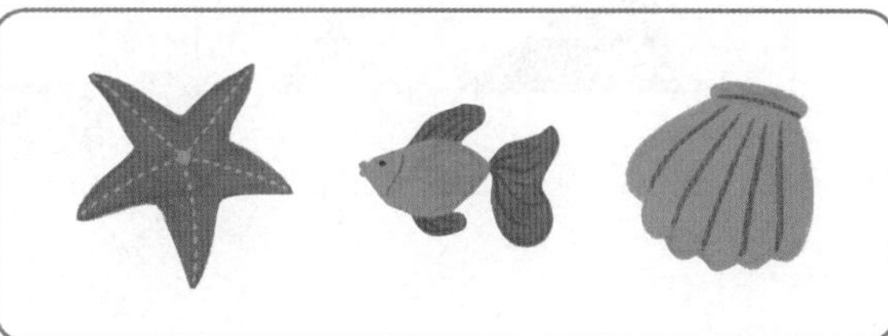

크기 다리 수

7

색깔 바퀴 수

2일 기준을 정하여 분류하기

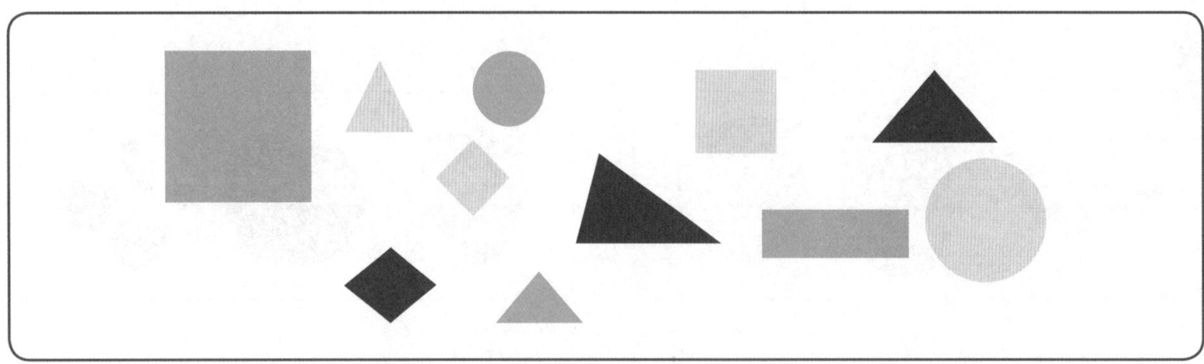

위의 도형을 분류할 수 있는 기준을 〈보기〉에서 찾아 쓰세요.

보기

모양　크기　색깔　용도

1

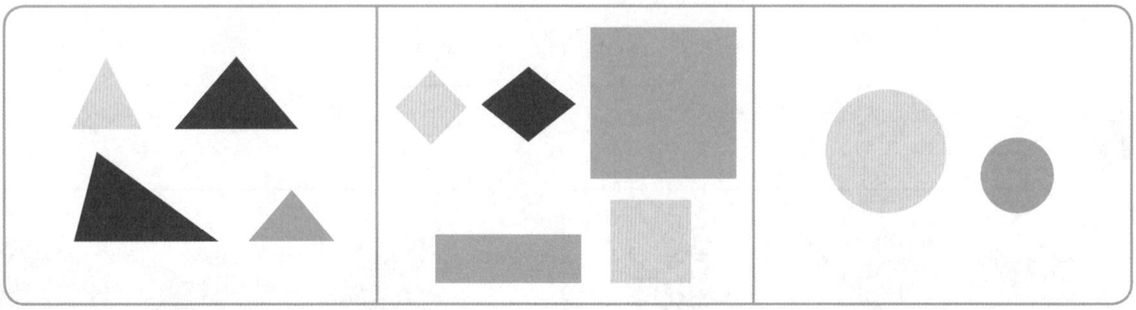

(　　　)

2

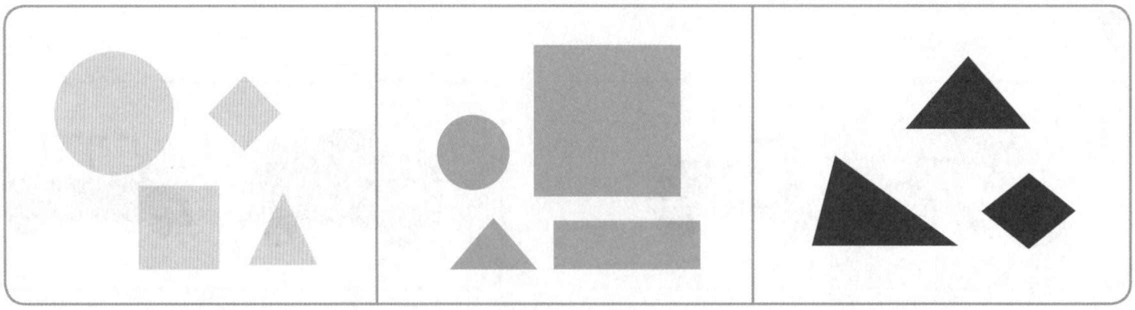

(　　　)

기준을 정해 분류해 보세요.

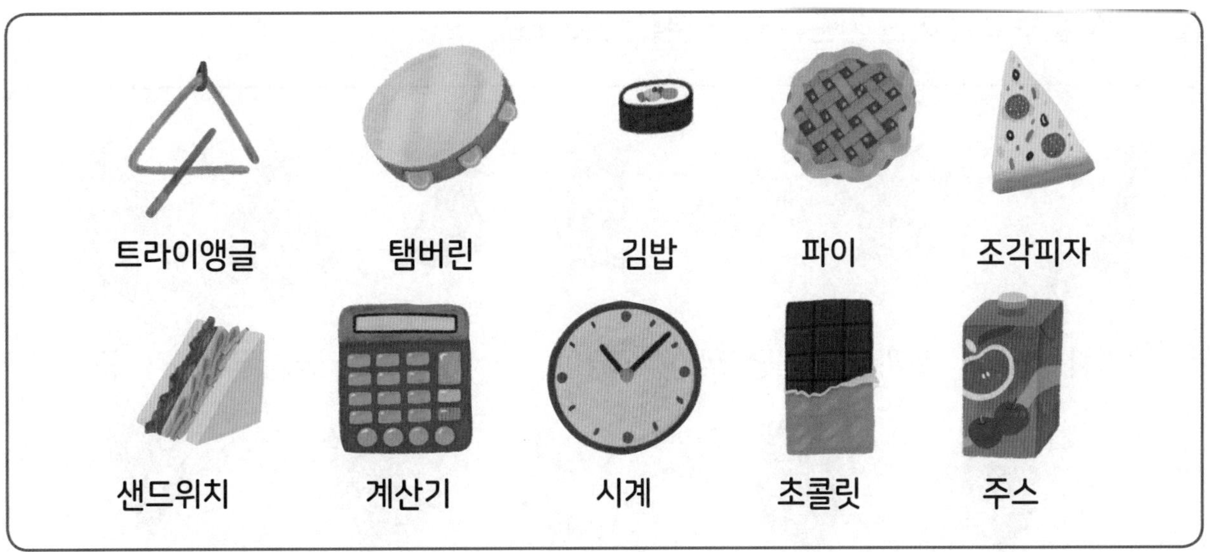

3 그림을 분류할 수 있는 기준으로 알맞은 것에 ○표 하세요.

모양 크기 색깔 용도 무게

4 그림을 위에서 고른 기준으로 분류해 보세요.

3일 정해진 기준에 따라 분류하기

그림을 보고 주어진 기준에 따라 분류해 보세요.

1 날개가 있는 것을 기준으로 정해 분류해 보세요.

2 동물인 것을 기준으로 정해 분류해 보세요.

3 동물들 중에서 발의 수를 기준으로 정해 분류해 보세요.

동물들을 주어진 기준에 따라 분류해 보세요.

4 물에서 생활하는 동물과 땅에서 생활하는 동물로 분류해 보세요.

5 다리가 있는 것과 없는 것으로 분류해 보세요.

6 날개가 있는 것과 없는 것으로 분류해 보세요.

분류하여 세어 보기

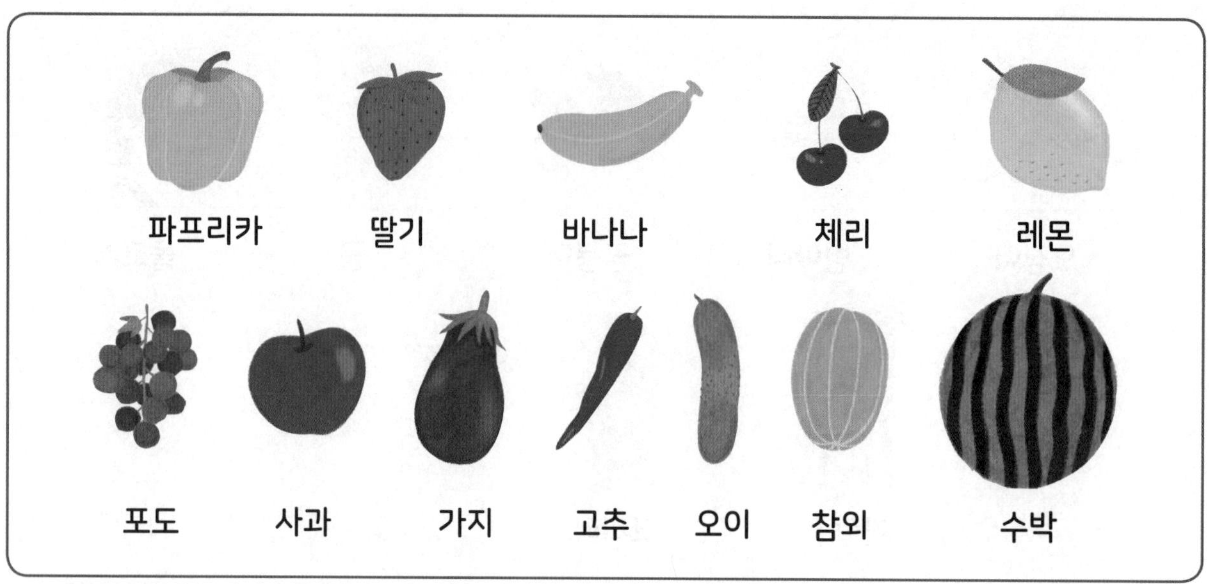

주어진 기준에 따라 분류하고, 그 수를 세어 보세요.

1 종류에 따라 분류하고, 그 수를 세어 보세요.

종류		
이름		
개수		

2 색깔에 따라 분류하고, 그 수를 세어 보세요.

색깔				
이름				
개수				

단추를 여러 가지 기준으로 분류하고, 그 수를 세어 보세요.

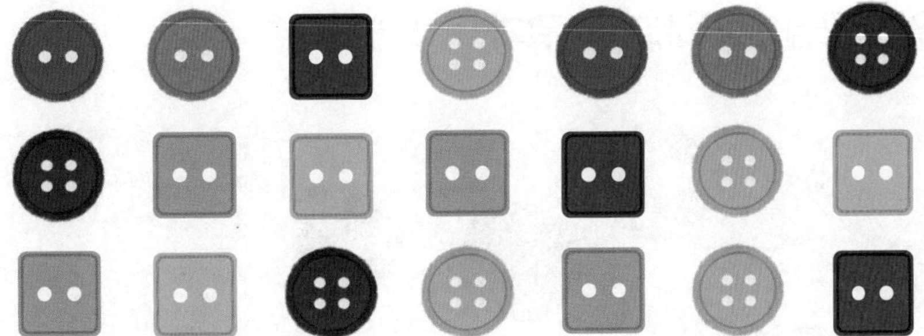

3 단추 구멍의 수를 기준으로 분류하고, 그 수를 세어 보세요. (수를 하나씩 셀 때 /을 순서대로 표시하며, 5개를 卌로 나타내면 빠트리지 않고 셀 수 있어요.)

구멍 수	2개	4개
표시하기		
개수		

4 단추 모양을 기준으로 분류하고 그 수를 세어 보세요.

모양	동그란 모양	네모난 모양
표시하기		
개수		

5 단추 색깔을 기준으로 분류하고, 그 수를 세어 보세요.

5일 분류한 결과 말해보기

체육관에 있는 공을 분류하고, 그 결과를 쓰세요.

1 공을 종류별로 분류하고, 그 수를 세어 보세요.

종류				
표시하기				
개수				

2 가장 많은 수의 공은 무엇인지 쓰세요.

3 가장 적은 수의 공은 무엇인지 쓰세요.

블록을 분류하고, 그 결과를 쓰세요.

4 블록을 색깔에 따라 분류하고, 그 수를 세어 보세요.

색깔				
표시하기				
개수				

5 가장 많은 수의 블록은 무슨 색인지 쓰세요.

6 가장 적은 수의 블록은 무슨 색인지 쓰세요.

확인 문제

도형을 분류해 보세요.

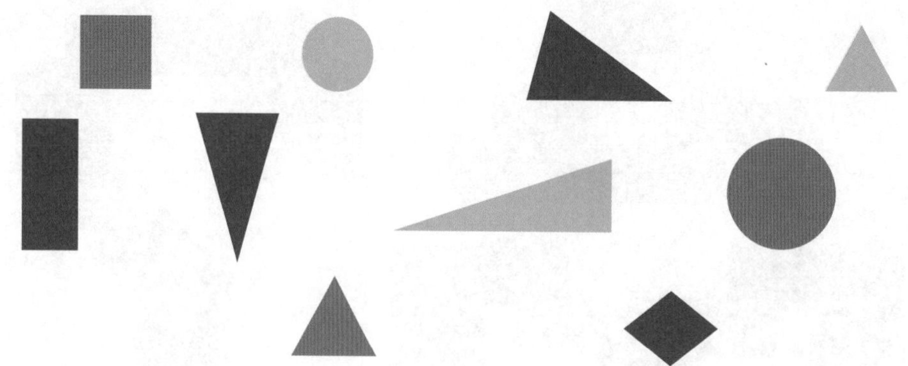

1 도형을 분류하는 기준으로 알맞은 것을 찾아 기호를 쓰세요.

㉠ 둥근 것과 뾰족한 것

㉡ 작은 도형과 큰 도형

㉢ 예쁜 모양과 예쁘지 않은 모양

㉣ 초록, 분홍, 파랑의 색깔

(　　　　)

2 도형을 분류한 기준으로 알맞은 것에 색칠하세요.

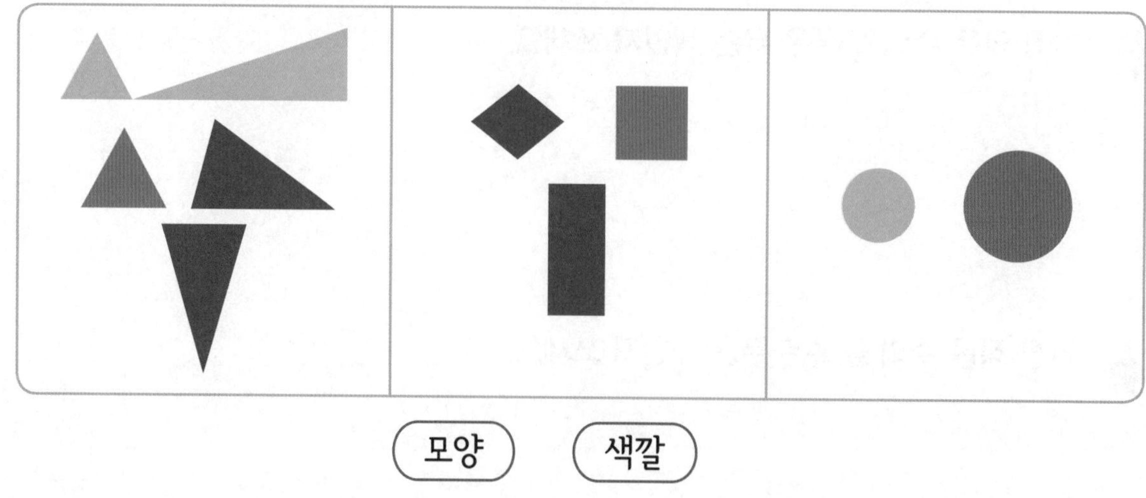

모양　　색깔

3 칠교판의 조각을 모양에 따라 분류하고, 그 수를 세어 보세요.

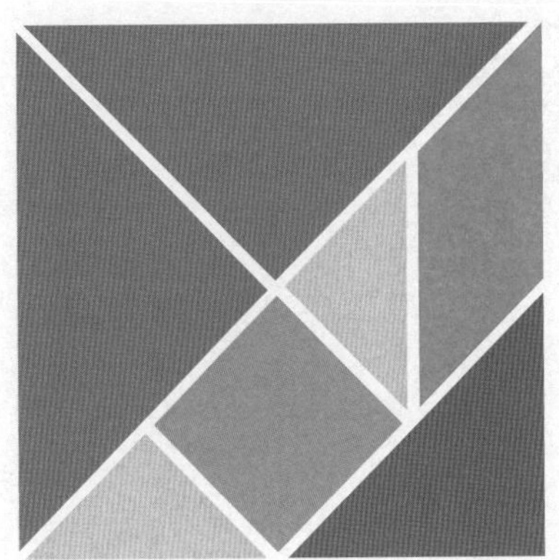

모양		
개수		

그림을 보고 주어진 기준에 따라 분류해 보세요.

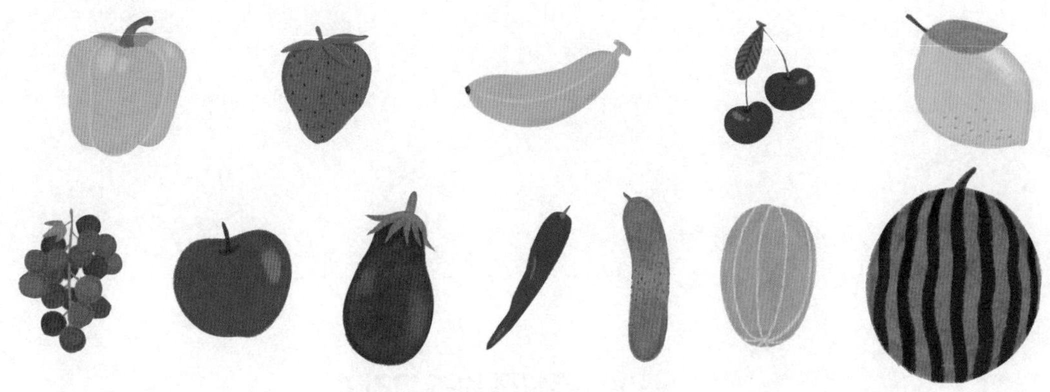

4 그림을 분류할 수 있는 기준으로 알맞은 것에 ○표 하세요.

종류　　크기　　색깔　　모양　　무게

5 종류에 따라 분류하고, 그 수를 세어 보세요.

종류		
표시하기		
개수		

도형 겹치기

1일 겹쳐진 부분 그리기

2일 겹쳐진 순서대로 모양 그리기

3일 겹쳐진 모양을 보고 겹쳐진 부분 그리기

4일 겹쳐진 모양을 보고 겹친 도형 찾기

5일 겹쳐진 모양을 보고 겹치지 않은 도형 찾기

확인 문제

도형을 겹쳐서 여러 가지 모양을 만들어보자.

삼각형 2개를 겹쳐서

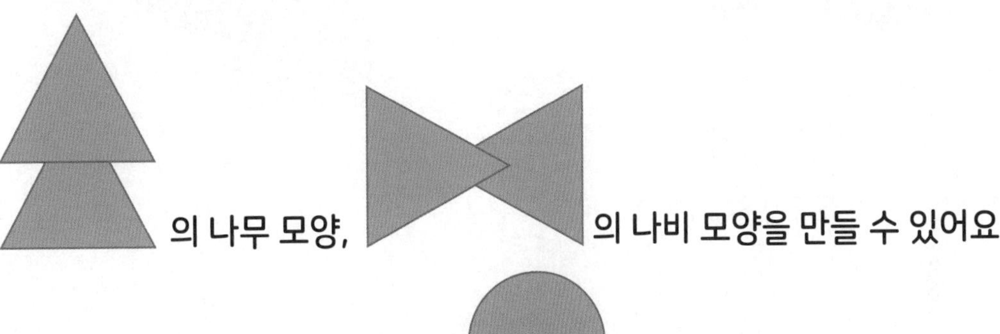

의 나무 모양, 의 나비 모양을 만들 수 있어요.

또, 동그라미와 삼각형을 겹치면 의 아이스크림 모양

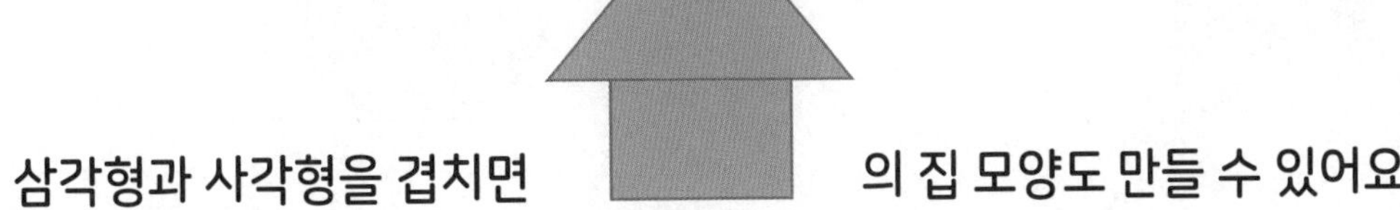

삼각형과 사각형을 겹치면 의 집 모양도 만들 수 있어요.

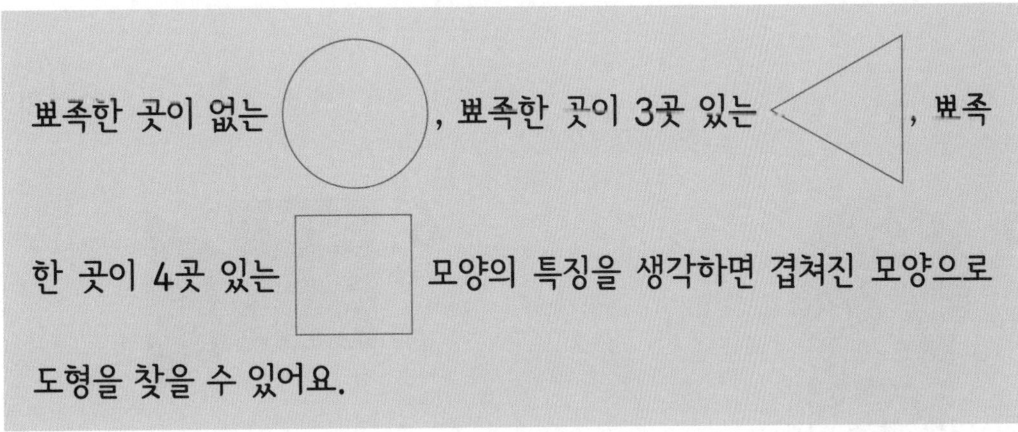

뾰족한 곳이 없는 , 뾰족한 곳이 3곳 있는 , 뾰족한 곳이 4곳 있는 모양의 특징을 생각하면 겹쳐진 모양으로 도형을 찾을 수 있어요.

1일 겹쳐진 부분 그리기

○, □, △ 모양의 종이를 겹쳐 놓았어요. 겹쳐진 부분을 그려 보세요.

1

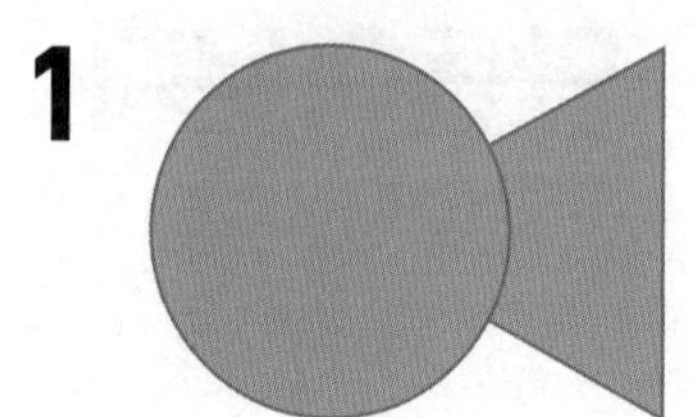

2

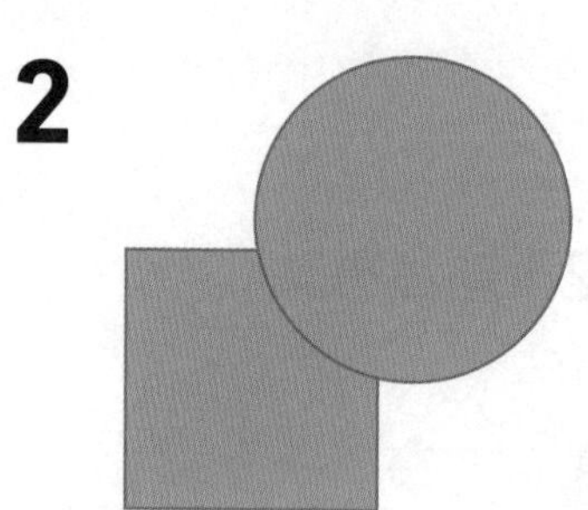

3

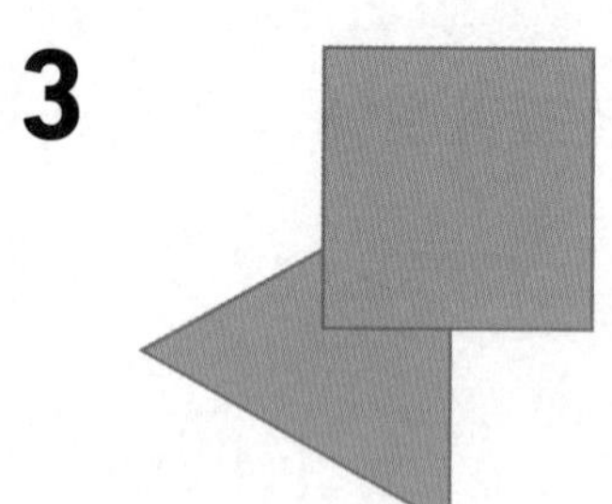

4

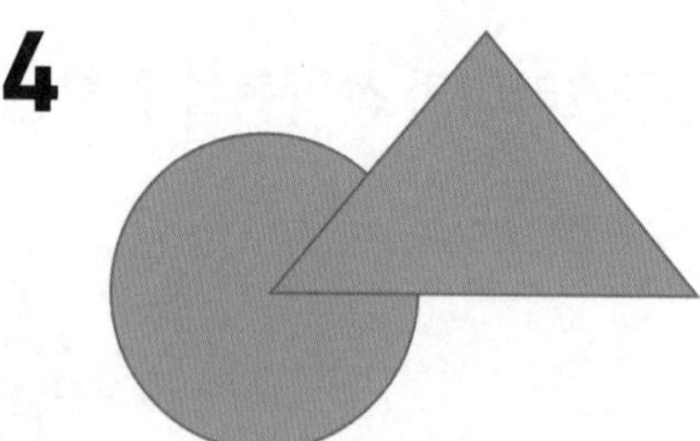

5

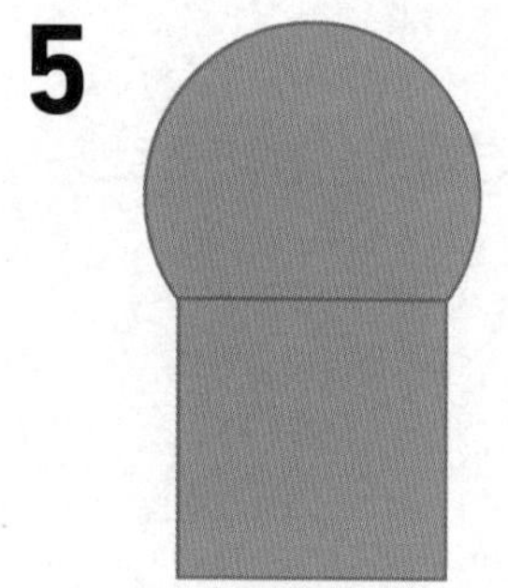

6

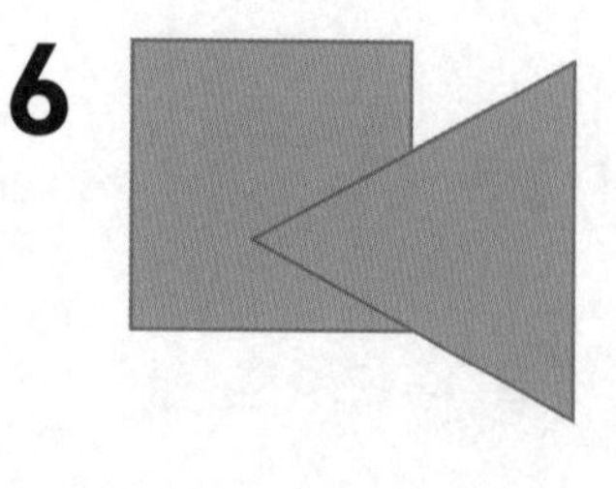

○, □, △ 모양의 종이를 겹쳐 놓았어요. 겹쳐진 부분을 그려 보세요.

7

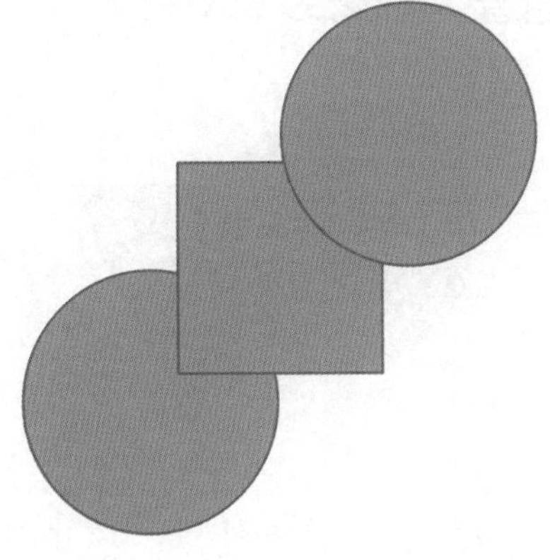

8

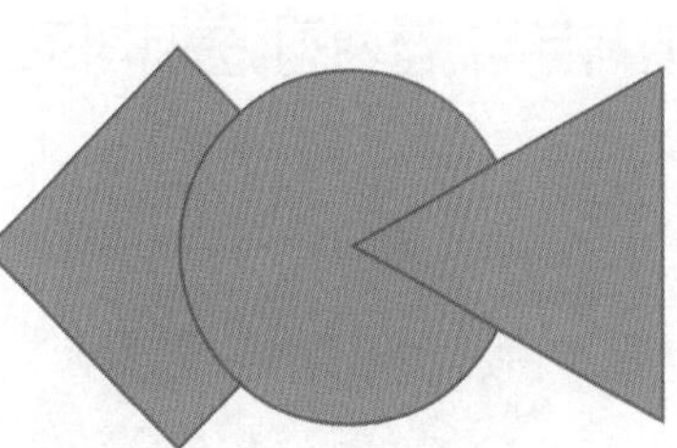

9

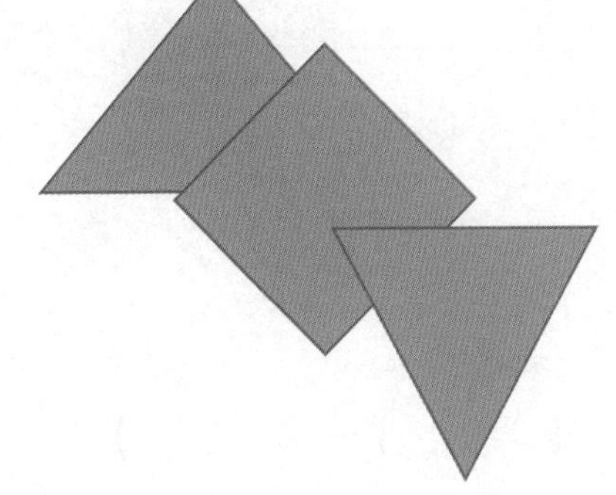

10

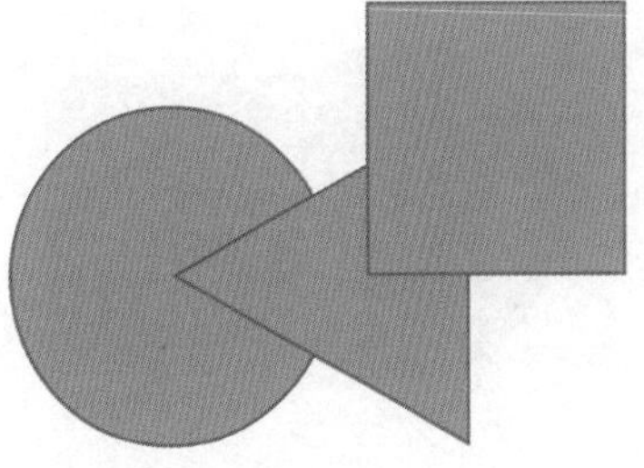

11

12

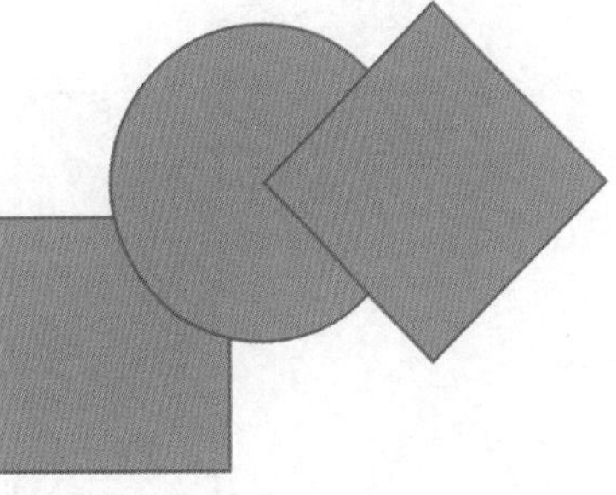

2일

겹쳐진 순서대로 모양 그리기

아래에서부터 겹쳐진 순서대로 ◯, □, △ 모양을 차례대로 쓰세요.

1

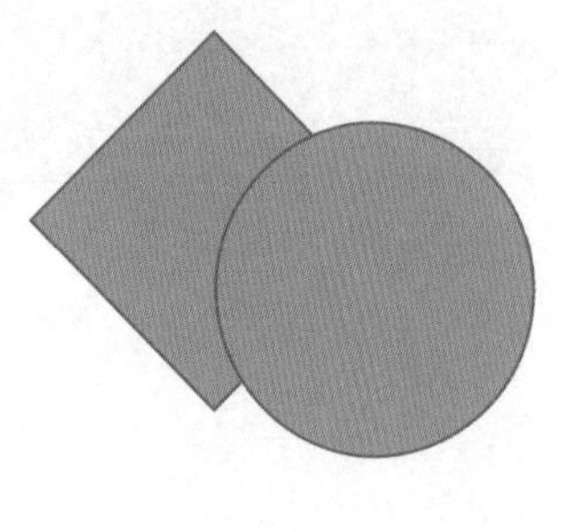

(　　　)—(　　　)

2

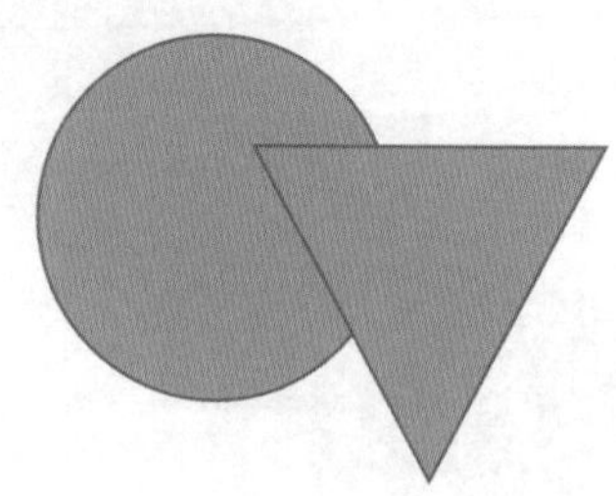

(　　　)—(　　　)

3

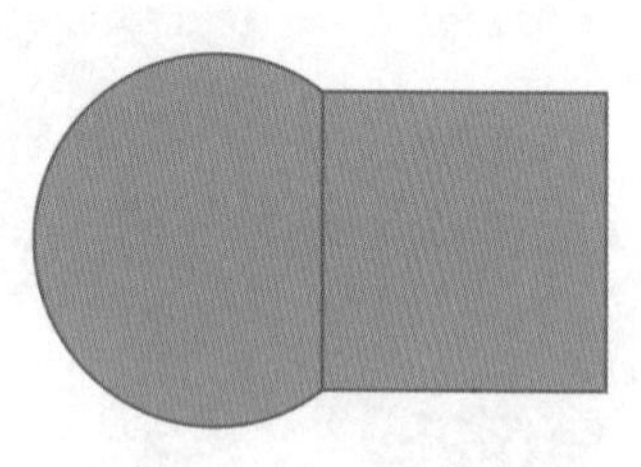

(　　　)—(　　　)

4

(　　　)—(　　　)

5

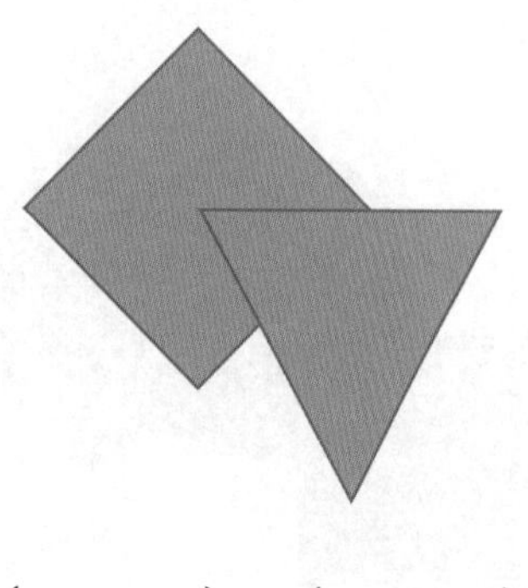

(　　　)—(　　　)

6

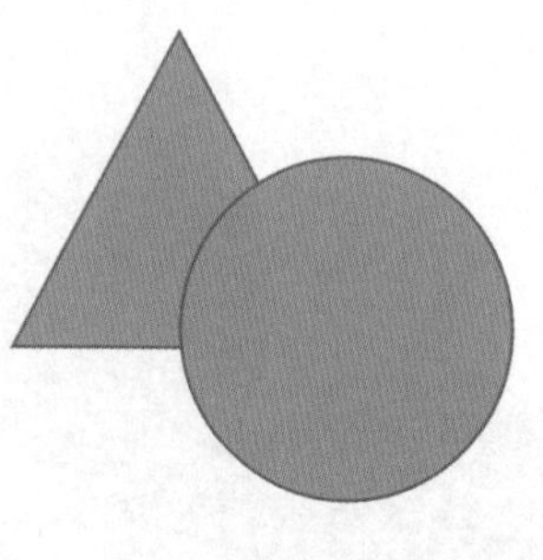

(　　　)—(　　　)

위에서부터 겹쳐진 순서대로 ◯, □, △ 모양을 차례대로 쓰세요.

7

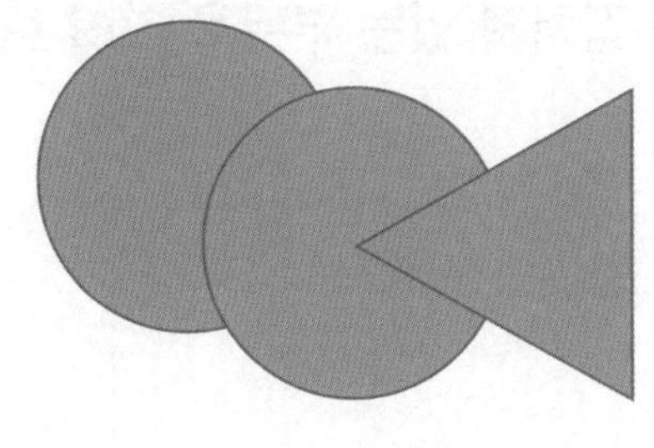

(　　　)—(　　　)—(　　　)

8

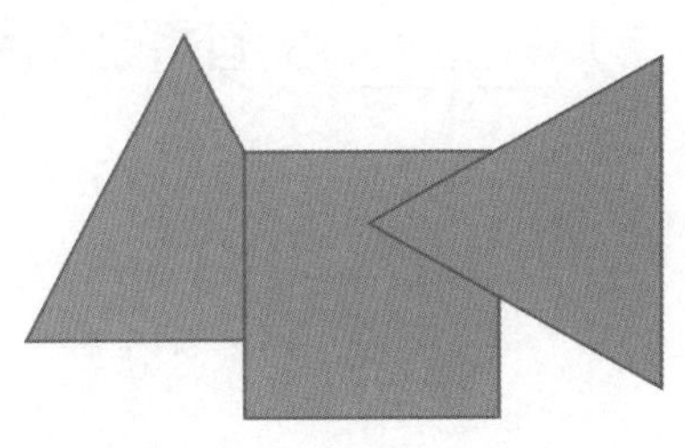

(　　　)—(　　　)—(　　　)

9

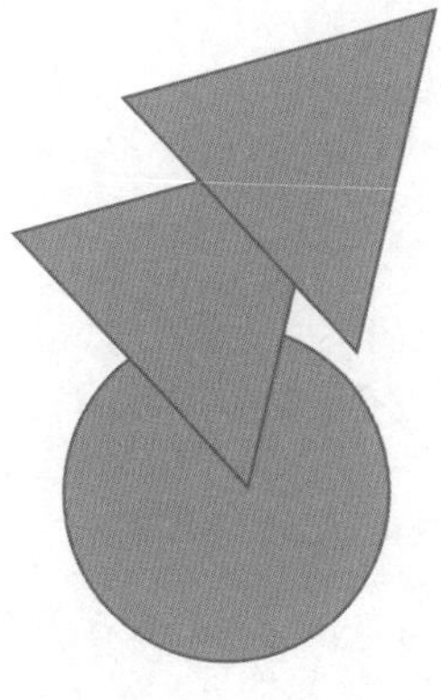

(　　　)—(　　　)—(　　　)

10

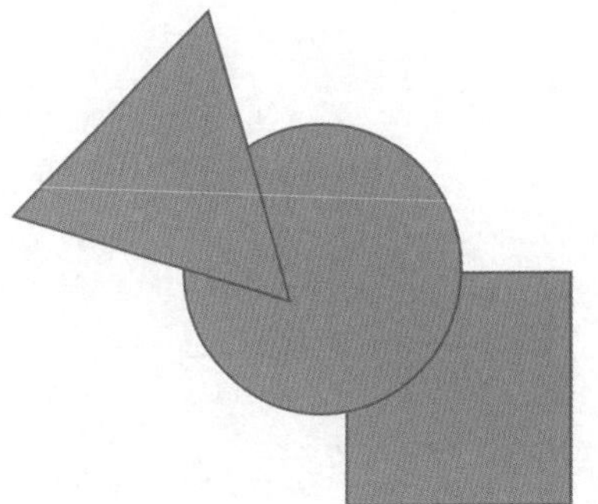

(　　　)—(　　　)—(　　　)

11

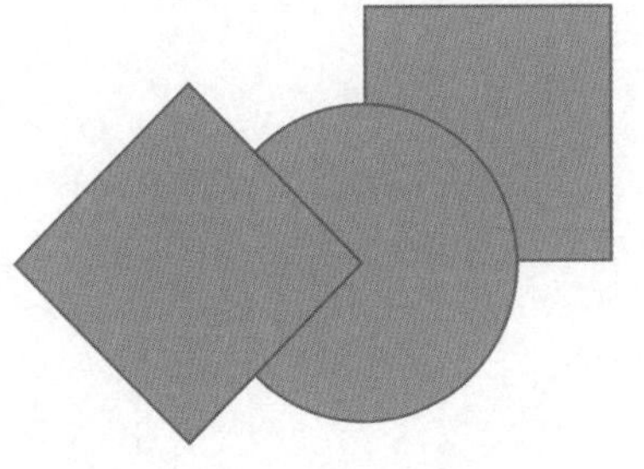

(　　　)—(　　　)—(　　　)

12

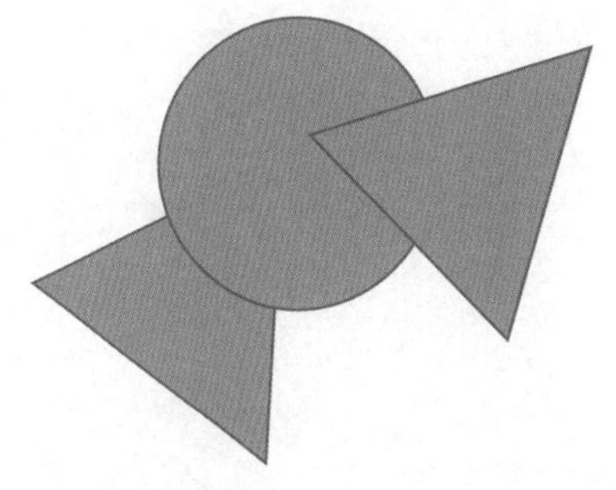

(　　　)—(　　　)—(　　　)

3일 겹쳐진 모양을 보고 겹쳐진 부분 그리기

 ○, □, △가 겹쳐진 테두리 모양이에요. 겹쳐져 있는 부분을 그려 보세요.

1
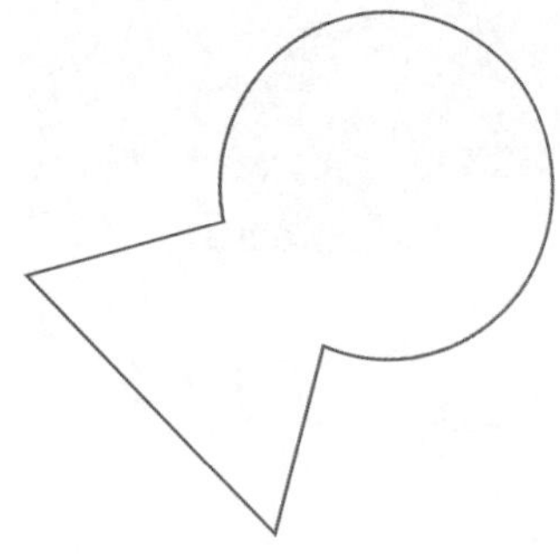

2
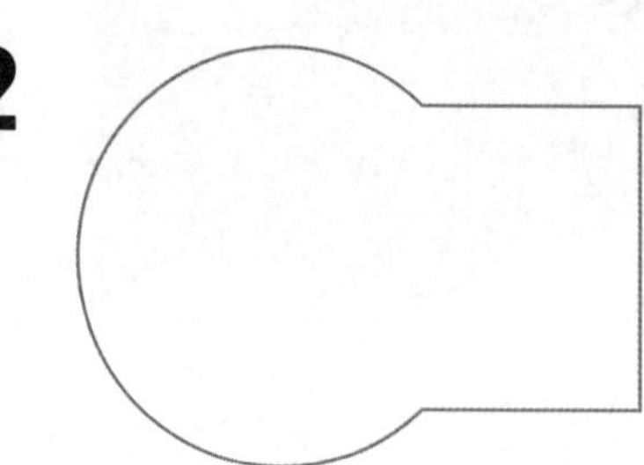

3
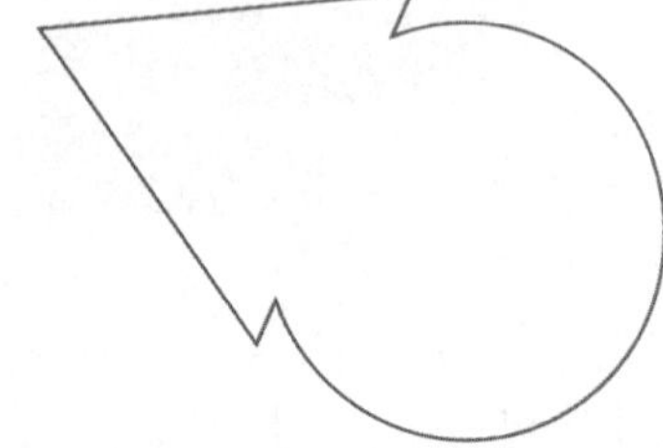

4
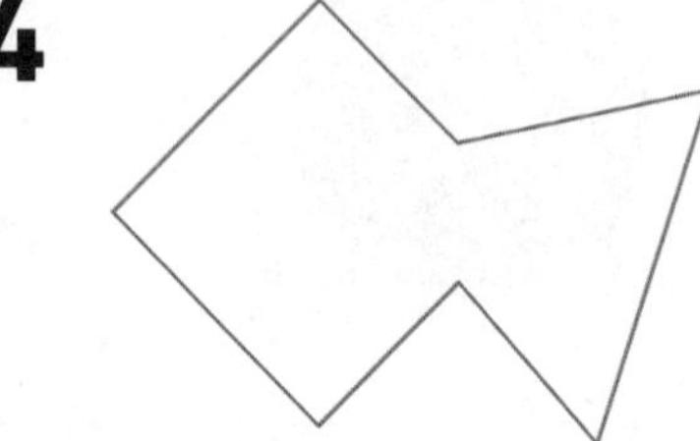

5
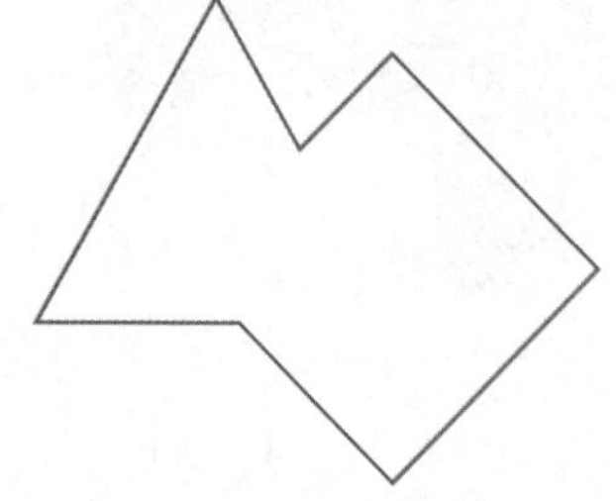

6
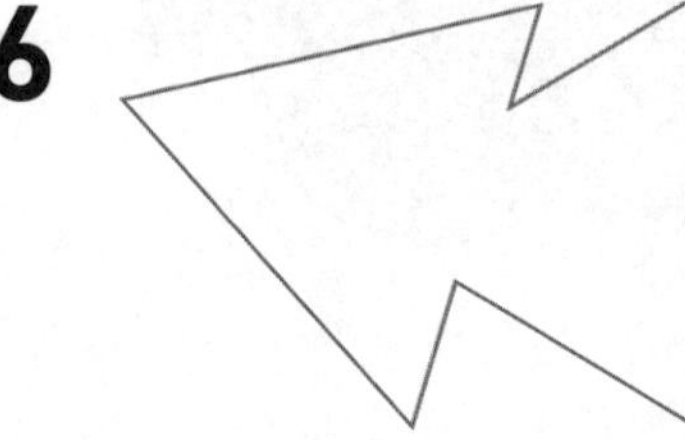

○, □, △가 겹쳐진 테두리 모양이에요. 겹쳐져 있는 부분을 그려 보세요.

7

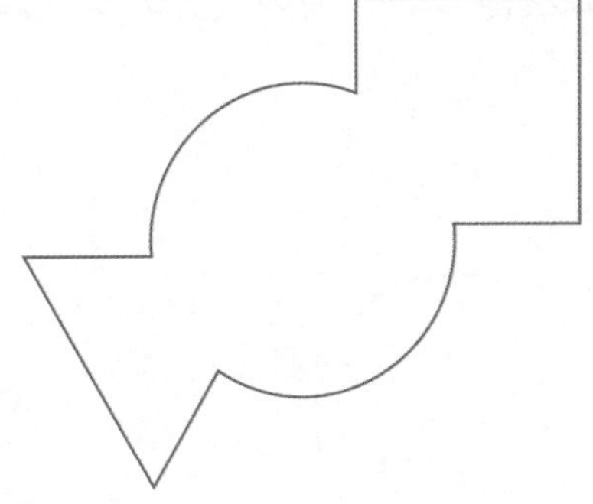

8

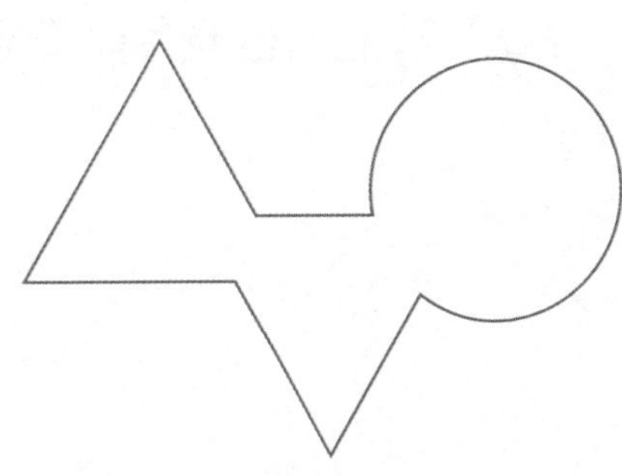

9

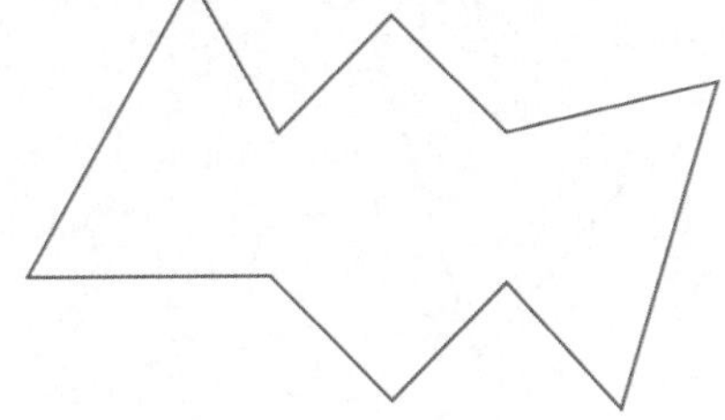

10

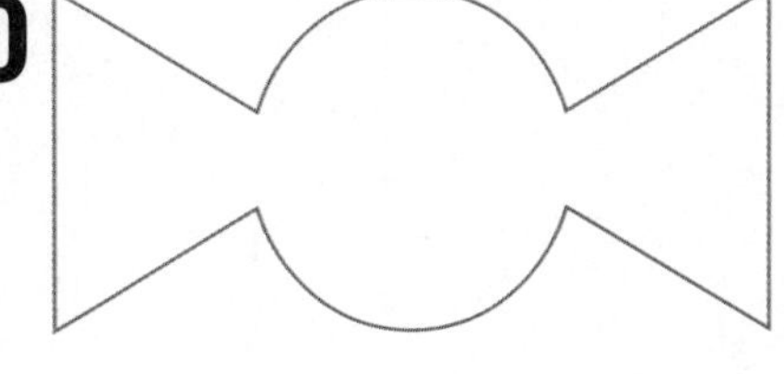

11

12

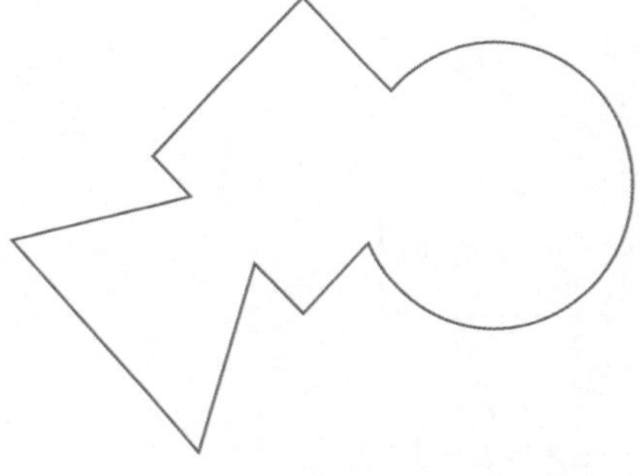

4일 겹쳐진 모양을 보고 겹친 도형 찾기

○, □, △ 가 겹쳐진 테두리 모양이에요. 겹친 도형을 모두 찾아 ○표 하세요.

1

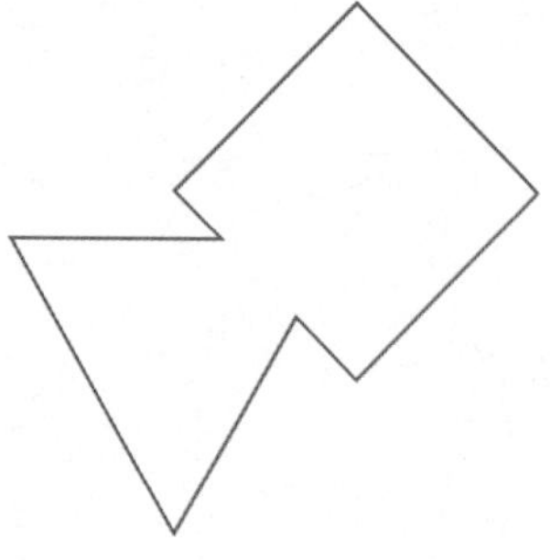

(○, □, △)

2

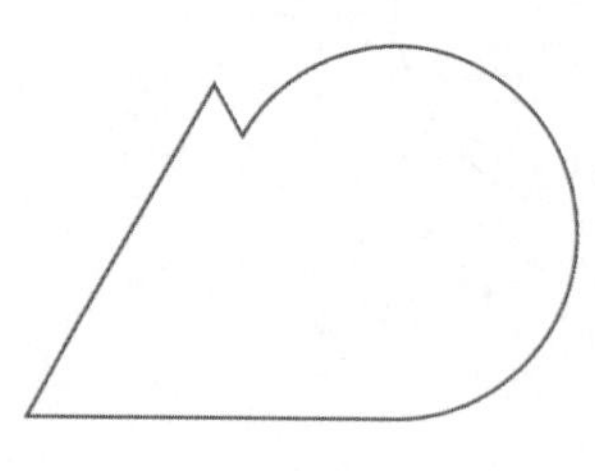

(○, □, △)

3

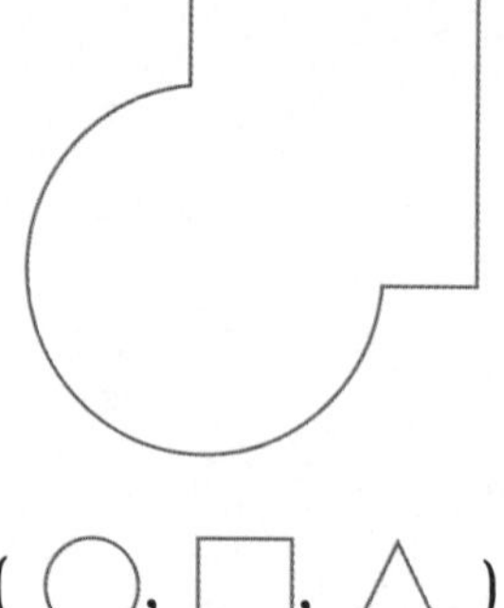

(○, □, △)

4

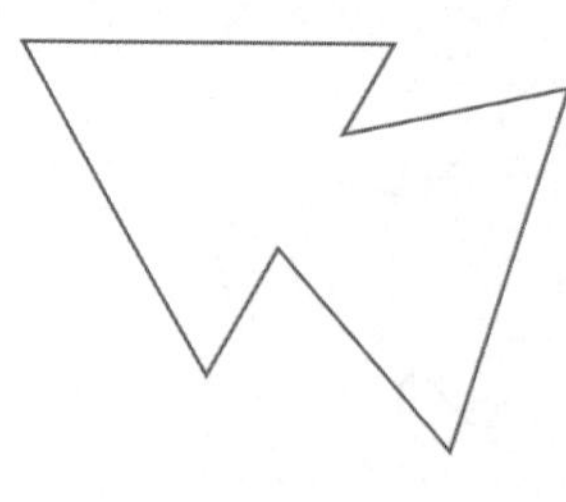

(○, □, △)

5

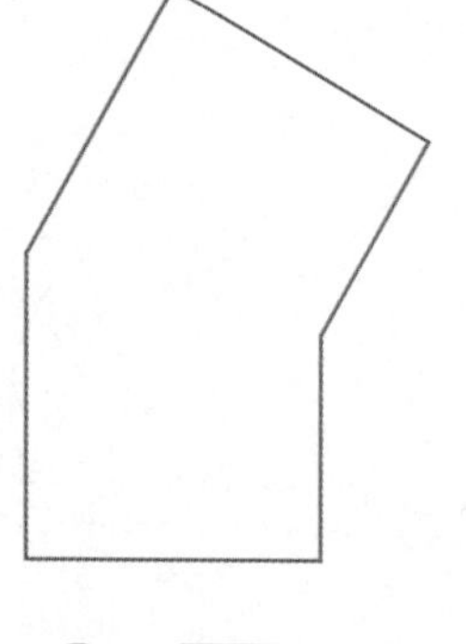

(○, □, △)

6

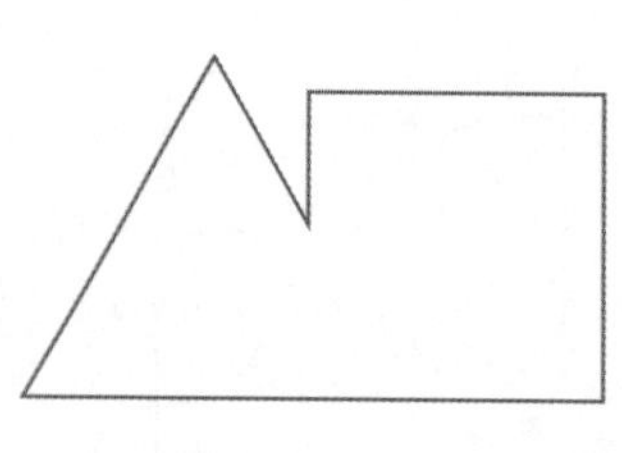

(○, □, △)

◯, □, △가 겹쳐진 테두리 모양이에요. 겹친 도형을 모두 찾아 ◯표 하세요.

7

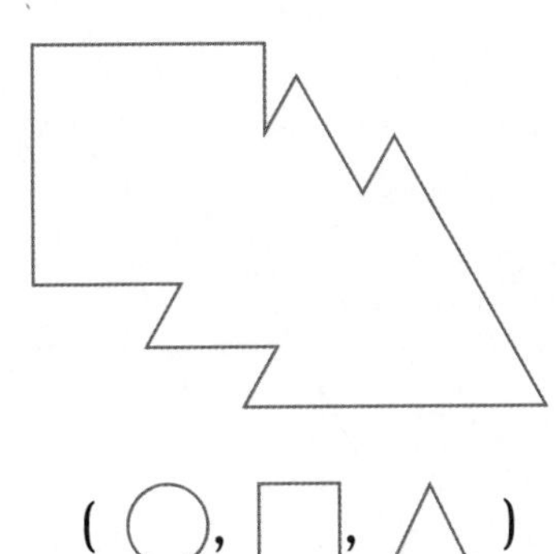

(◯, □, △)

8

(◯, □, △)

9

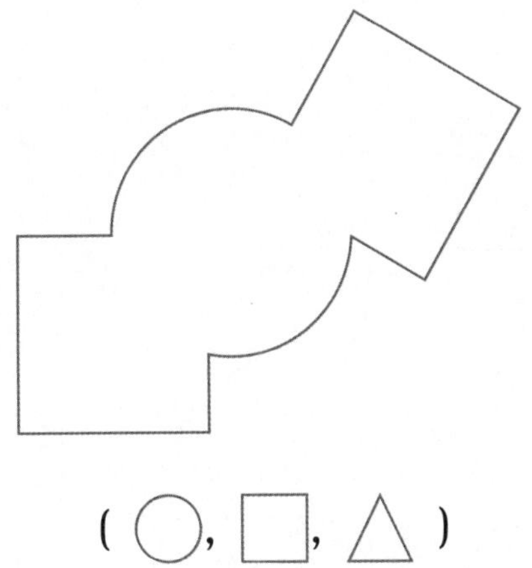

(◯, □, △)

10

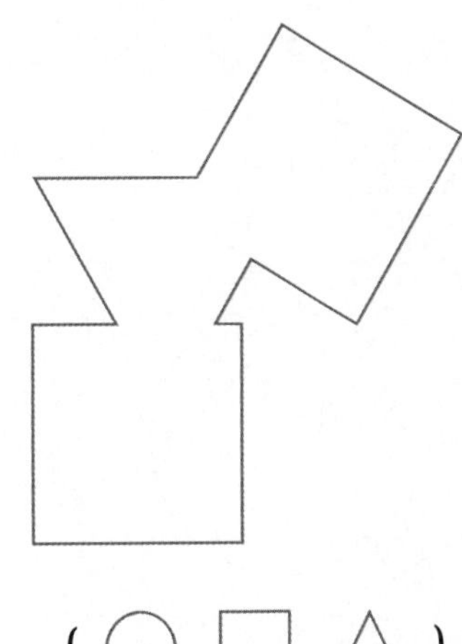

(◯, □, △)

11

(◯, □, △)

12

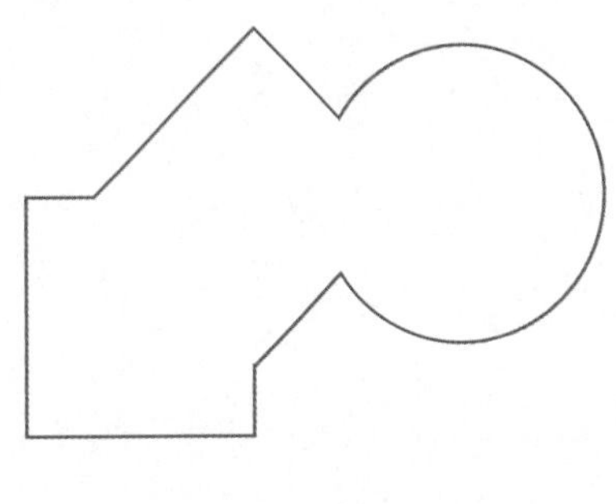

(◯, □, △)

5일 겹쳐진 모양을 보고 겹치지 않은 도형 찾기

○, □, △가 겹쳐진 테두리 모양이에요. 겹치지 않은 도형을 모두 찾아 ○표 하세요.

1

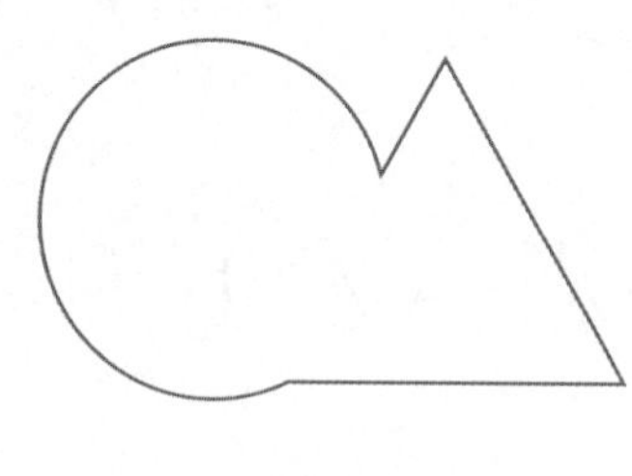

(○, □, △)

2

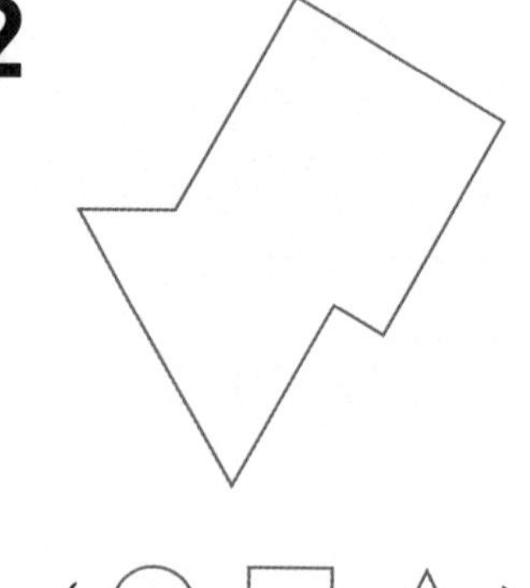

(○, □, △)

3

(○, □, △)

4

(○, □, △)

5

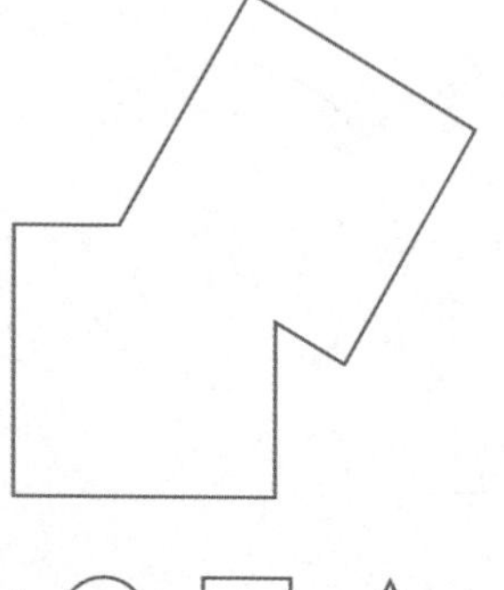

(○, □, △)

6

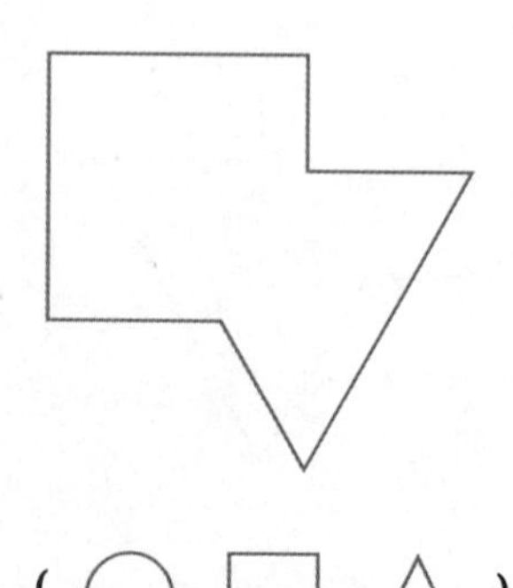

(○, □, △)

○, □, △가 겹쳐진 테두리 모양이에요. 겹치지 않은 도형을 모두 찾아 ○표 하세요.

7

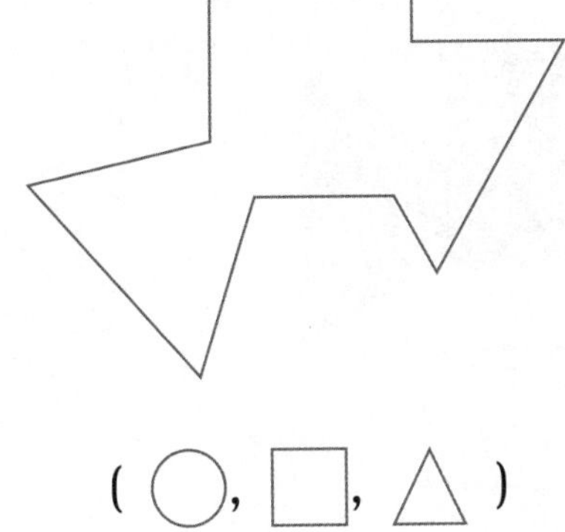

(○, □, △)

8

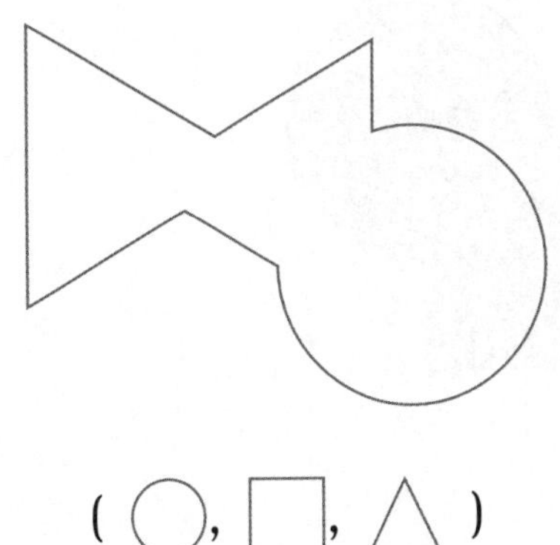

(○, □, △)

9

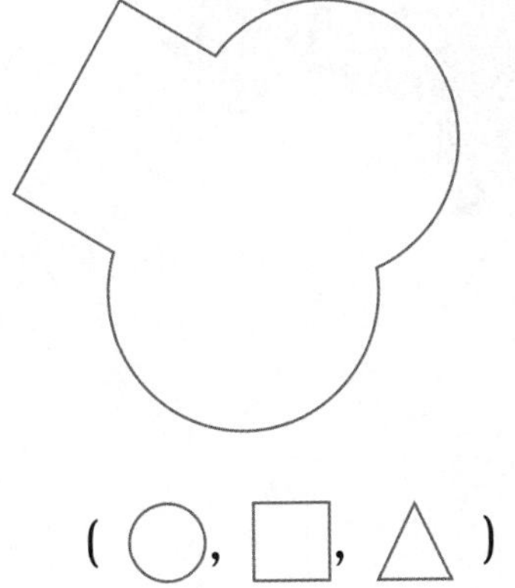

(○, □, △)

10

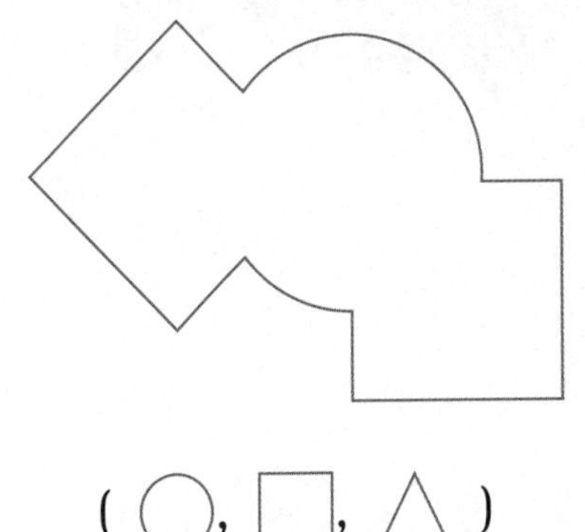

(○, □, △)

11

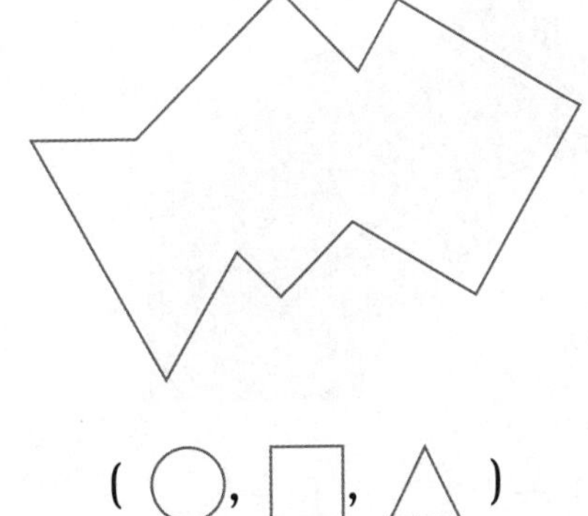

(○, □, △)

12

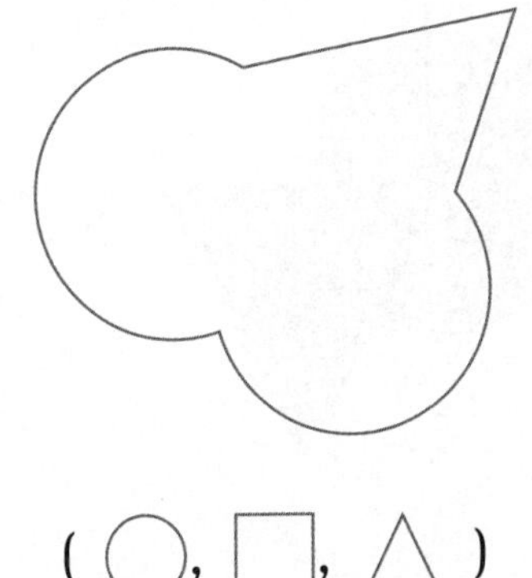

(○, □, △)

확인 문제

○, □, △ 모양의 종이를 겹쳐 놓았어요. 겹쳐진 부분을 그려 보세요.

1

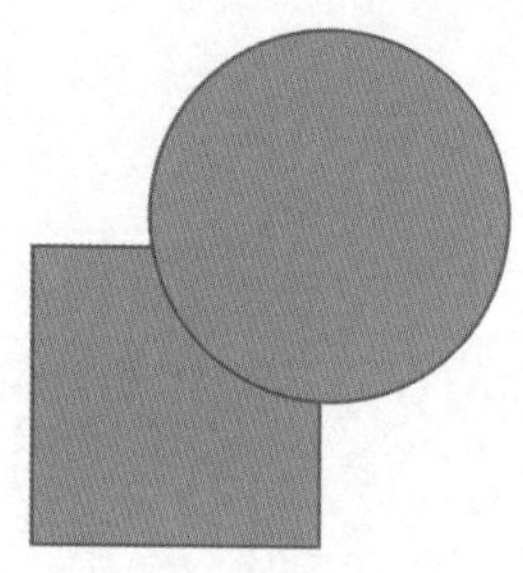

2

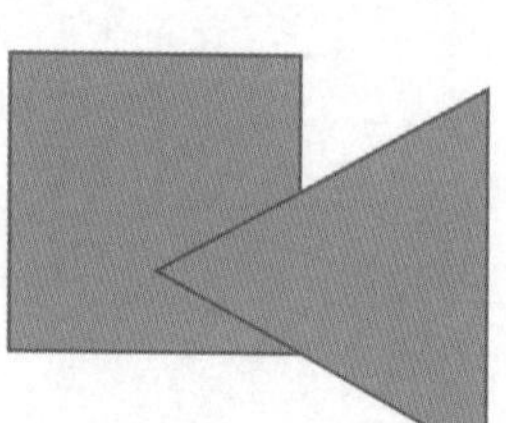

3

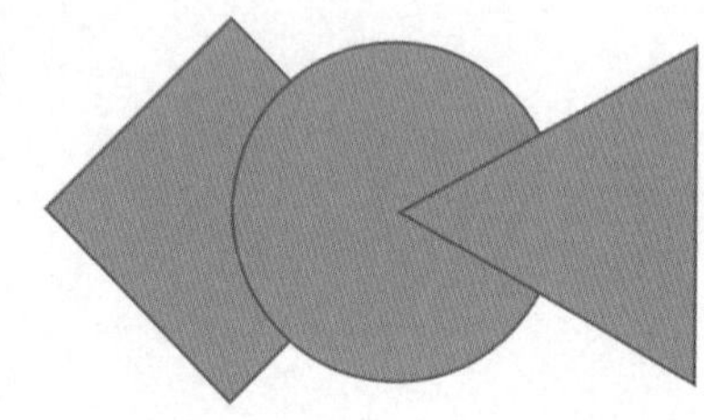

4

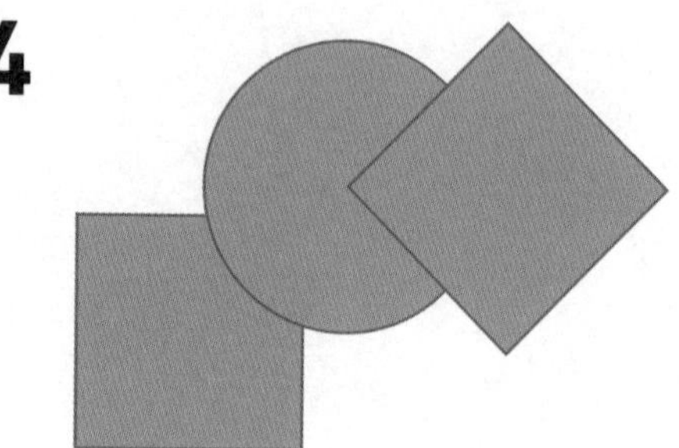

아래에서부터 겹쳐진 순서대로 ○, □, △ 모양을 차례대로 쓰세요.

5

(　　　)－(　　　)

6

(　　　)－(　　　)－(　　　)

◯, □, △가 겹쳐진 테두리 모양이에요. 겹쳐져 있는 부분을 그려 보세요.

7

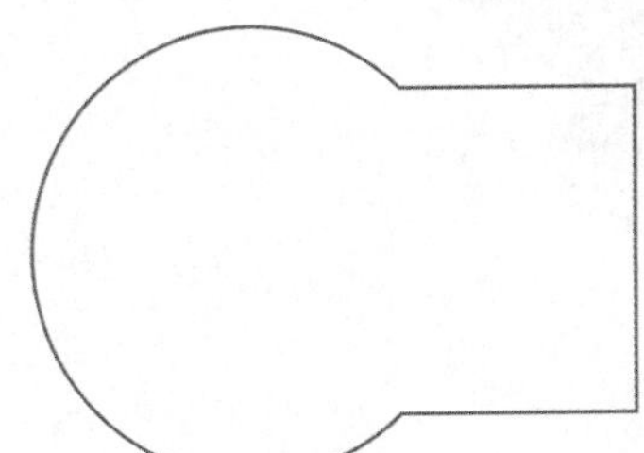

8

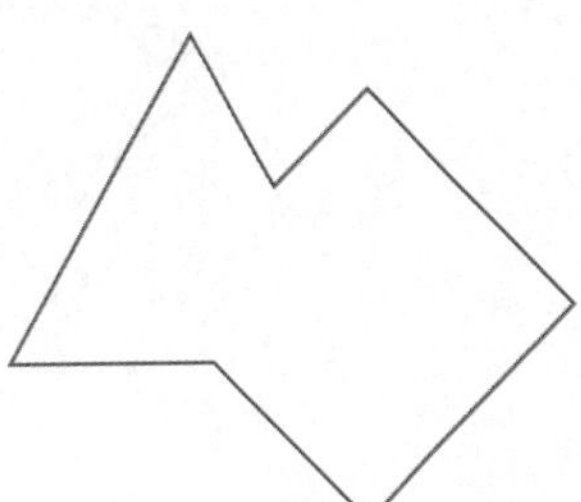

9

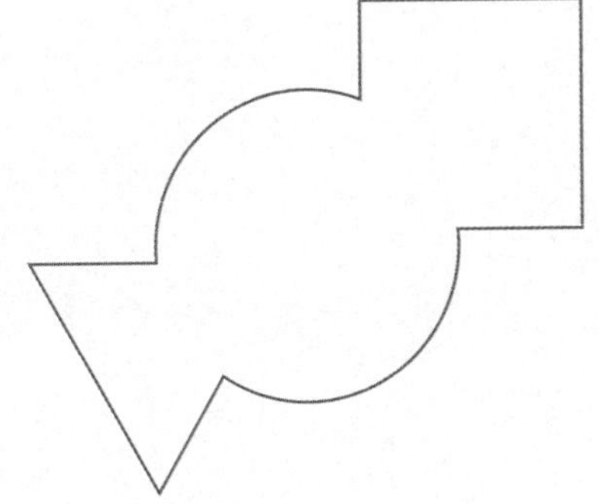

10

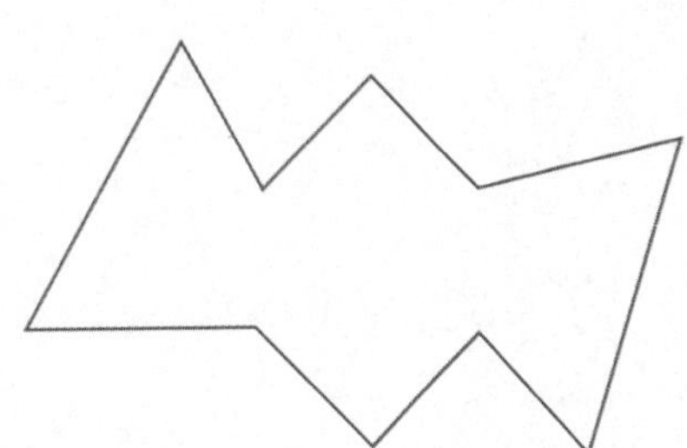

◯, □, △가 겹쳐진 테두리 모양이에요. 겹치지 않은 도형을 모두 찾아 ○표 하세요.

11

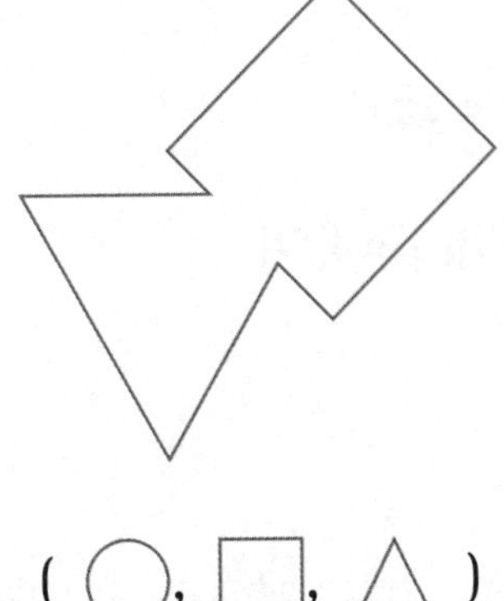

(◯, □, △)

12

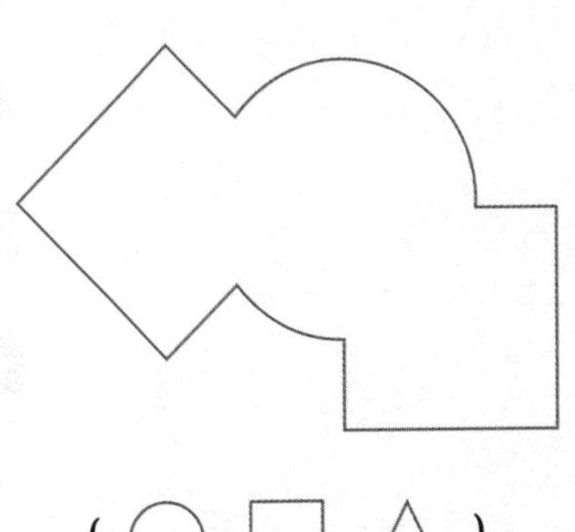

(◯, □, △)

쌓기나무

똑같은 모양으로 쌓은 나무를 찾아보자.

쌓기나무는 모양의 입체도형이에요.

위, 앞, 옆으로 쌓아 올려서 여러 가지 입체도형을 만들 수 있어요.

와 는 모두 쌓기나무 3개로 만들었어요.

하지만 쌓은 모양은 달라요.

아래 그림은 같은 개수로 쌓은 같은 모양의 쌓기나무예요.

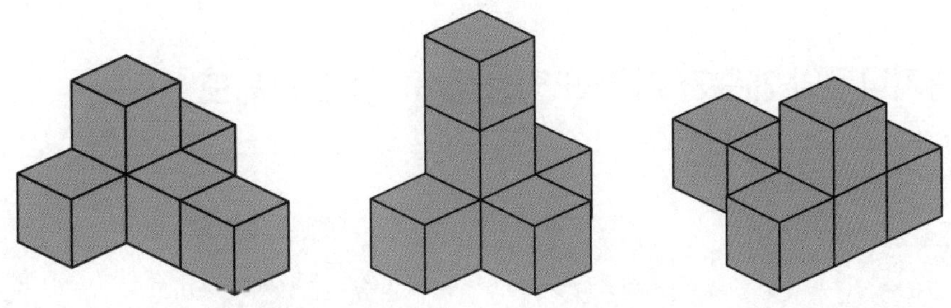

같은 모양이어도 보는 위치에 따라 다른 모양처럼 보일 수 있어요.

쌓기나무의 개수가 다른 모양 찾기

왼쪽과 똑같이 쌓은 모양을 찾아 ○표 하세요.

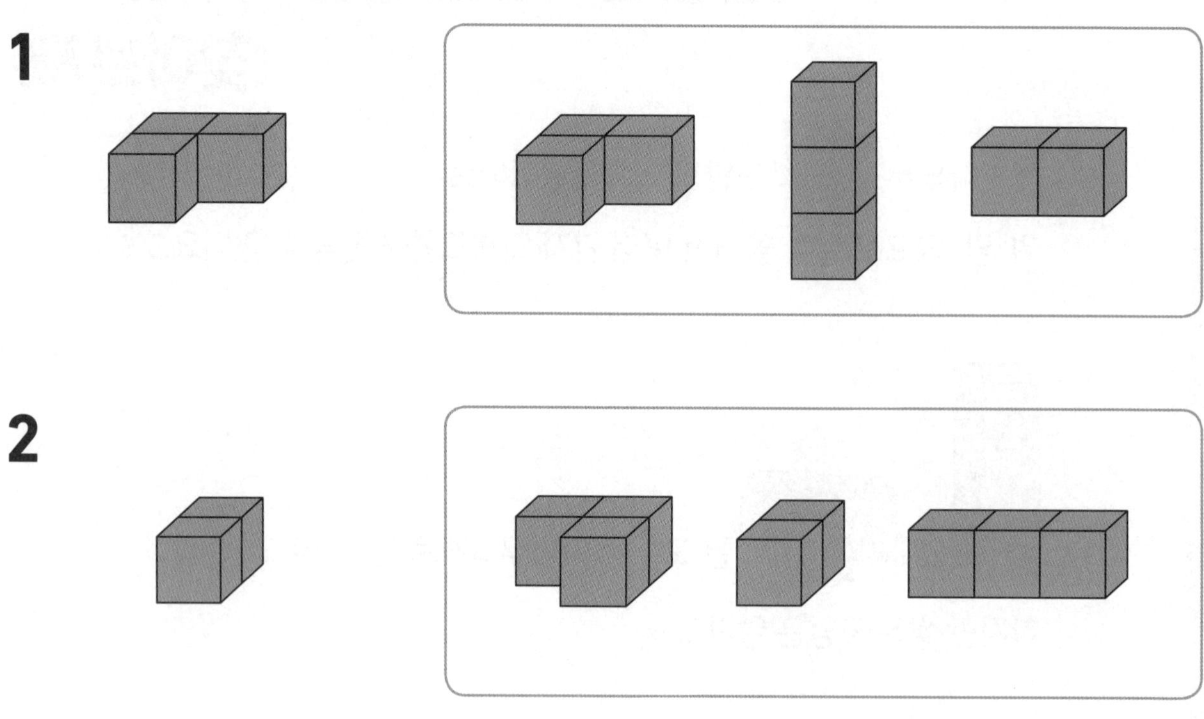

1

2

나머지와 쌓기나무의 개수가 다른 모양을 찾아 ○표 하세요.

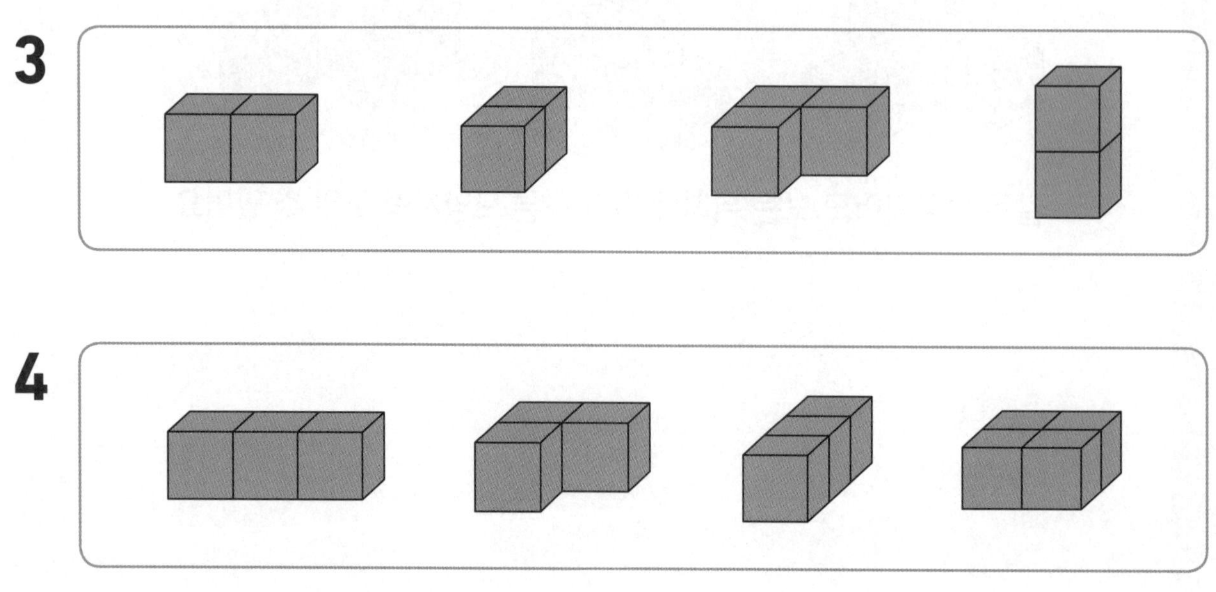

3

4

나머지와 쌓기나무의 개수가 다른 모양을 찾아 ○표 하세요.

5

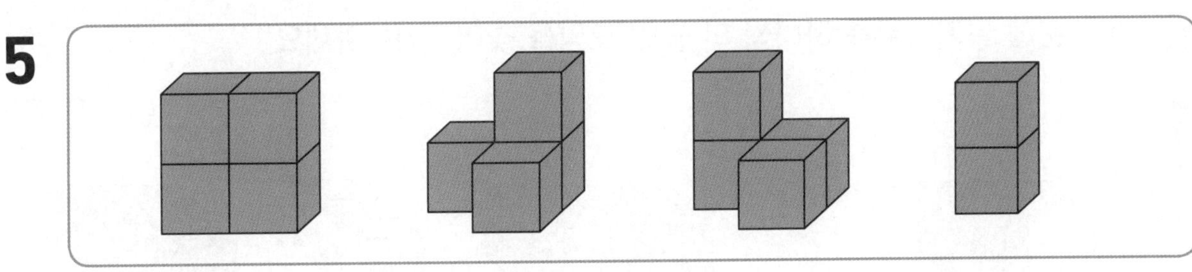

6

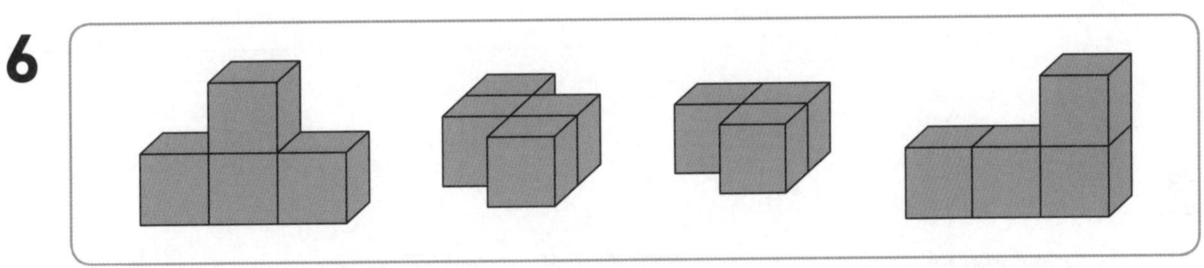

쌓기나무 5개로 만든 모양에 ○표 하세요.

7

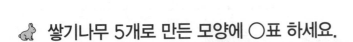

8

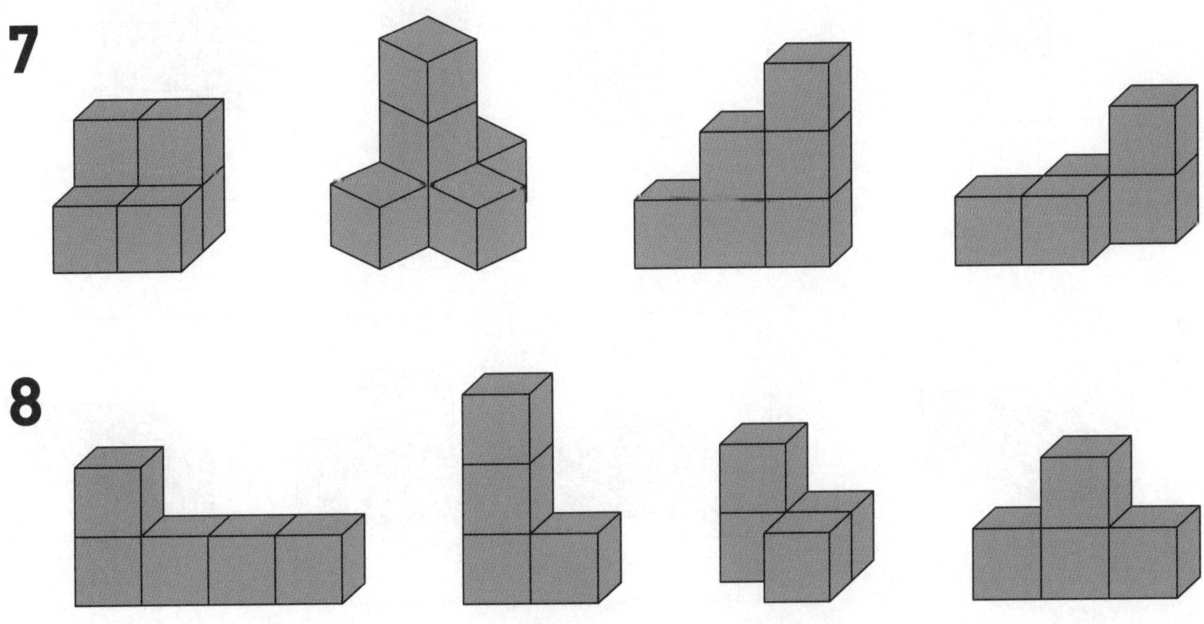

흰 부분에 쌓기나무를 더 붙인 모양 찾기

흰 부분에 쌓기나무를 하나씩 더 붙인 모양을 찾아 ○표 하세요.

1

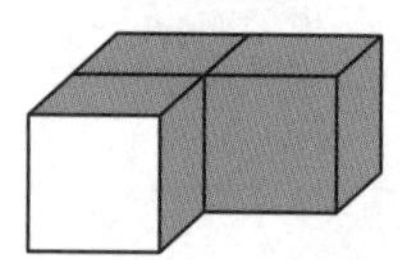

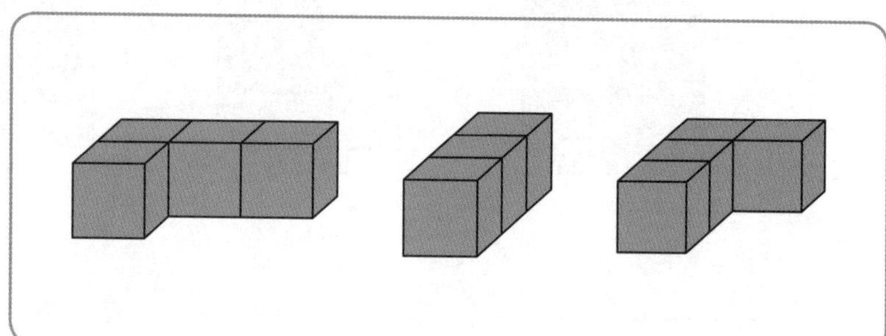

2

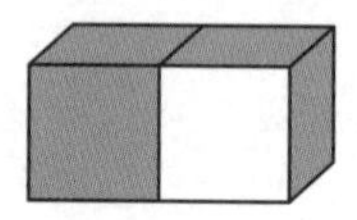

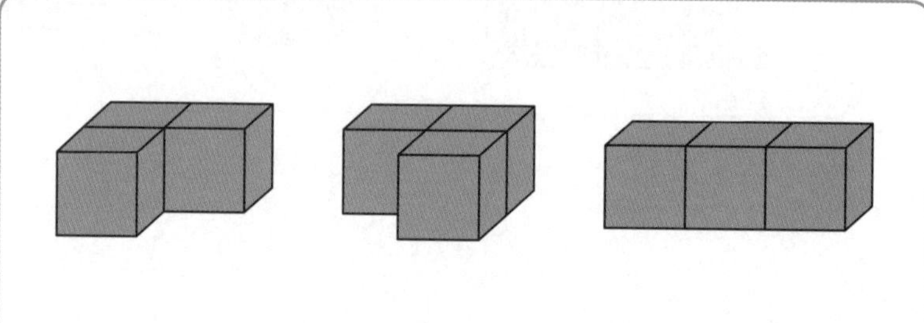

3

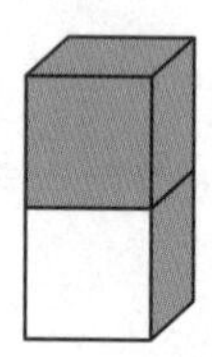

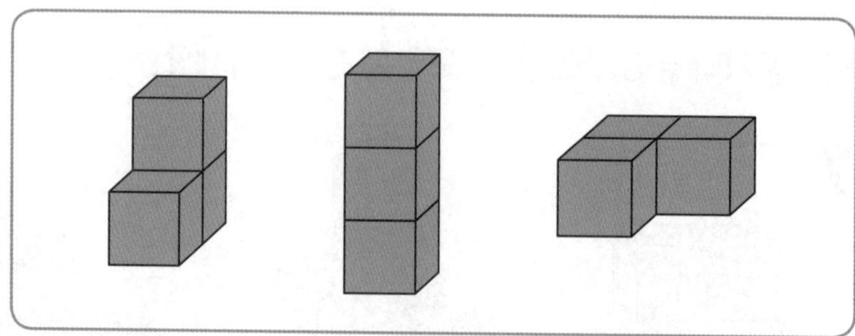

4

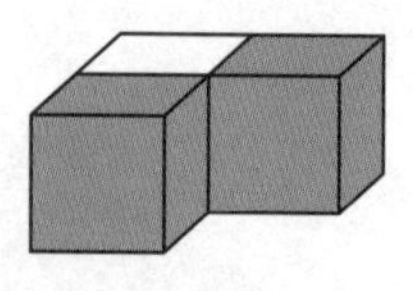

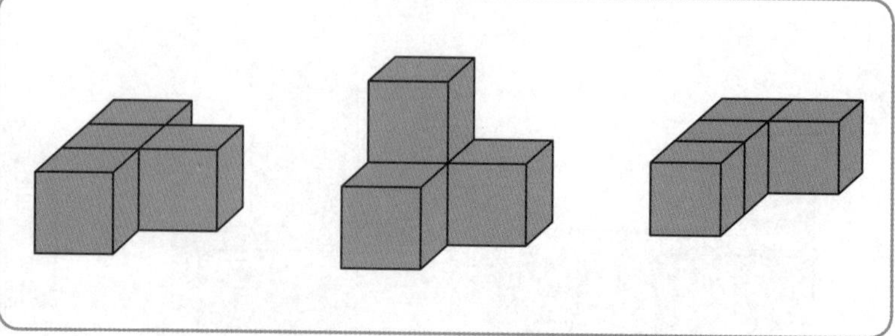

흰 부분에 쌓기나무를 하나씩 더 붙인 모양을 찾아 ○표 하세요.

5

6

7

8

같은 모양의 쌓기나무 찾기

왼쪽의 모양을 움직여서 같은 모양이 되는 것을 모두 찾아 ○표 하세요.

1

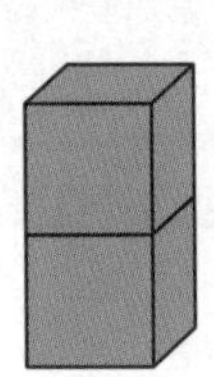

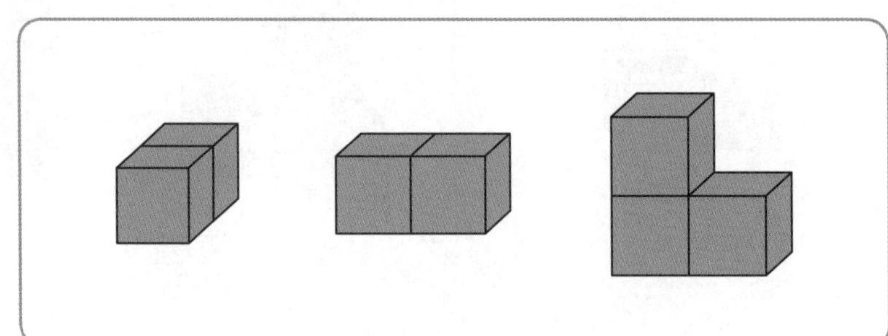

2

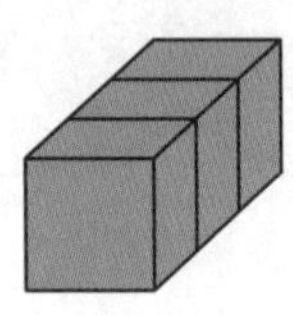

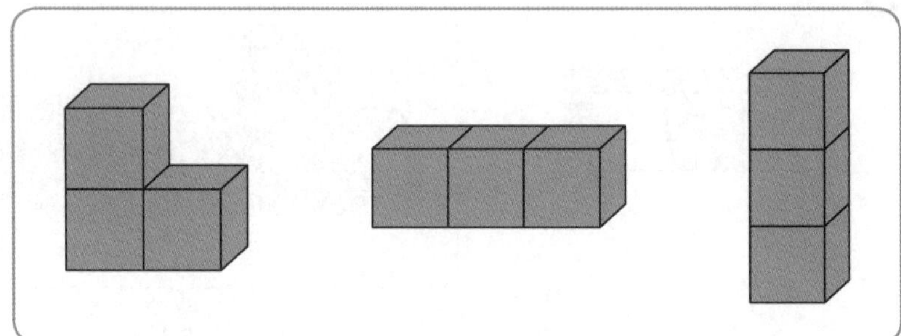

3

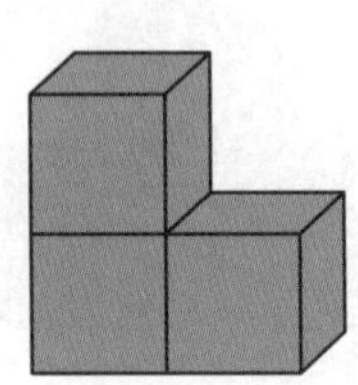

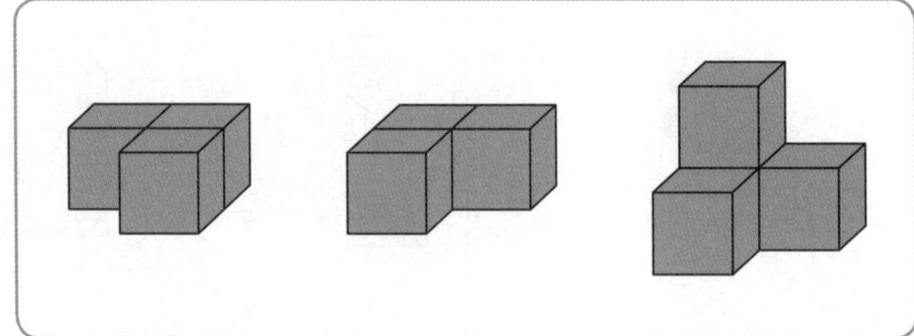

4

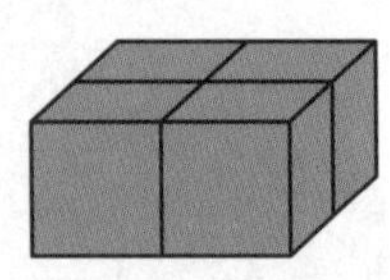

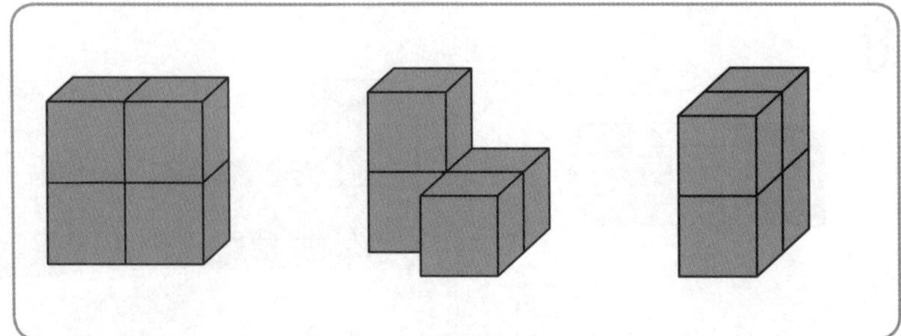

쌓은 모양이 나머지와 다른 하나를 찾아 ○표 하세요.

5

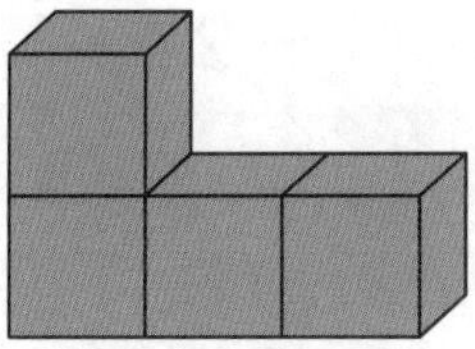

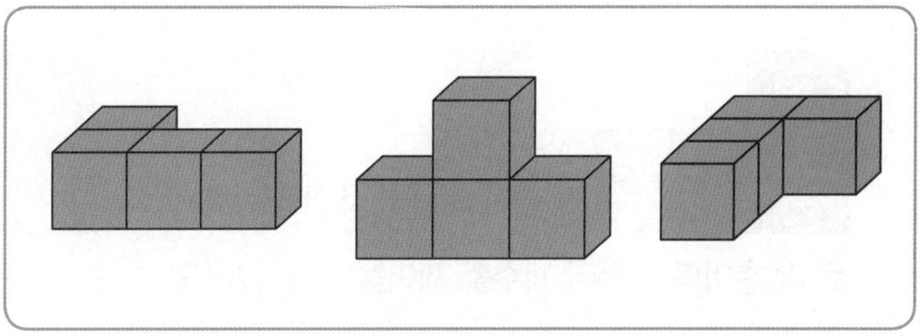

6

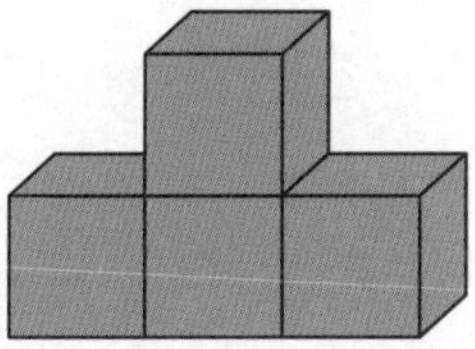

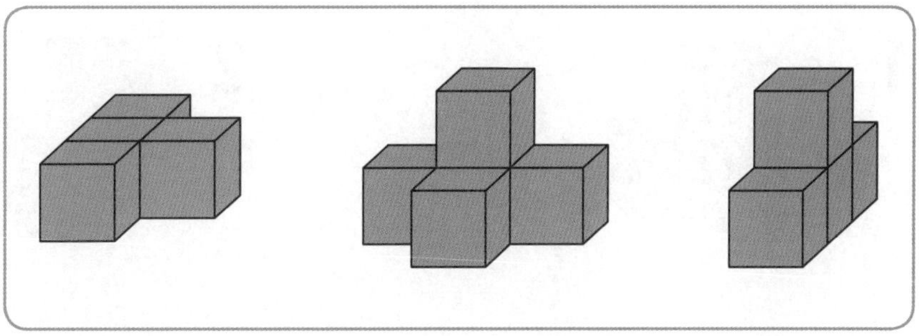

7

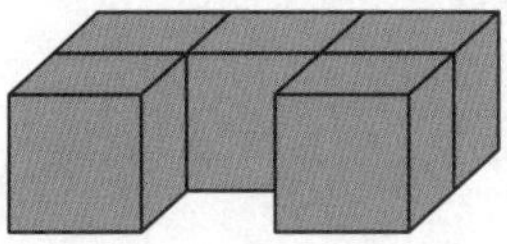

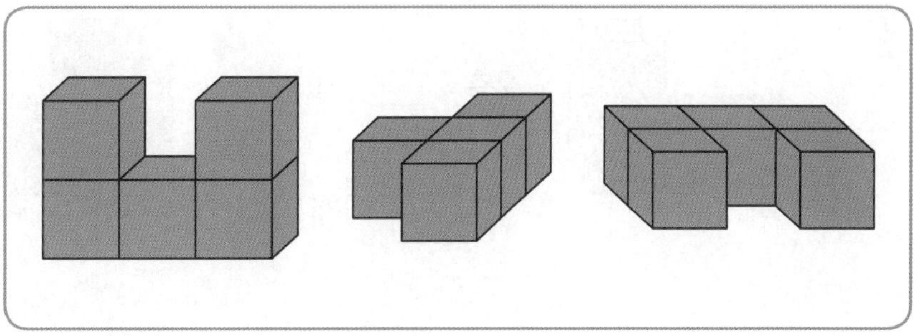

8

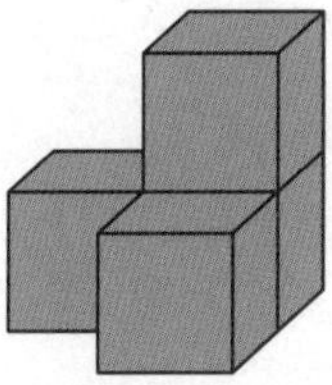

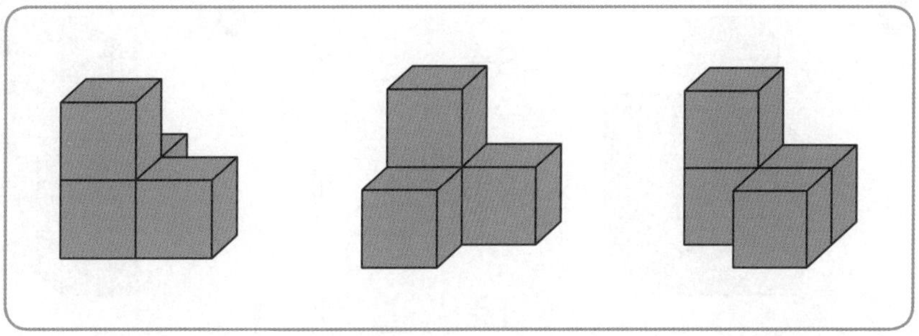

쌓기나무의 개수 모두 세기

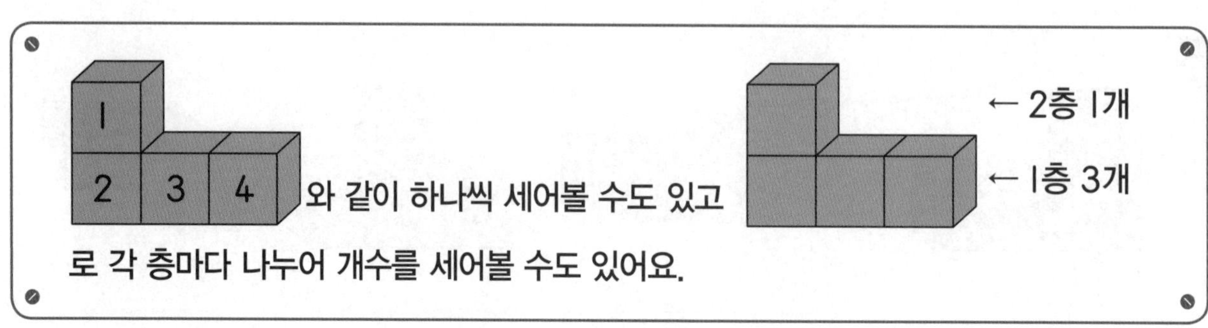

1
2
3
4
와 같이 하나씩 세어볼 수도 있고
← 2층 1개
← 1층 3개
로 각 층마다 나누어 개수를 세어볼 수도 있어요.

각 층에 있는 쌓기나무의 개수를 세어 □ 안에 쓰세요.

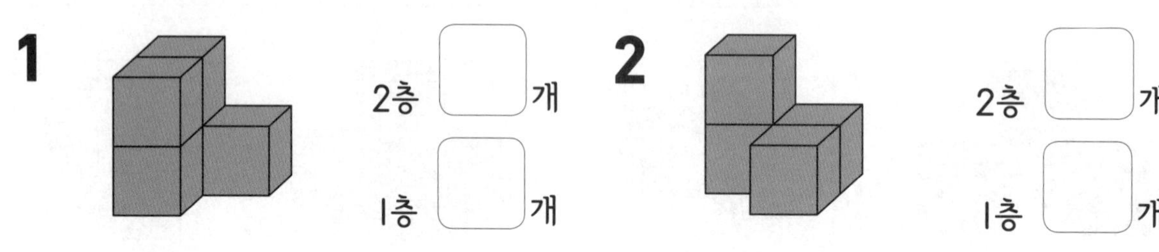

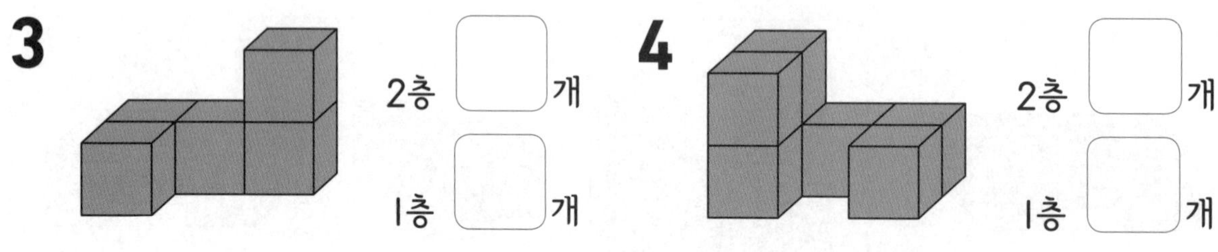

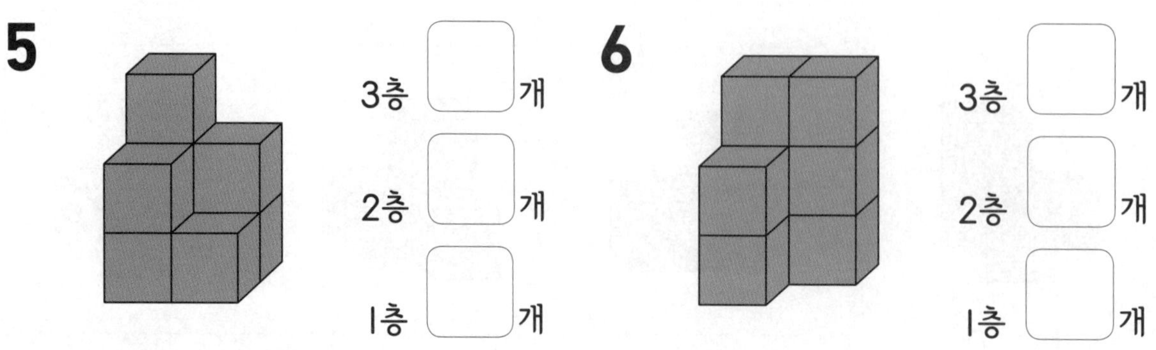

쌓기나무의 개수를 모두 세어 □ 안에 쓰세요.

7

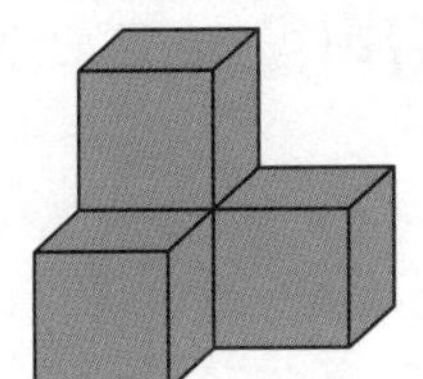

□개

8

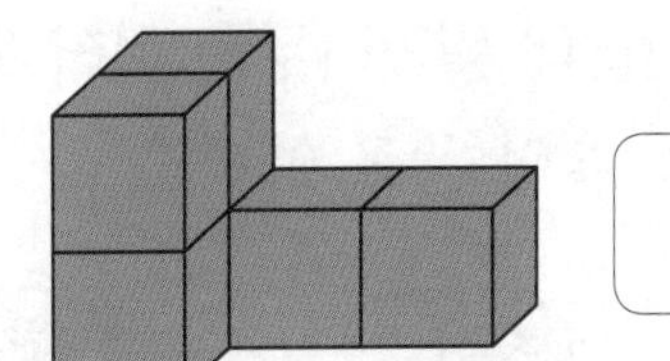

□개

9

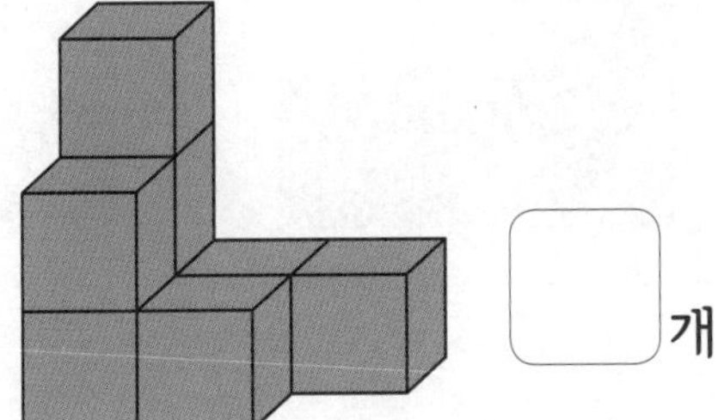

□개

10

□개

11

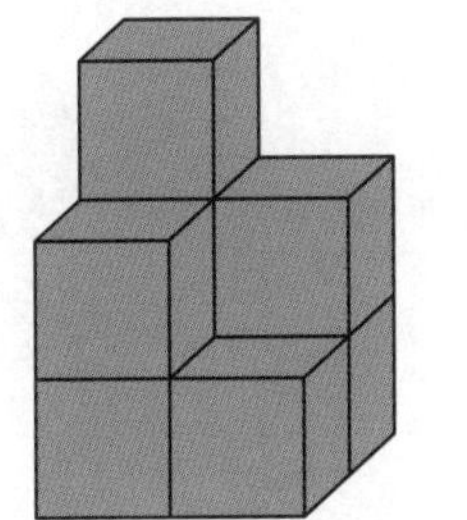

□개

12

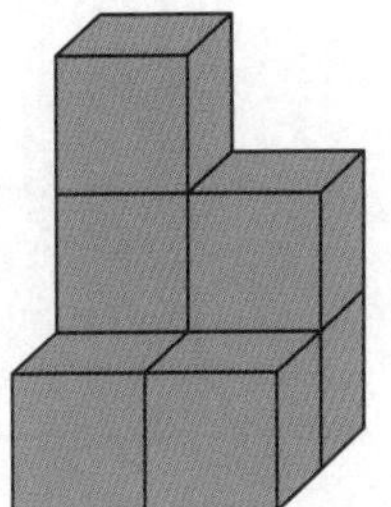

□개

13

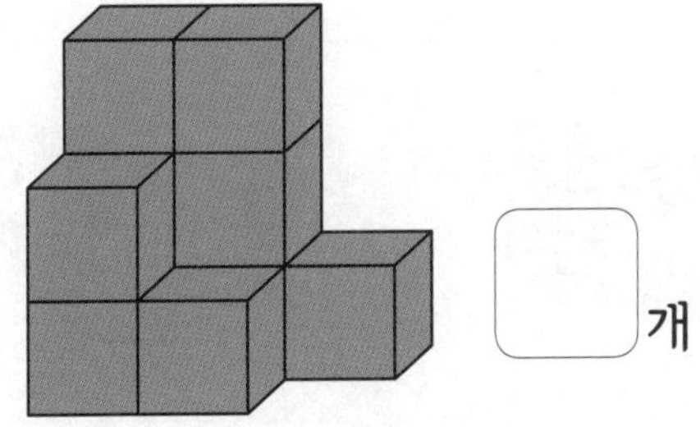

□개

14

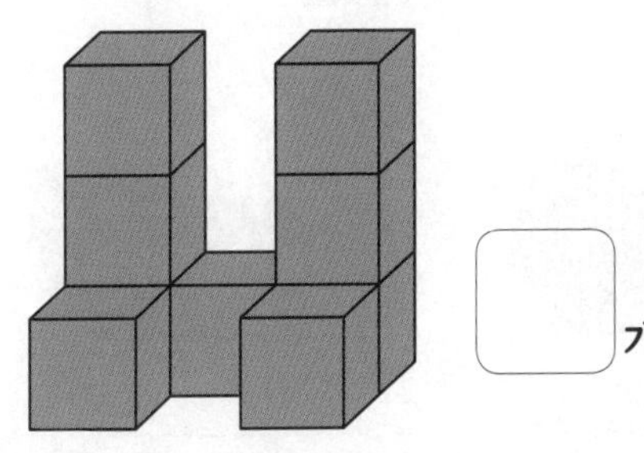

□개

5일 규칙을 이용하여 쌓기나무 쌓기

규칙을 만들어 쌓기나무를 여러 모양으로 쌓을 수 있어요. 규칙을 보고 마지막에 쌓을 모양을 찾아 ○표 하세요.

1

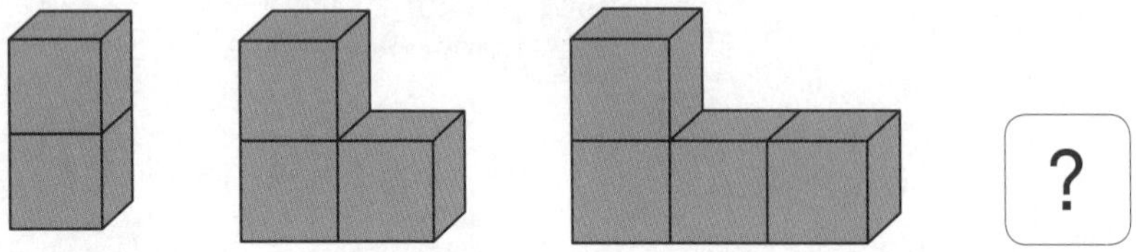

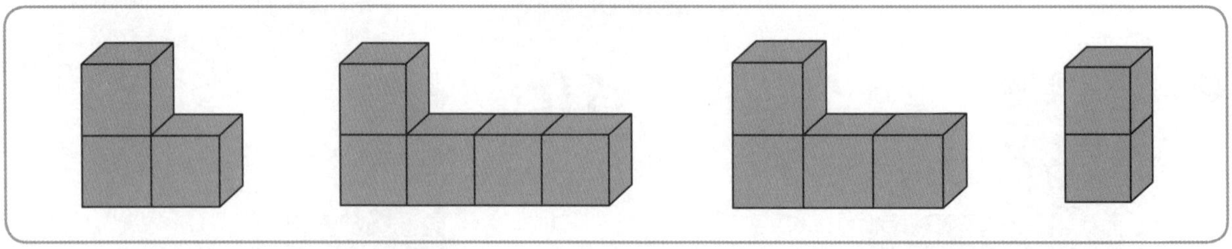

?

2

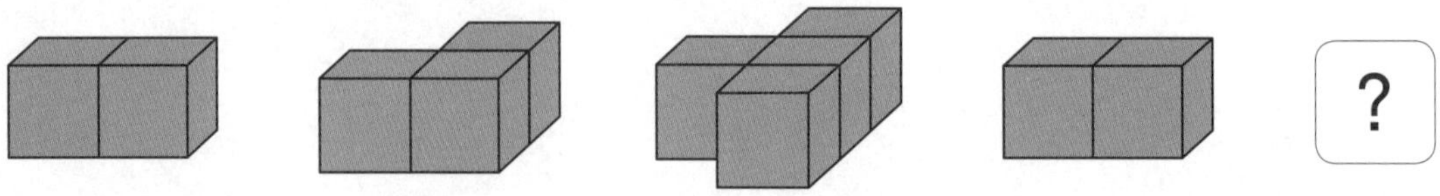

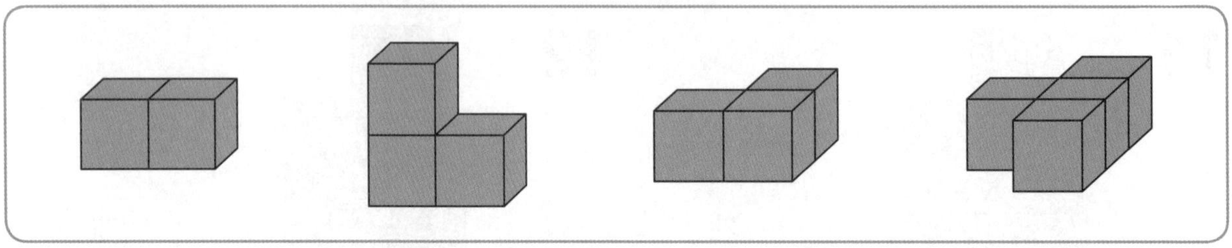

?

3

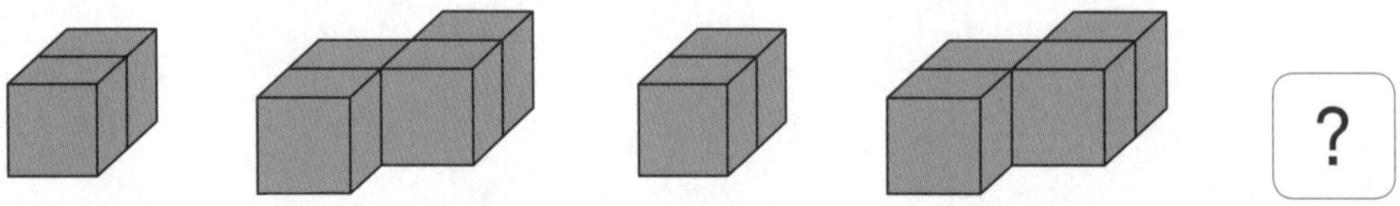

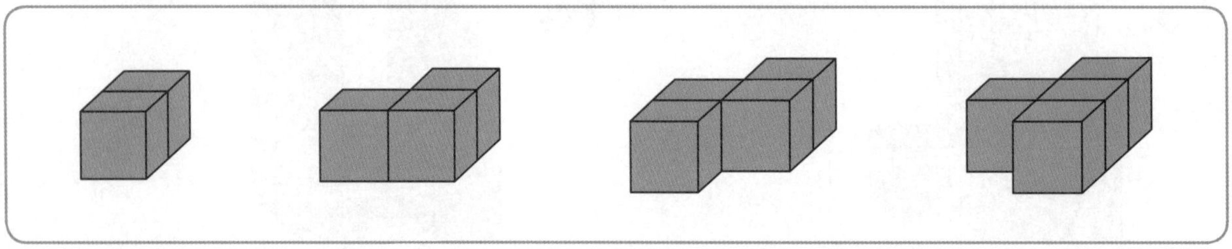

?

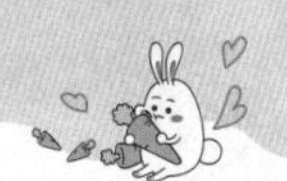

규칙에 따라 쌓기나무를 쌓은 것을 보고, 마지막에 쌓을 쌓기나무의 개수를 □ 안에 쓰세요.

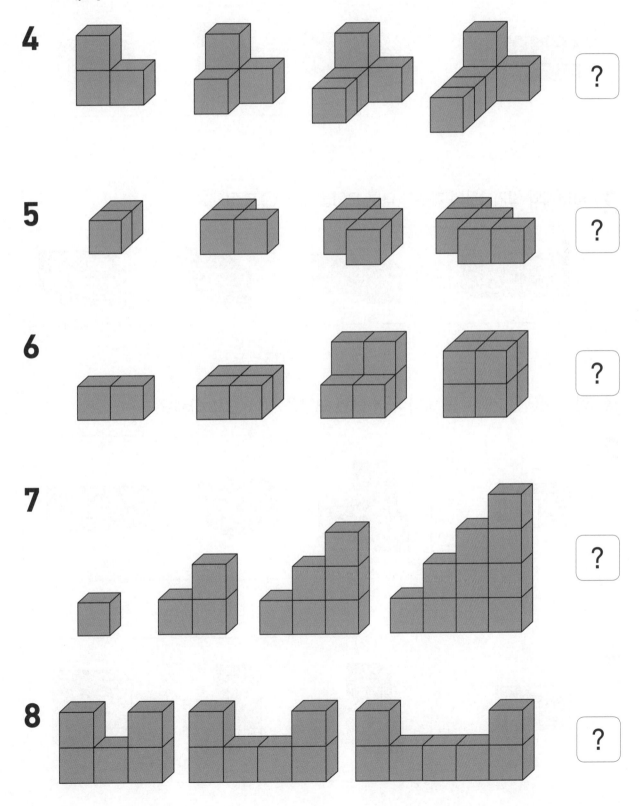

4

?

5

?

6

?

7

?

8

?

확인 문제

1 왼쪽과 똑같이 쌓은 모양을 찾아 ○표 하세요.

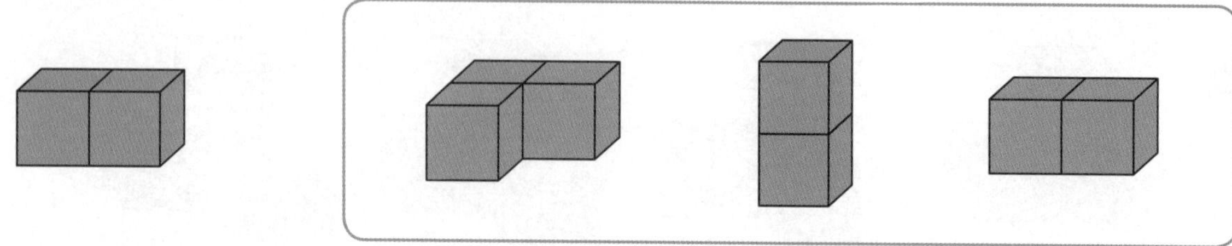

2 나머지와 쌓기나무의 개수가 다른 모양을 찾아 ○표 하세요.

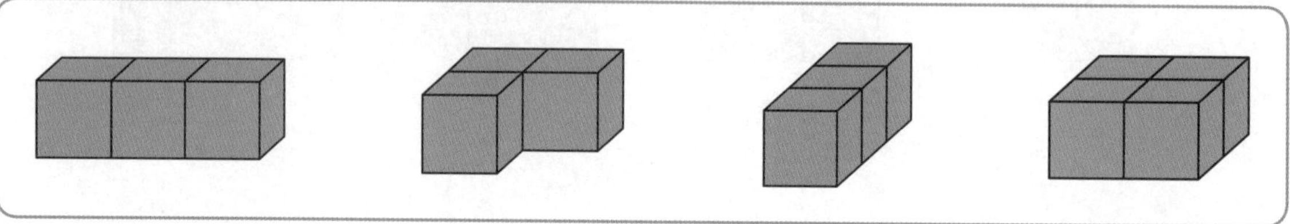

흰 부분에 쌓기나무를 하나씩 더 붙인 모양을 찾아 ○표 하세요.

3

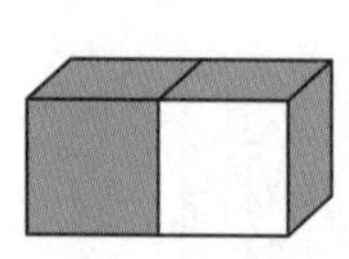

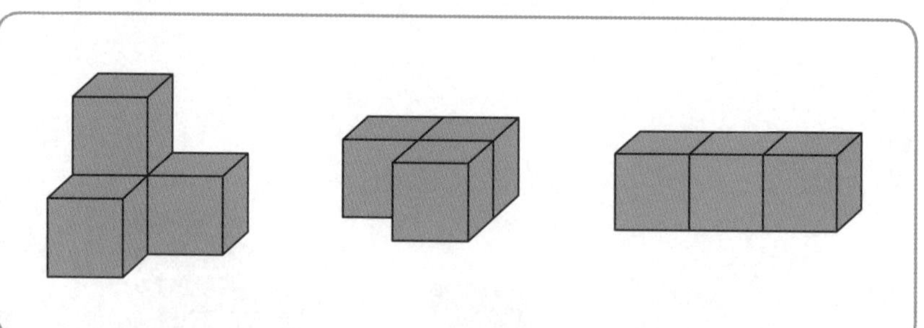

4

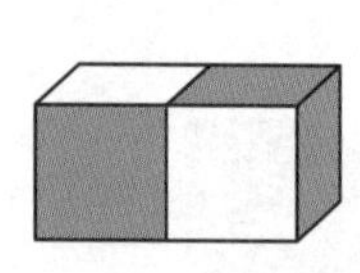

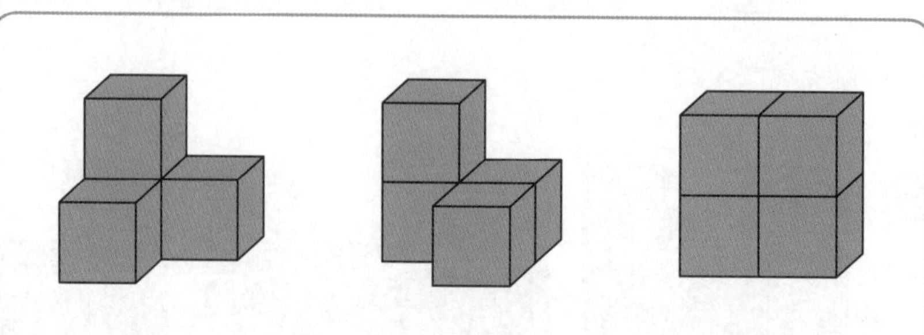

쌓기나무의 개수를 세어 □ 안에 쓰세요.

5

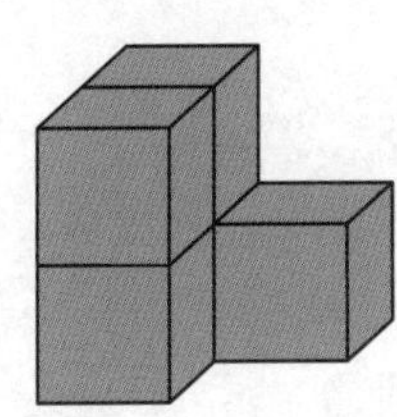

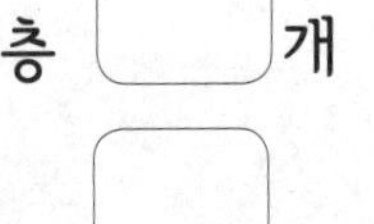

2층 □개

1층 □개

6

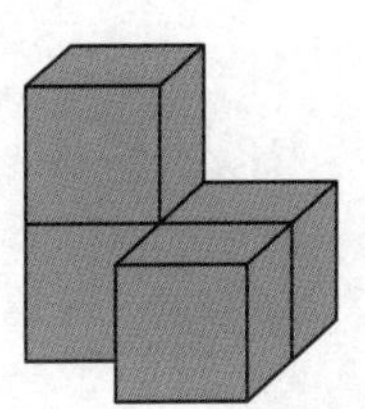

2층 □개

1층 □개

7

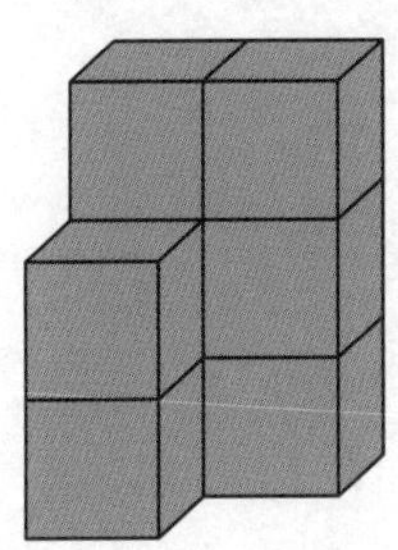

□개

8

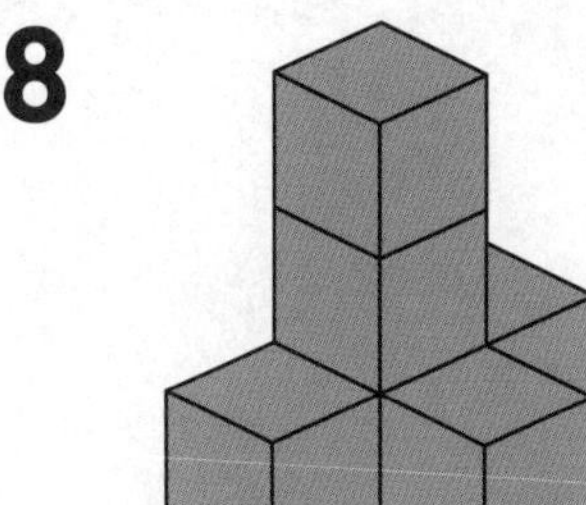

□개

9 규칙에 따라 쌓기나무를 쌓은 것을 보고, 마지막에 쌓을 모양을 찾아 ○표 하세요.

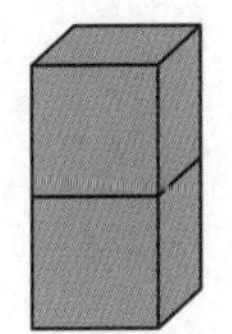

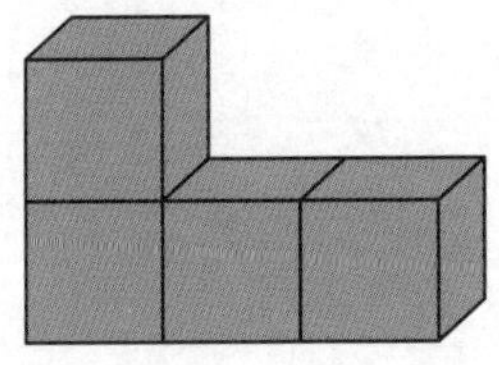

?

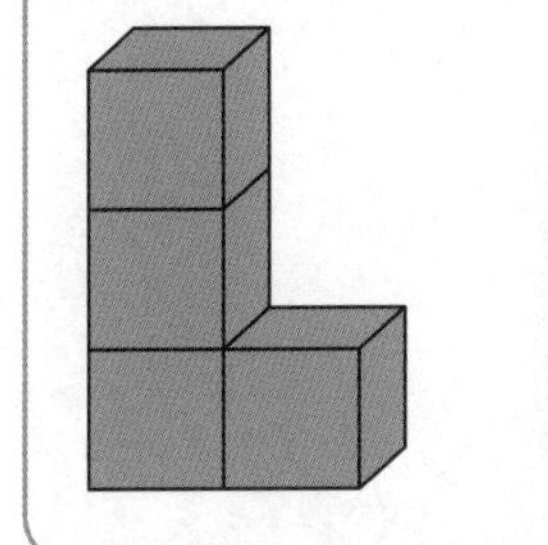

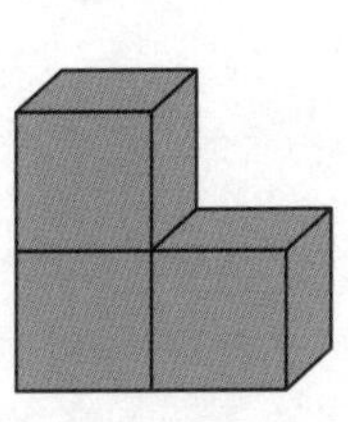

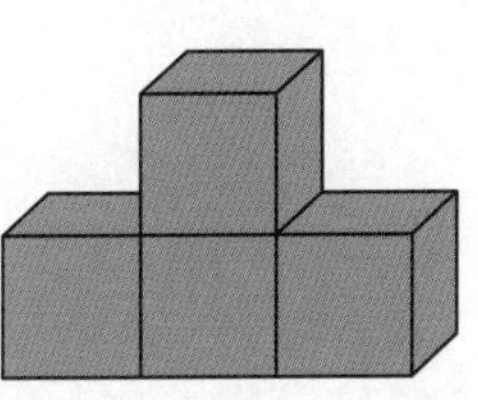

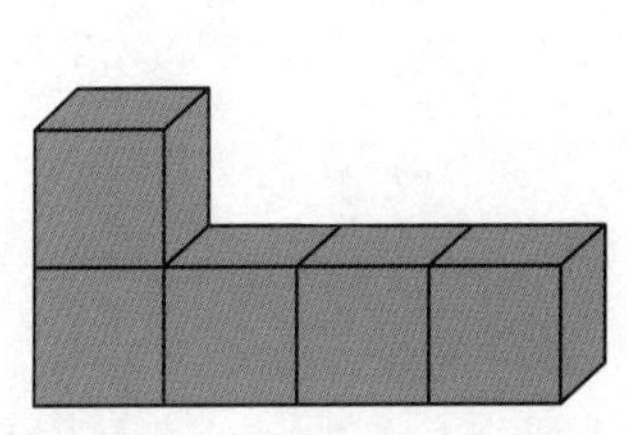

형성평가

1 회

도형 그리기

점을 번호 순서대로 이어 그려 모양을 그려 보세요.

1

1 2

3

2

1

2 3

3

2 1

3 4

4

1 4

2 3

왼쪽에 있는 세모를 오른쪽에 똑같이 그려 보세요.

5

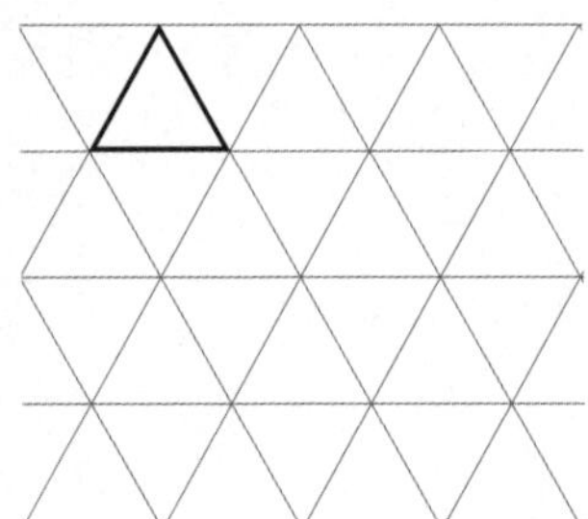

⇨

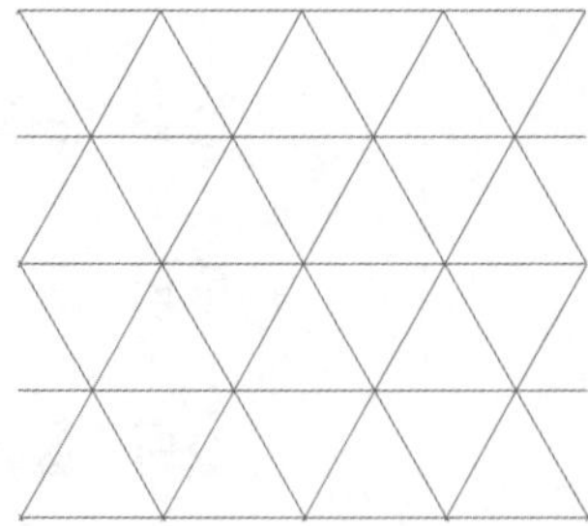

6

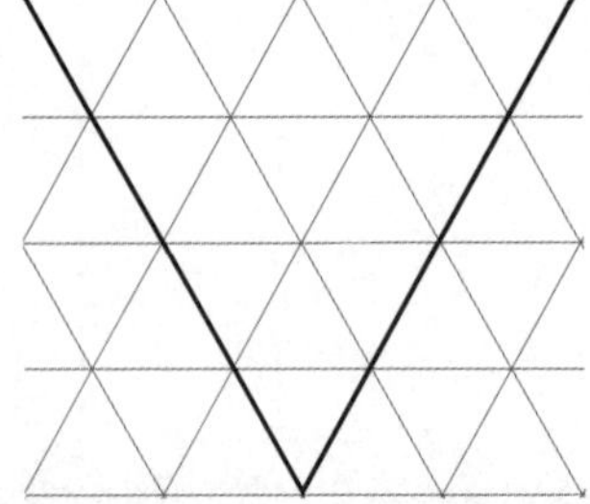

⇨

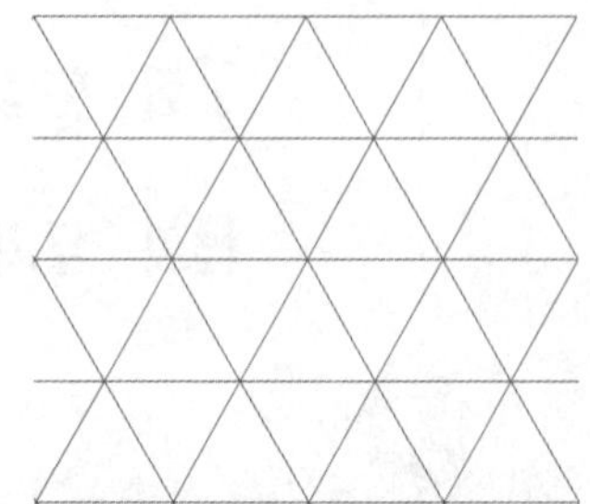

왼쪽에 있는 네모를 오른쪽에 똑같이 그려 보세요.

7

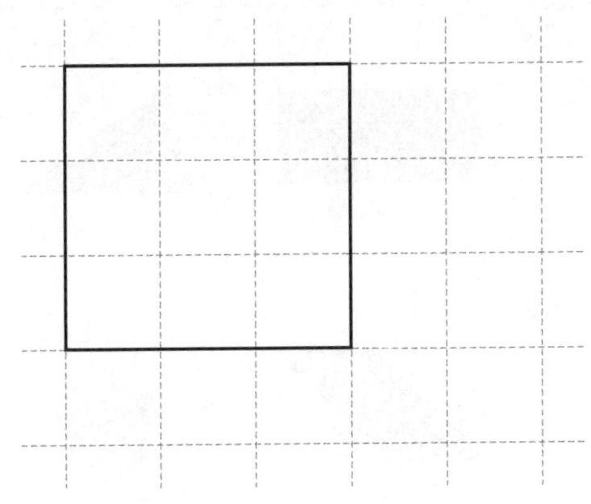

⇨

8

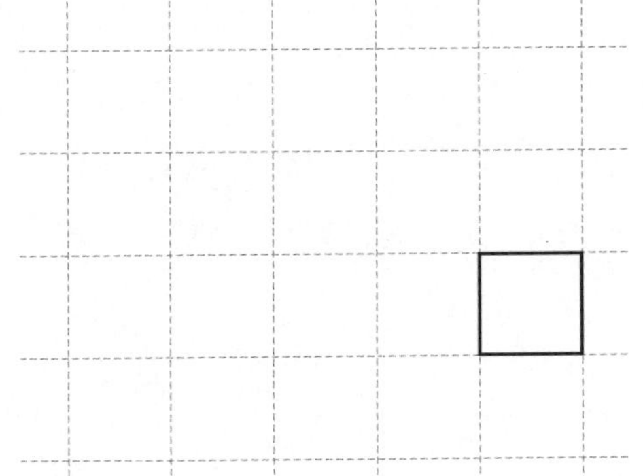

⇨

점선을 따라서 점에서부터 점까지 동그라미를 그려 보세요.

9

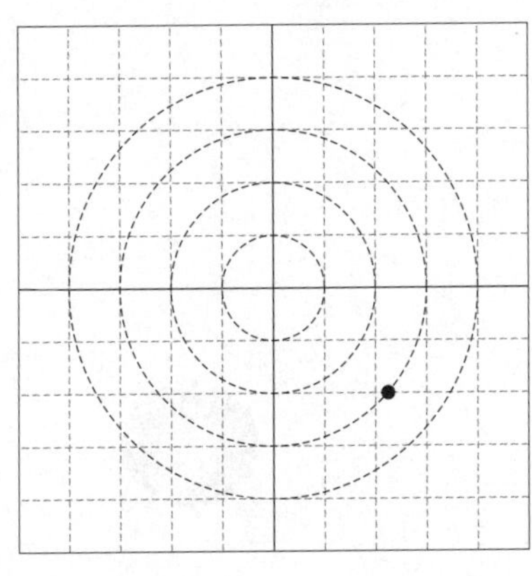

10

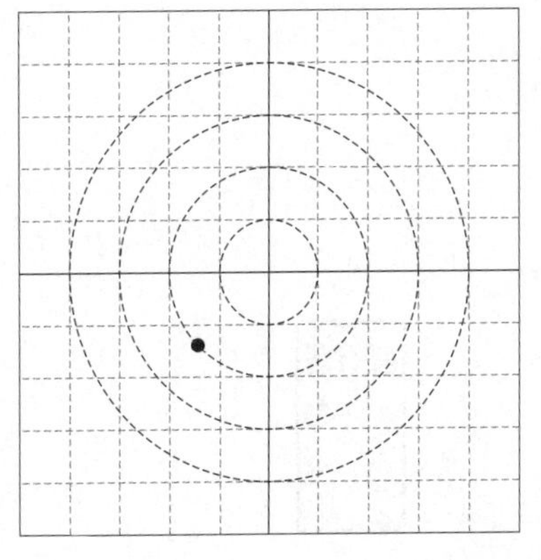

같은 도형 찾기

1 □ 모양을 모두 찾아 ○표 하세요.

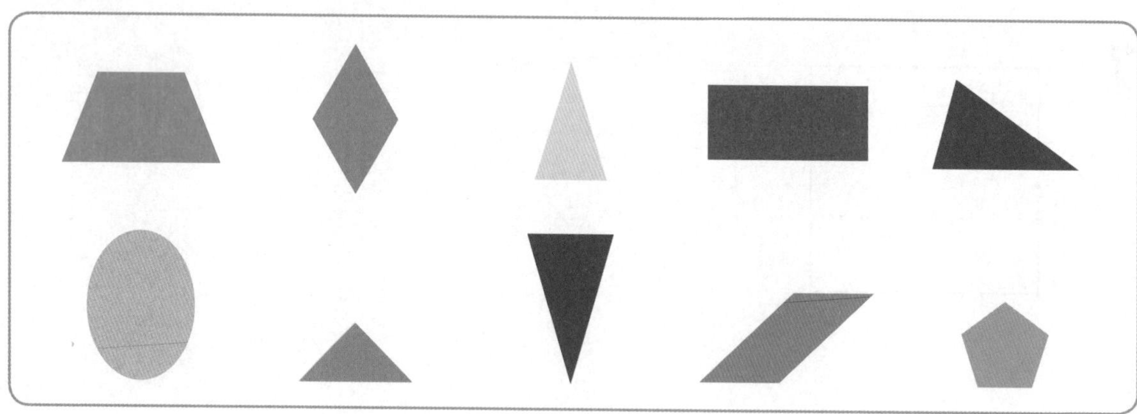

2 같은 모양인 것끼리 줄(—)로 이어 보세요.

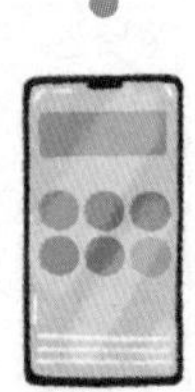

그림에서 찾을 수 있는 모양의 개수를 세어 보세요.

3

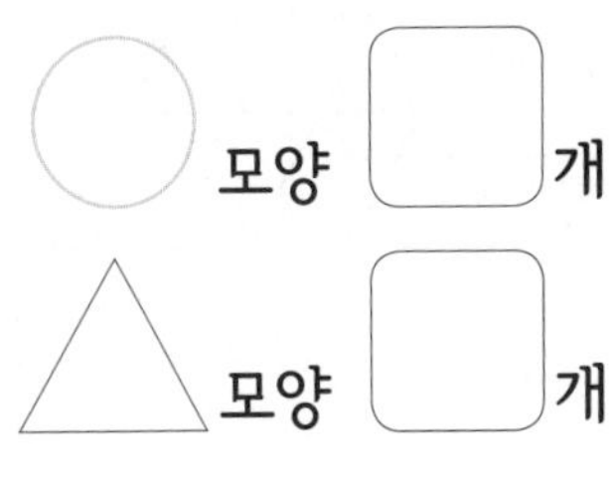

4

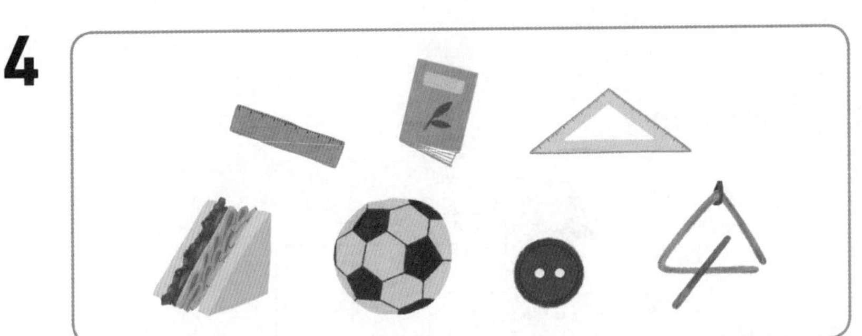

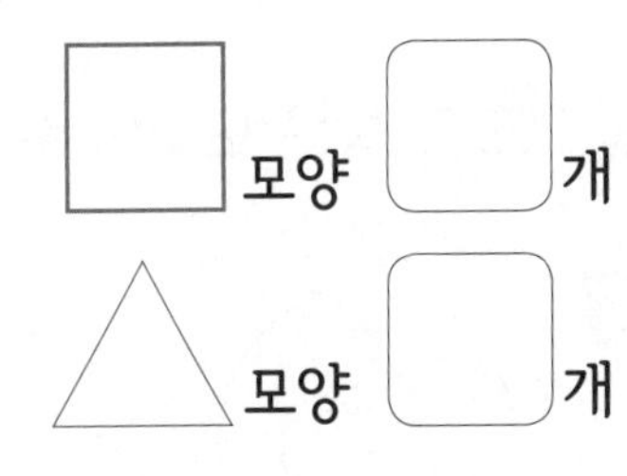

나머지 모양과 다른 모양인 것을 찾아 ○표 하세요.

5

6

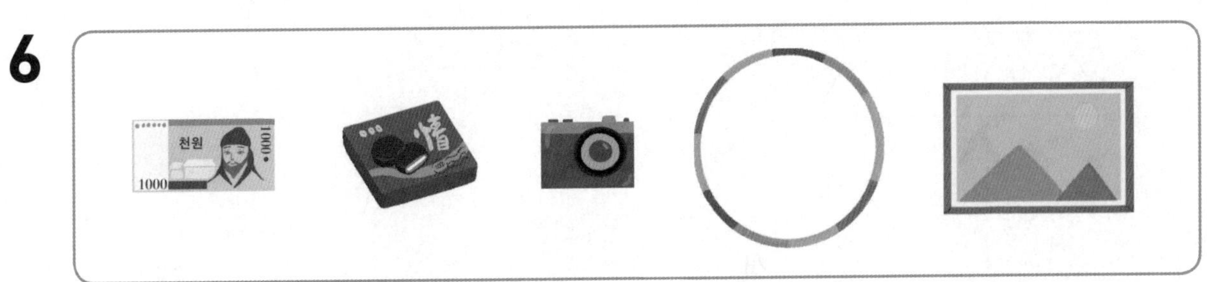

3회

도형의 수 세기

선을 따라 자를 때 만들어지는 도형의 수를 세어 보세요.

1

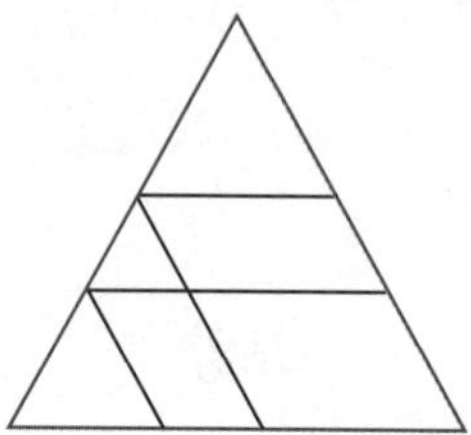

개

2

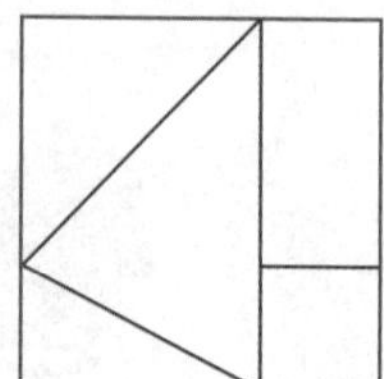

개

크고 작은 도형의 수를 모두 세어 보세요.

3

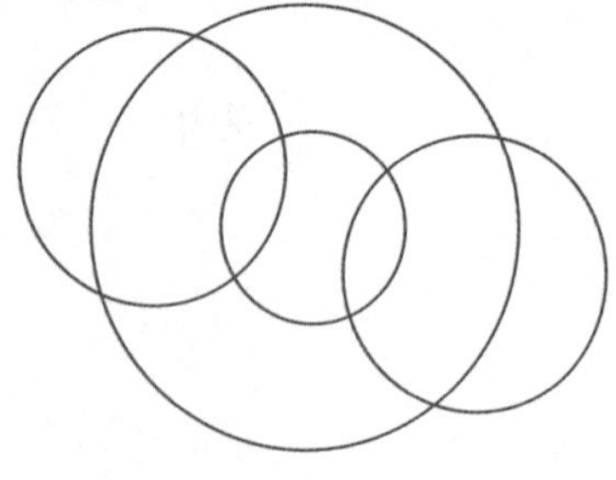

개

4

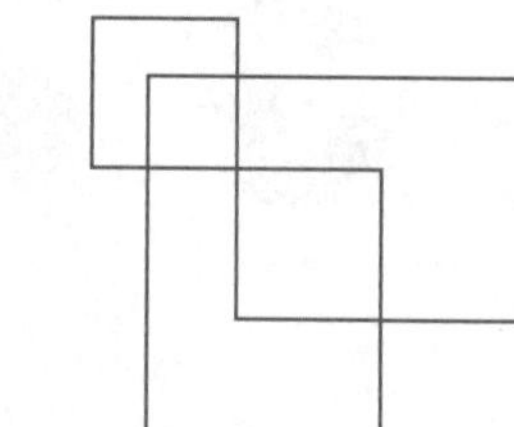

개

5

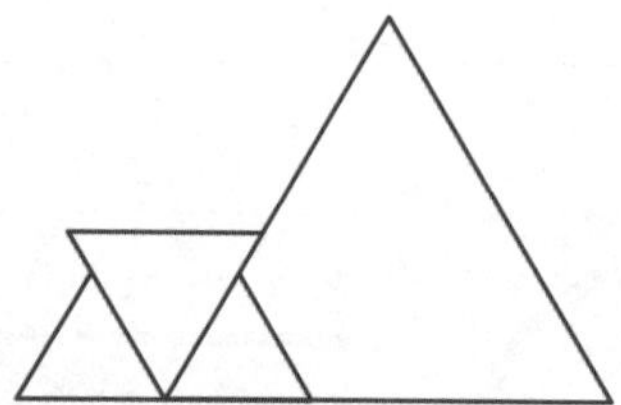

개

6

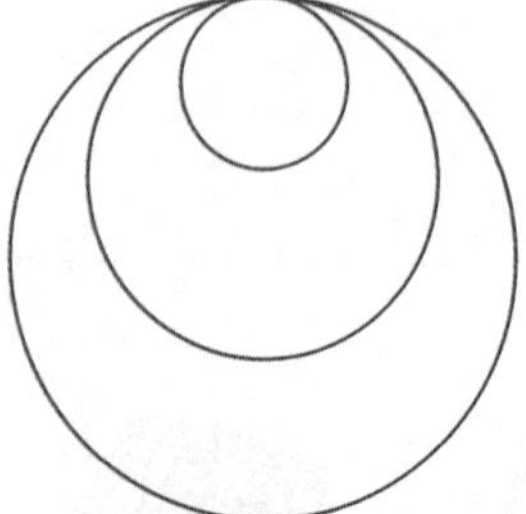

개

그림에서 ○, □, △ 모양이 각각 몇 개 있는지 세어 보세요.

7

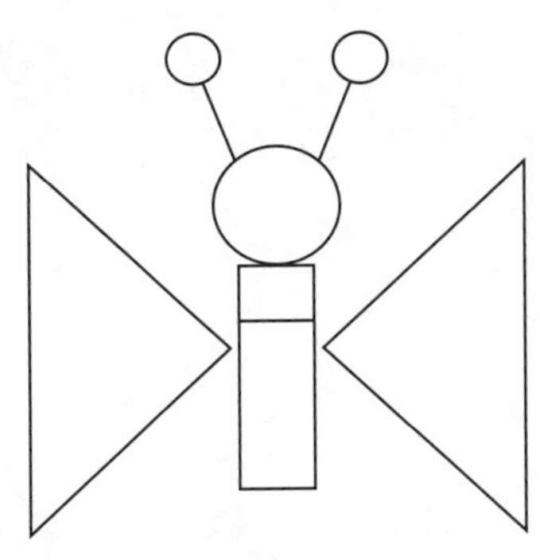

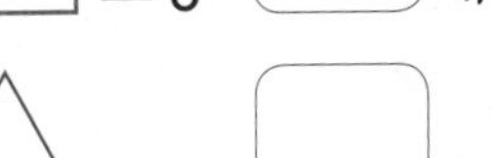

○ 모양 □ 개

□ 모양 □ 개

△ 모양 □ 개

8

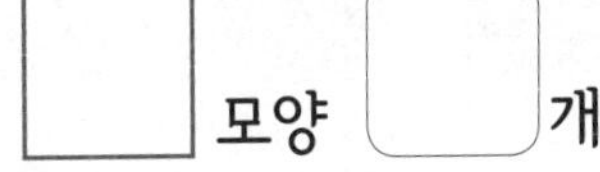

○ 모양 □ 개

□ 모양 □ 개

△ 모양 □ 개

9 그림에서 가장 많이 사용한 도형을 찾아 그 모양과 개수를 쓰세요.

(/ □ 개)

도형의 규칙 찾기

반복되는 규칙을 찾아 알맞은 도형을 그리고, 색칠하세요.

1

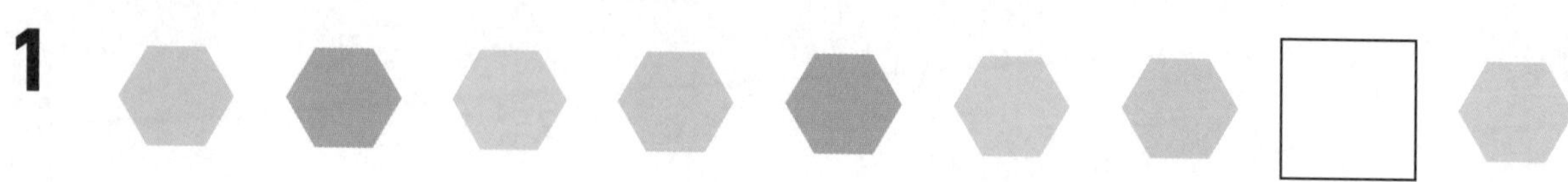

2

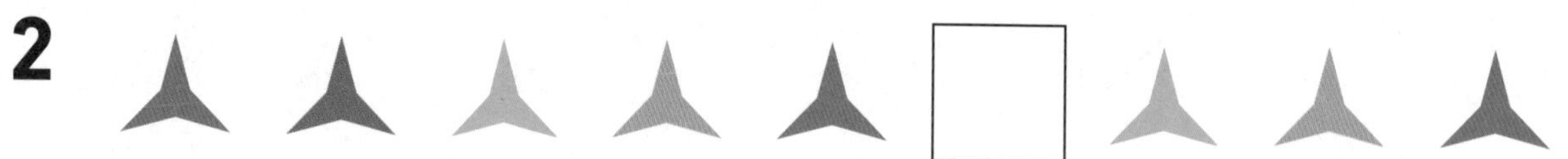

3

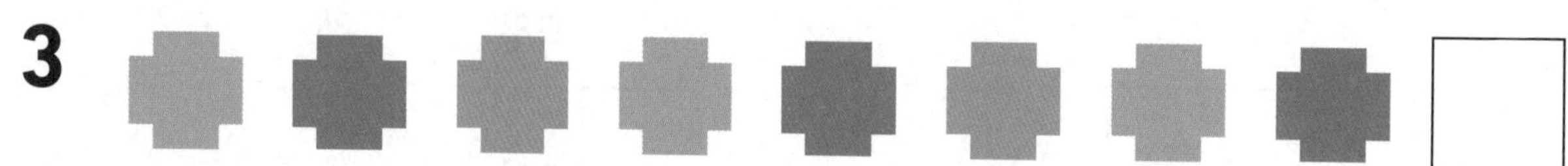

반복되는 방향의 규칙을 찾아 마지막에 알맞은 도형을 완성하세요.

4

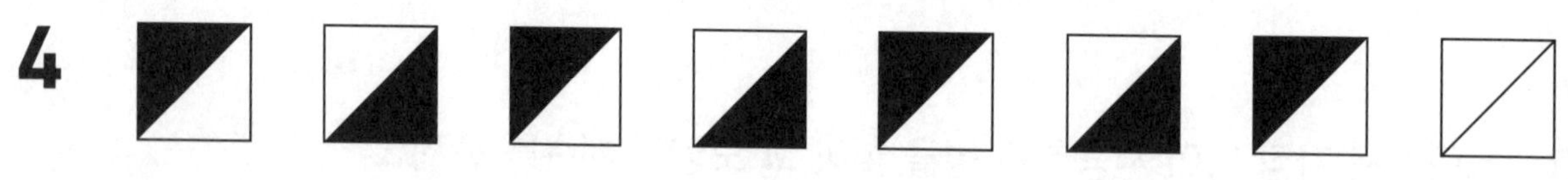

5

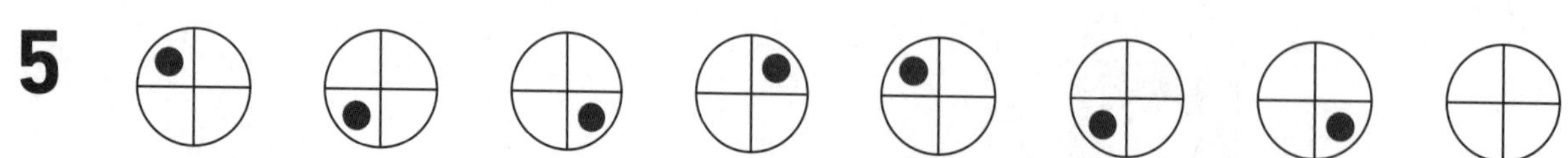

6

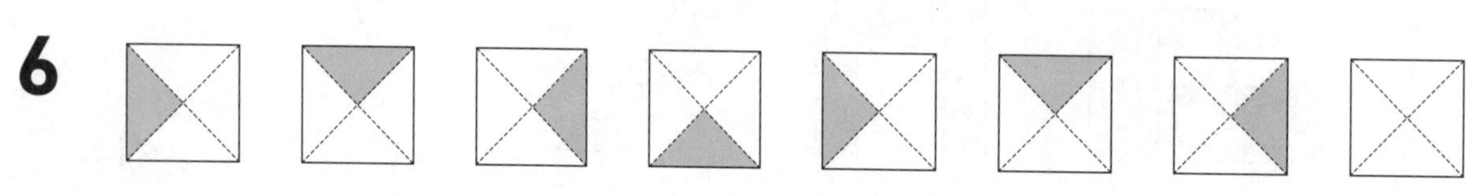

반복되는 규칙을 찾아 마지막에 알맞은 도형의 □ 모양의 개수를 세어 보세요.

7

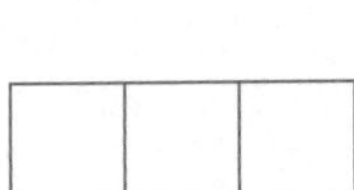 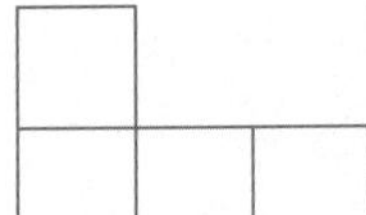 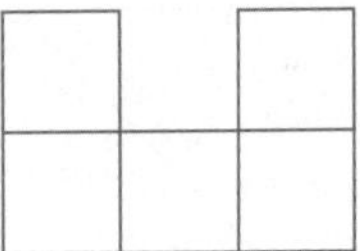 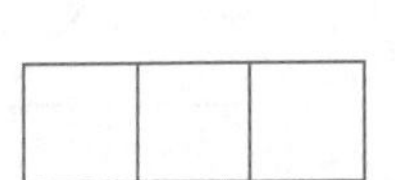 ?

8

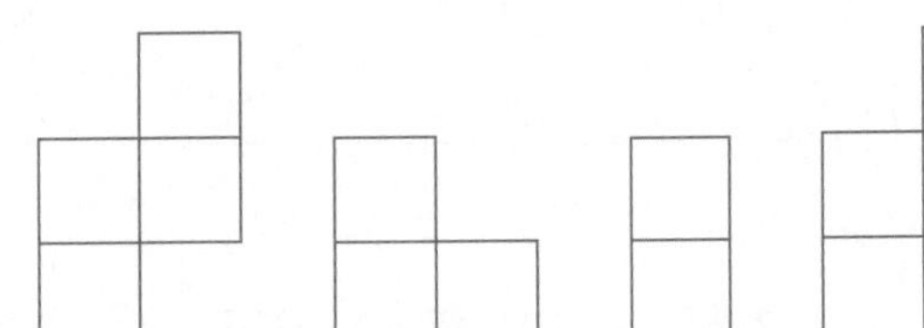 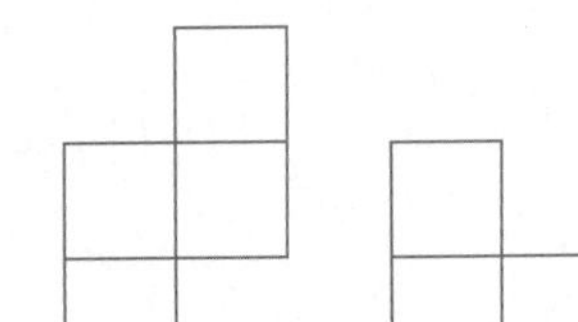 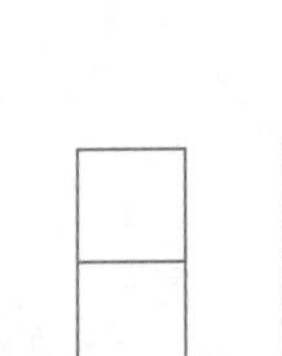 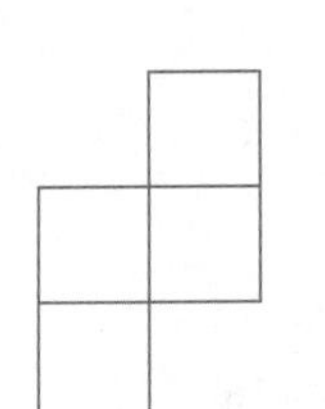 ?

9

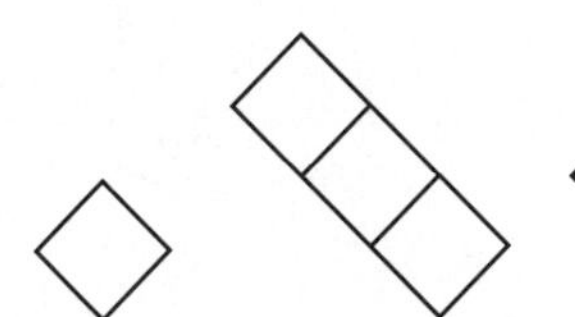 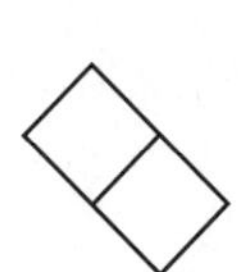 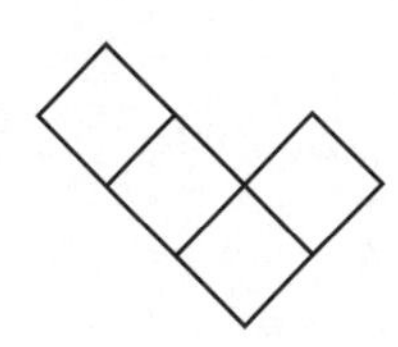 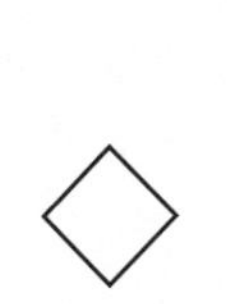 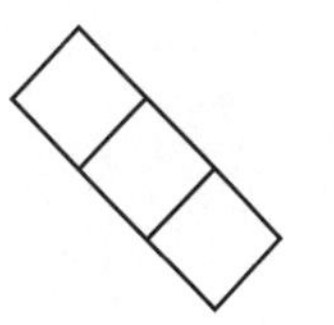 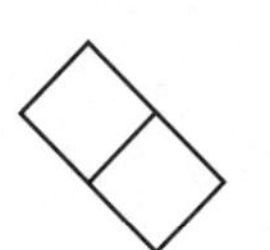 ?

나머지와 규칙이 다른 도형을 찾아 ○표 하세요.

10

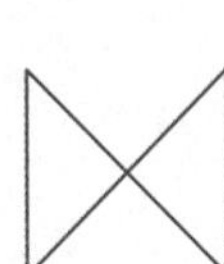 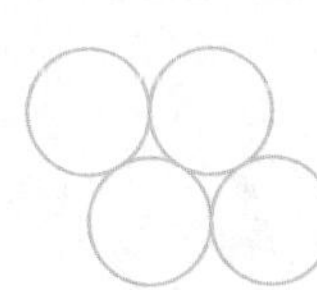 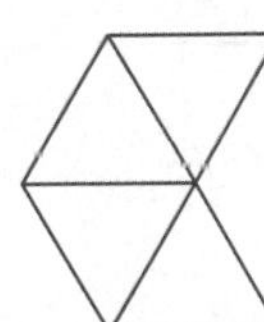 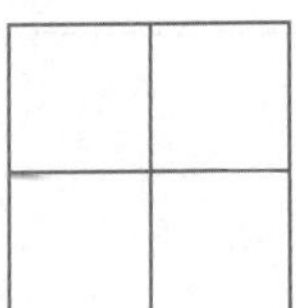 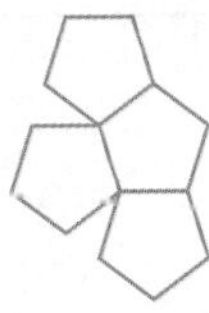

11

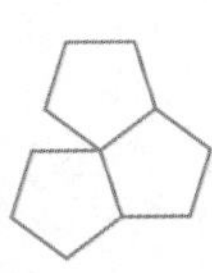 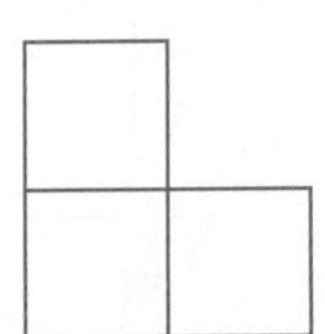 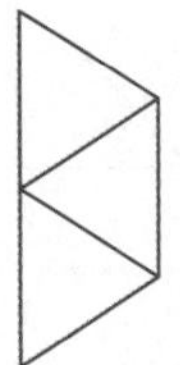  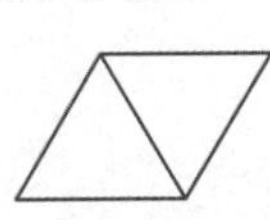

5회

칠교판 이용하기

모양을 만드는 데 이용한 삼각형과 사각형 조각의 수를 각각 세어 보세요.

1

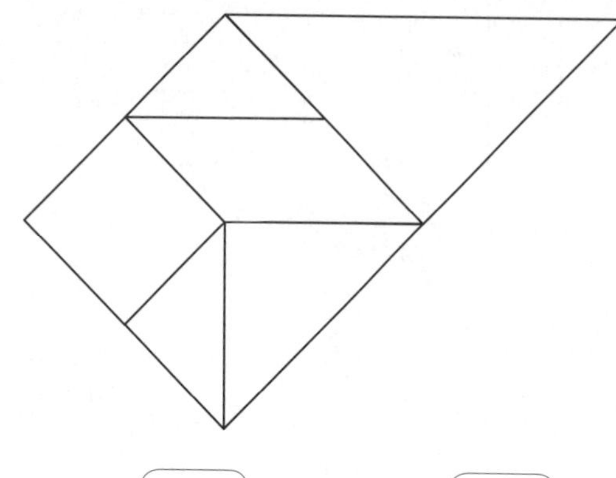

삼각형 ☐개, 사각형 ☐개

2

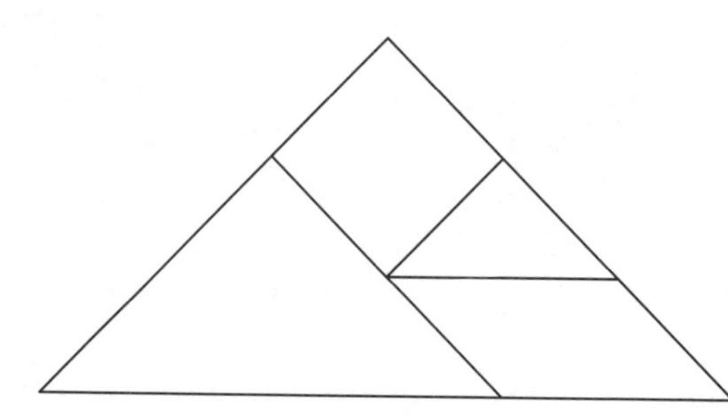

삼각형 ☐개, 사각형 ☐개

모양을 만드는 데 이용하지 않은 조각을 모두 찾아 번호를 쓰세요.

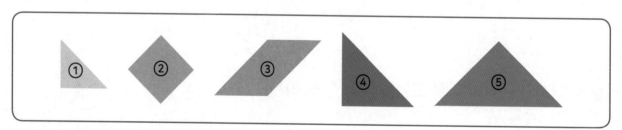

① ② ③ ④ ⑤

3

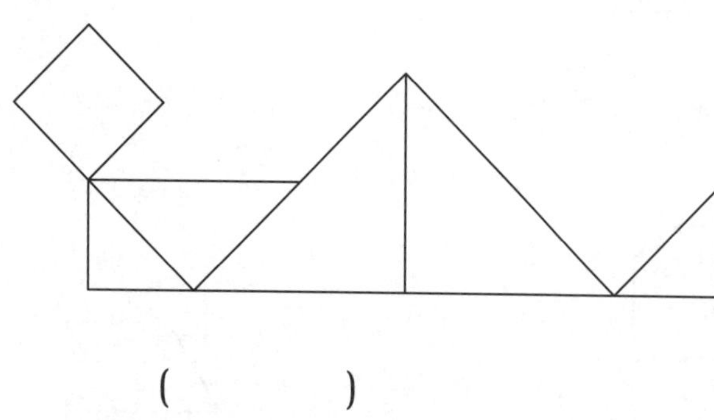

(　　　　)

4

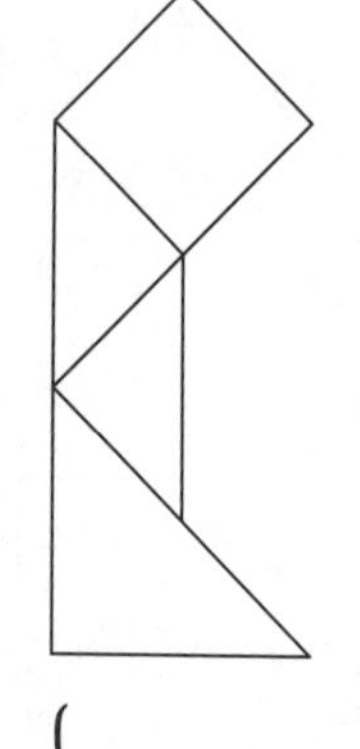

(　　　　)

칠교판 조각을 이용하여 모양을 완성하세요.

5

6

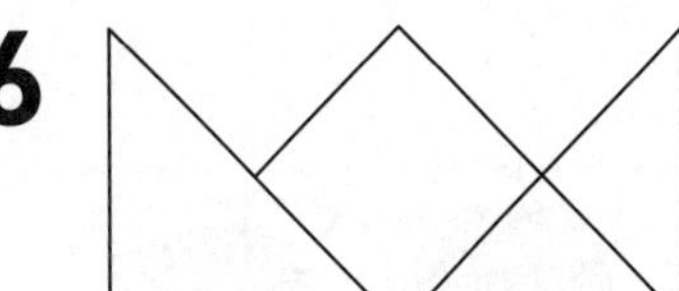

7

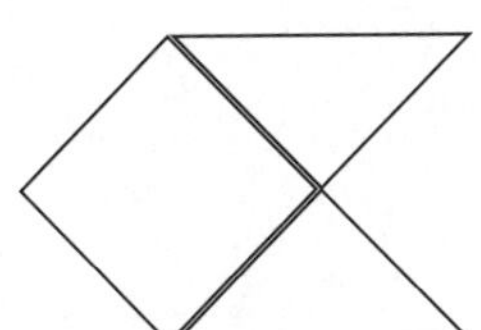

8

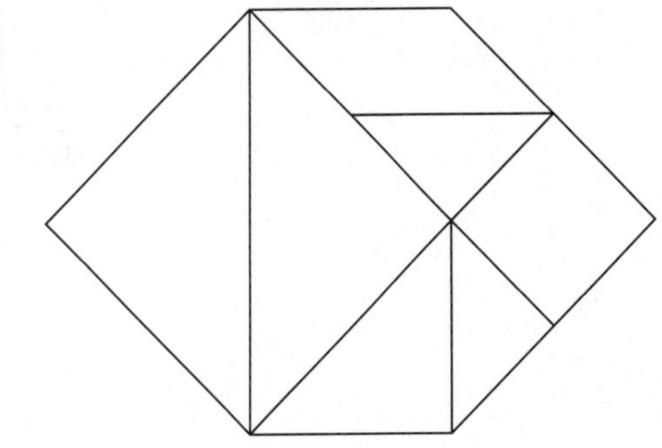

칠교판 조각을 모두 이용하여 모양을 만들어 보세요.

9

10

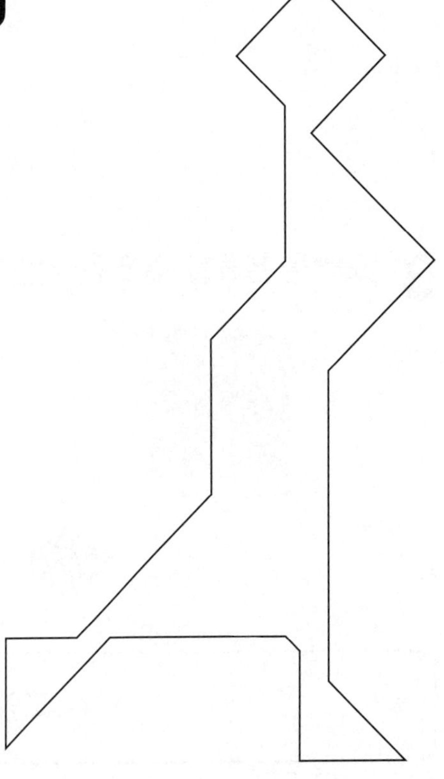

분류하기

분류 기준으로 알맞은 것에 색칠하세요.

1

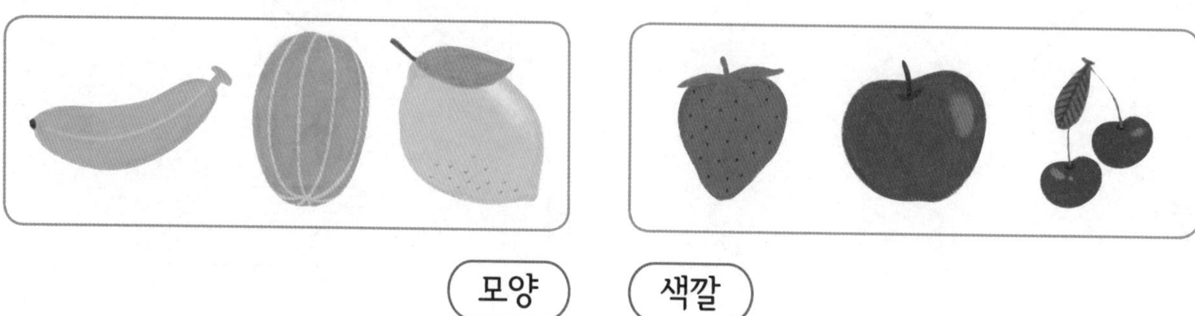

모양　　색깔

2

색깔　　바퀴 수

3 도형을 분류할 수 있는 기준을 〈보기〉에서 찾아 ○표 하세요.

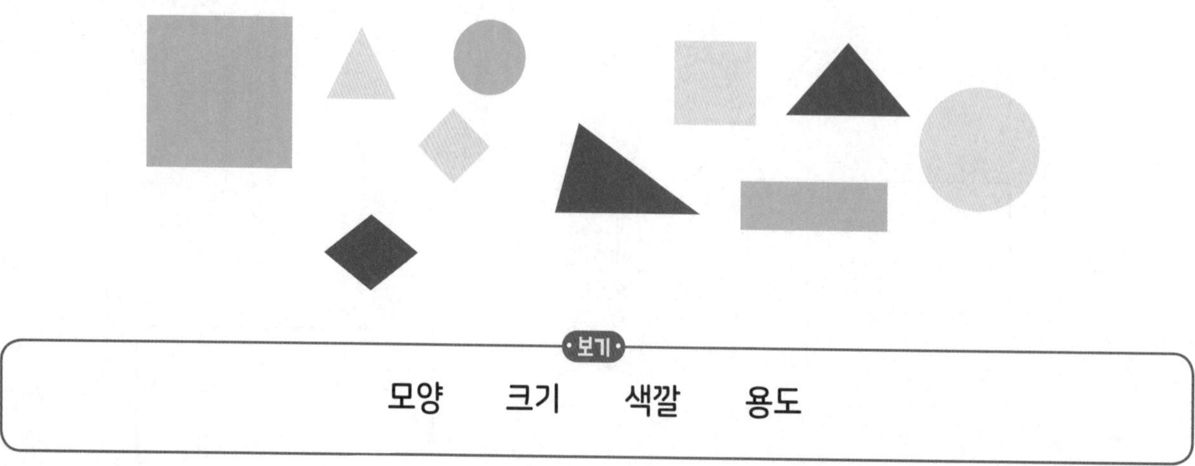

보기

모양　　크기　　색깔　　용도

문구점에 있는 학용품을 분류하고, 그 결과를 쓰세요.

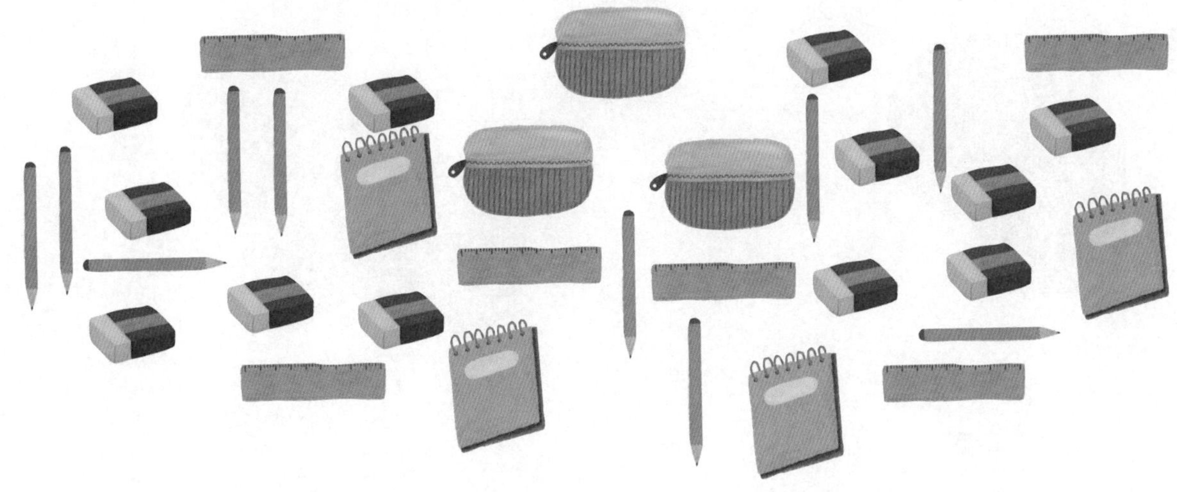

4 학용품을 종류별로 분류하고, 그 수를 세어 보세요.

종류					
표시하기					
개수					

5 가장 많은 수의 학용품은 무엇인지 쓰세요.

6 가장 적은 수의 학용품은 무엇인지 쓰세요.

7회

도형 겹치기

◯, □, △ 모양의 종이를 겹쳐 놓았어요. 겹쳐진 부분을 그려 보세요.

1

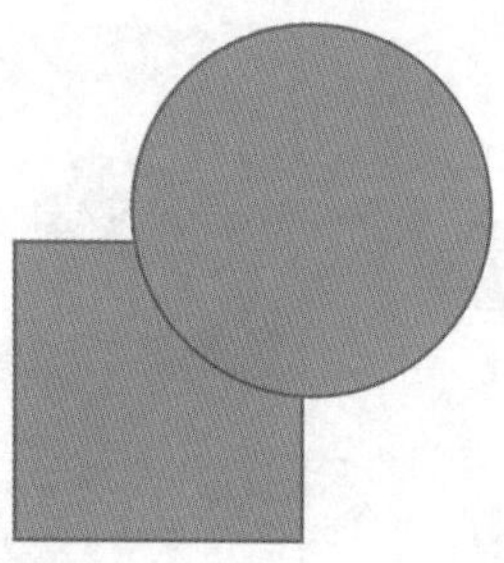

2

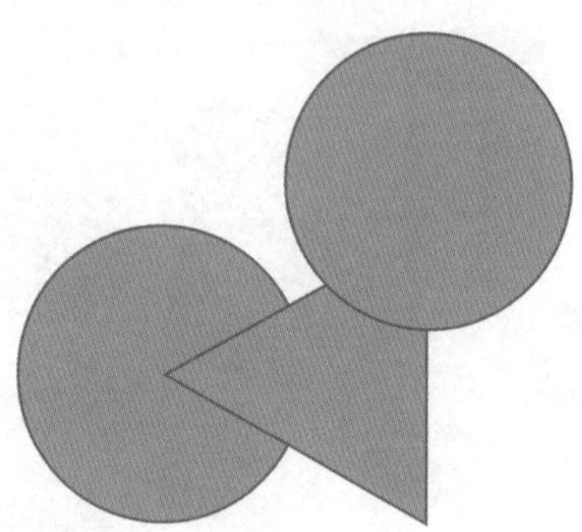

아래에서부터 겹쳐진 순서대로 ◯, □, △ 모양을 차례대로 쓰세요.

3

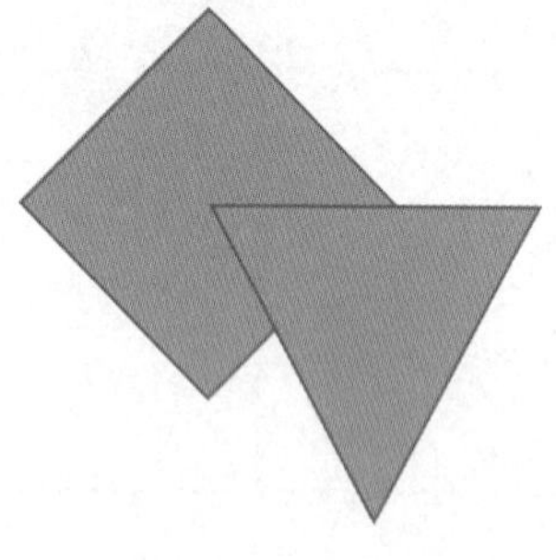

(　　　) — (　　　)

4

(　　　) — (　　　) — (　　　)

◯, □, △가 겹쳐진 테두리 모양이에요. 겹쳐져 있는 부분을 그려 보세요.

5

6

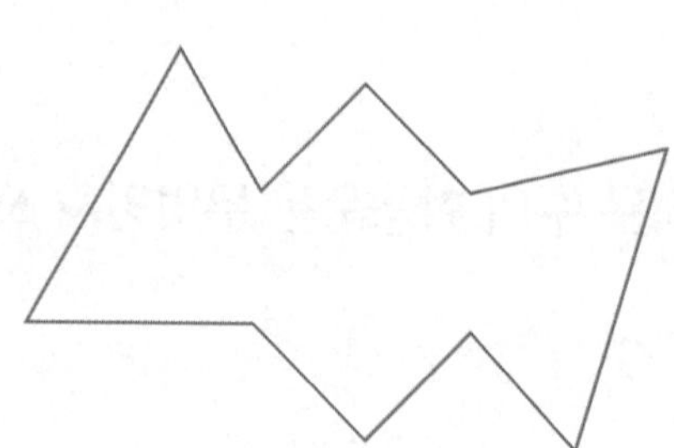

○, □, △가 겹쳐진 테두리 모양이에요. 겹친 도형을 모두 찾아 ○표 하세요.

7

(○, □, △)

8

(○, □, △)

○, □, △가 겹쳐진 테두리 모양이에요. 겹치지 않은 도형을 모두 찾아 ○표 하세요.

9

(○, □, △)

10

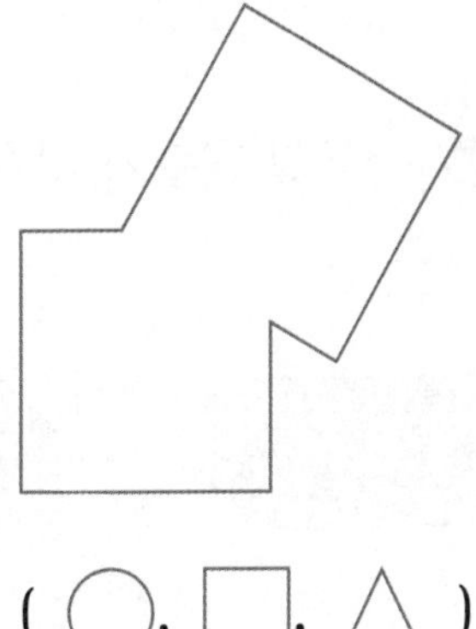

(○, □, △)

11

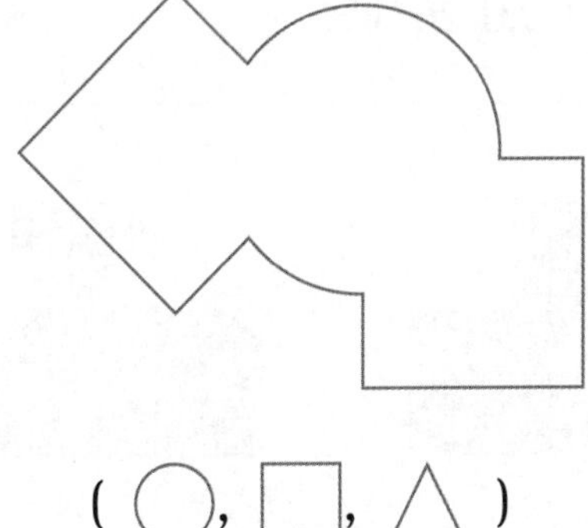

(○, □, △)

12

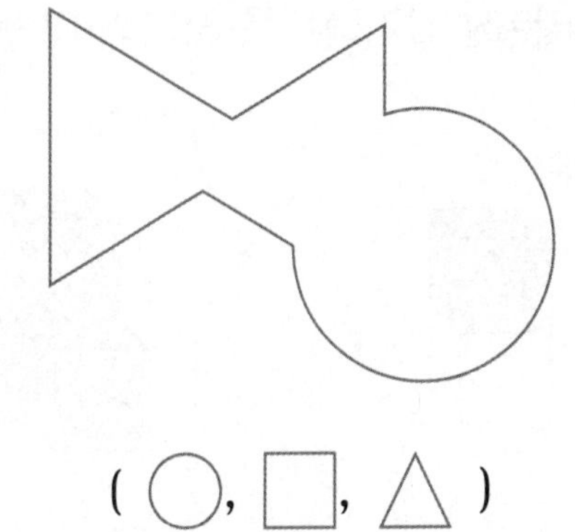

(○, □, △)

8회

쌓기나무

왼쪽과 똑같이 쌓은 모양을 찾아 ○표 하세요.

1

2

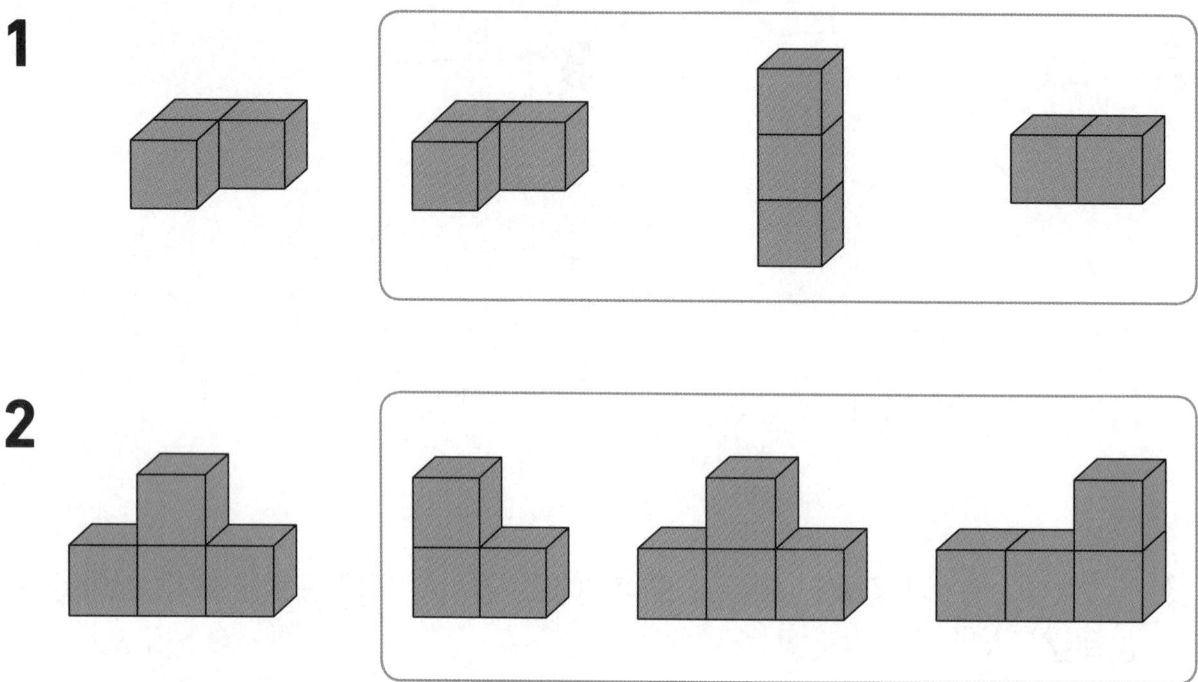

3 나머지와 쌓기나무의 개수가 다른 모양을 찾아 ○표 하세요.

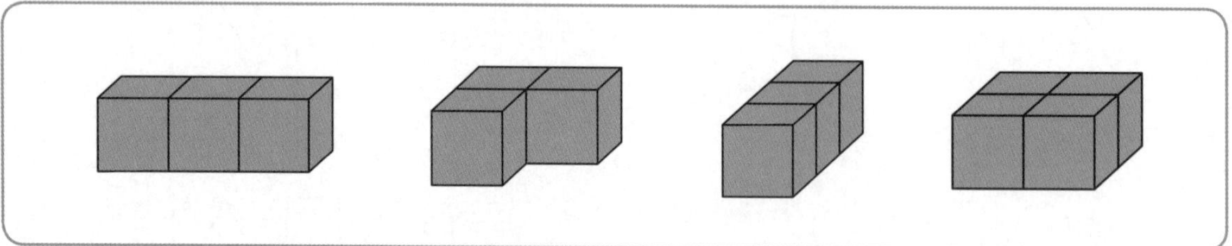

4 흰 부분에 쌓기나무를 하나씩 더 붙인 모양을 찾아 ○표 하세요.

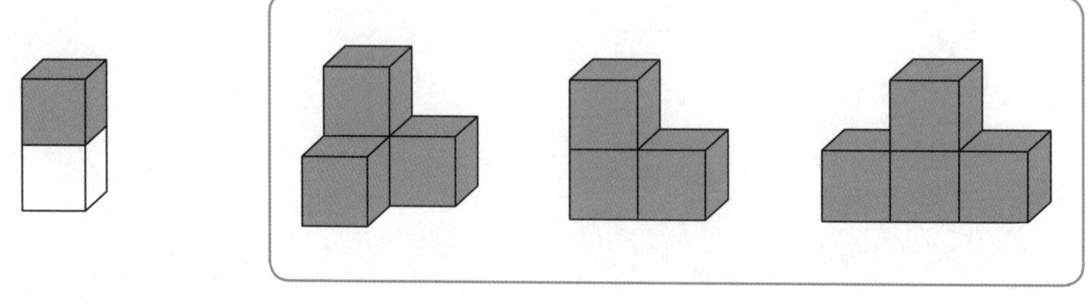

5 쌓은 모양이 나머지와 다른 하나를 찾아 ○표 하세요.

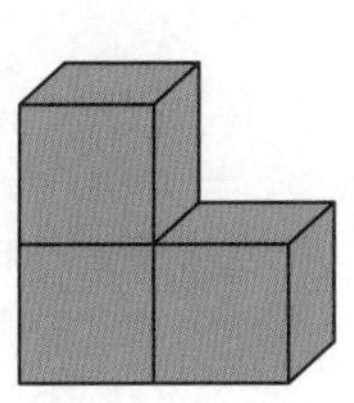

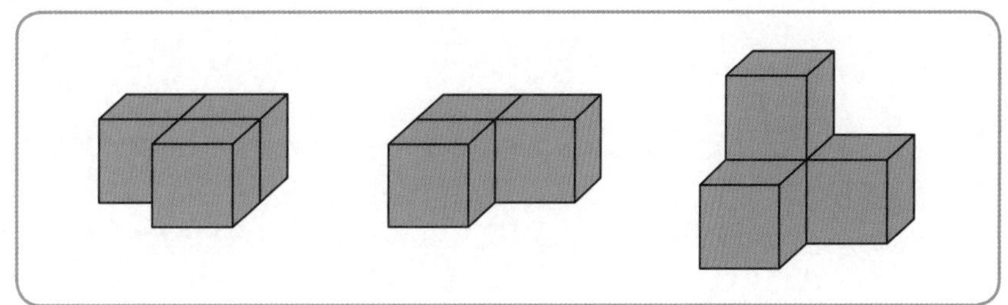

쌓기나무의 개수를 모두 세어 □ 안에 쓰세요.

6

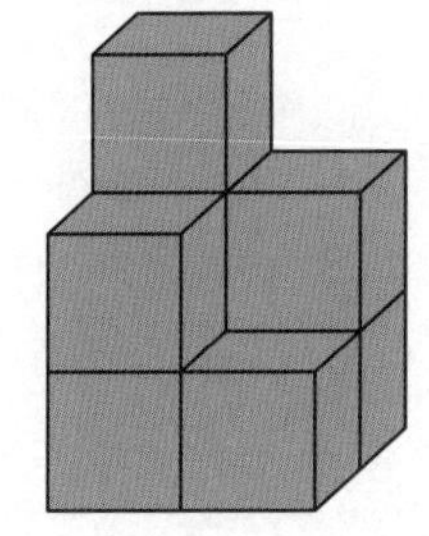

□개

7

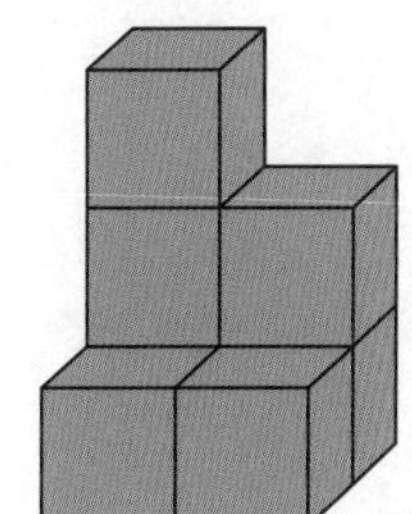

□개

규칙에 따라 쌓기나무를 쌓은 것을 보고, 마지막에 쌓을 쌓기나무의 개수를 □ 안에 쓰세요.

8

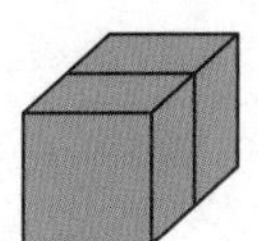

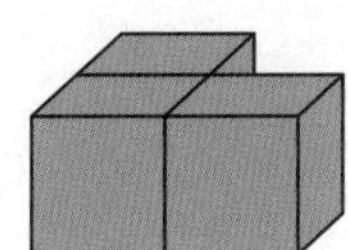

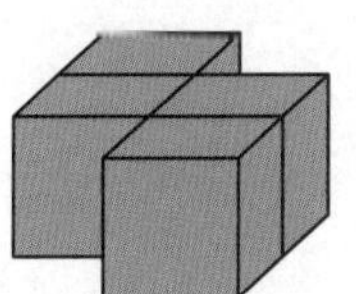

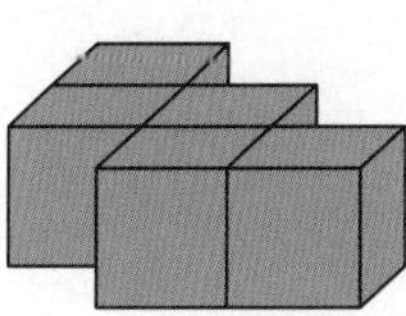

?

9

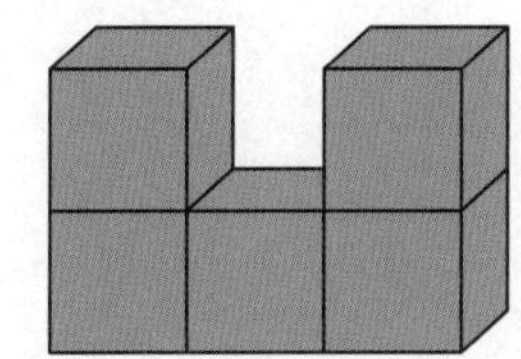

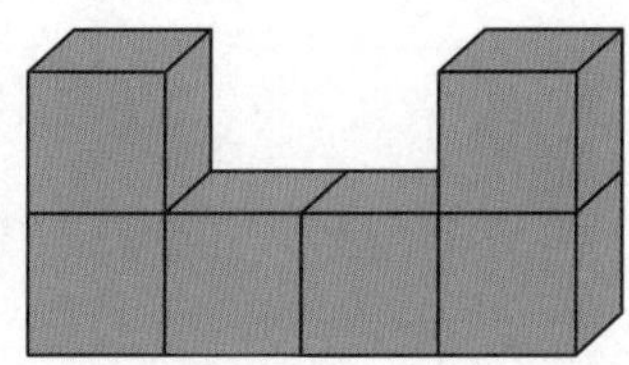

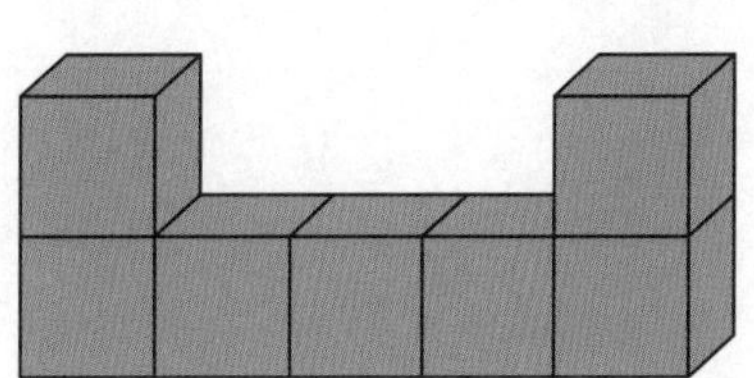

?

MEMO

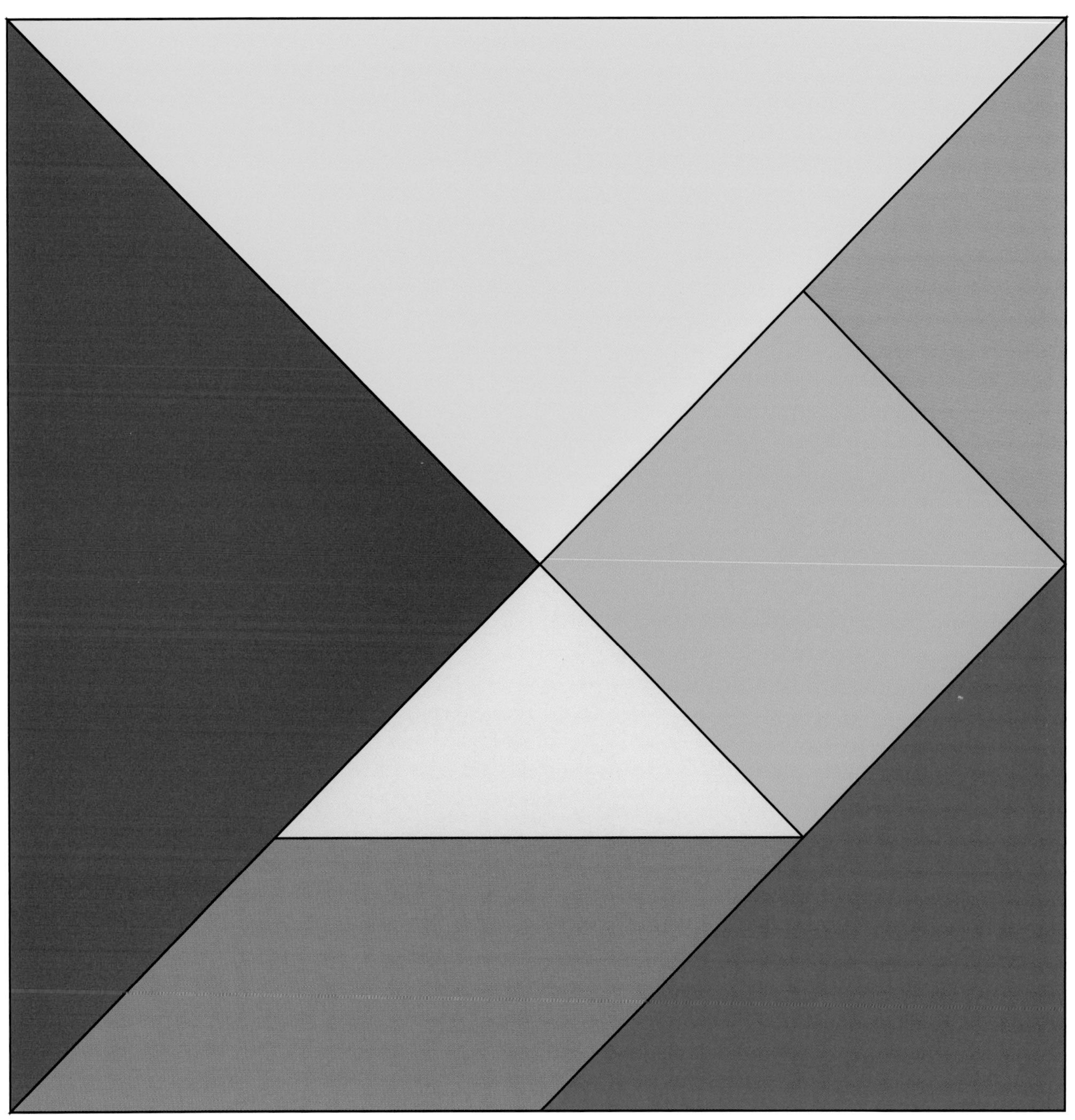

〈5. 칠교판 이용하기〉에서 칠교로 모양을 만드는 것에 활용하세요.

초등 도형의 기초를 잡는

도형의 신 神

정답

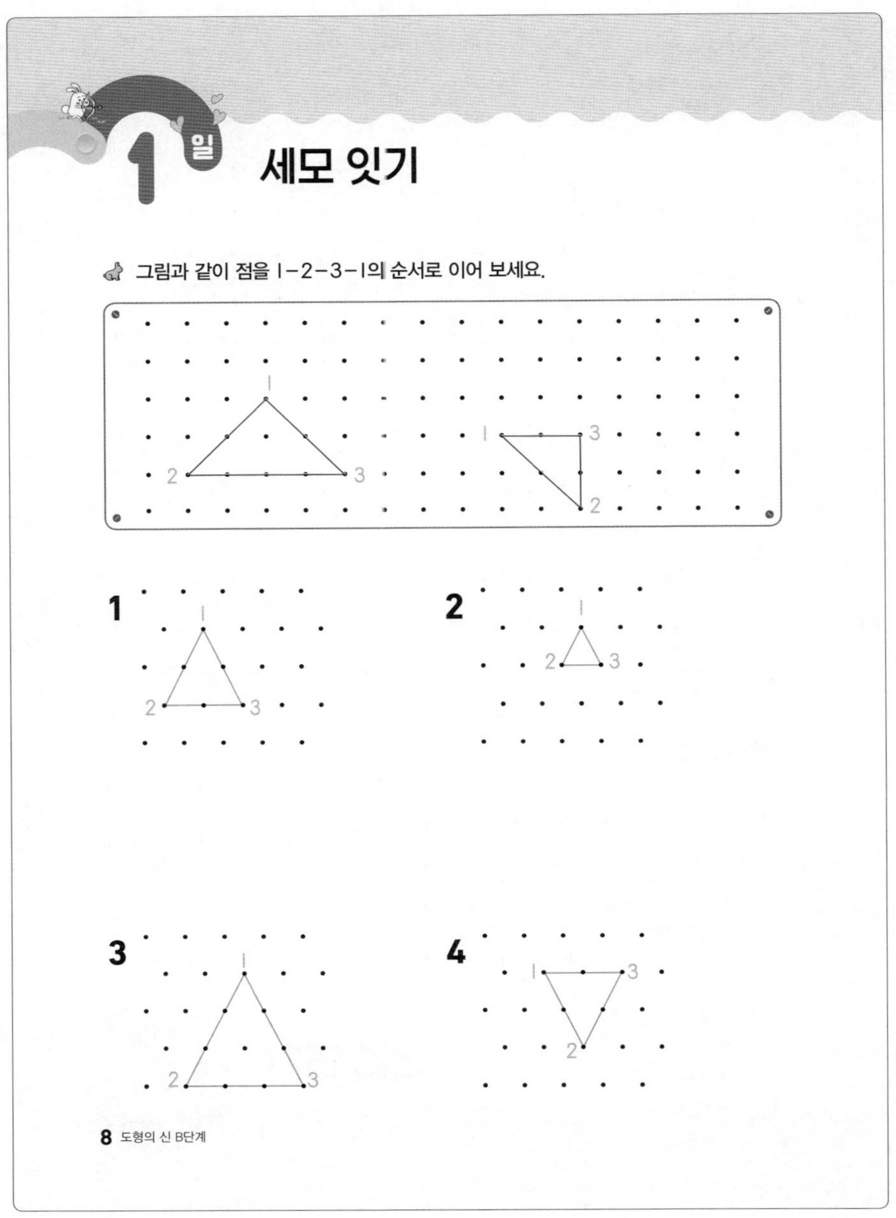
1일
세모 잇기
그림과 같이 점을 1−2−3−1의 순서로 이어 보세요.
1
2
3
4
8 도형의 신 B단계

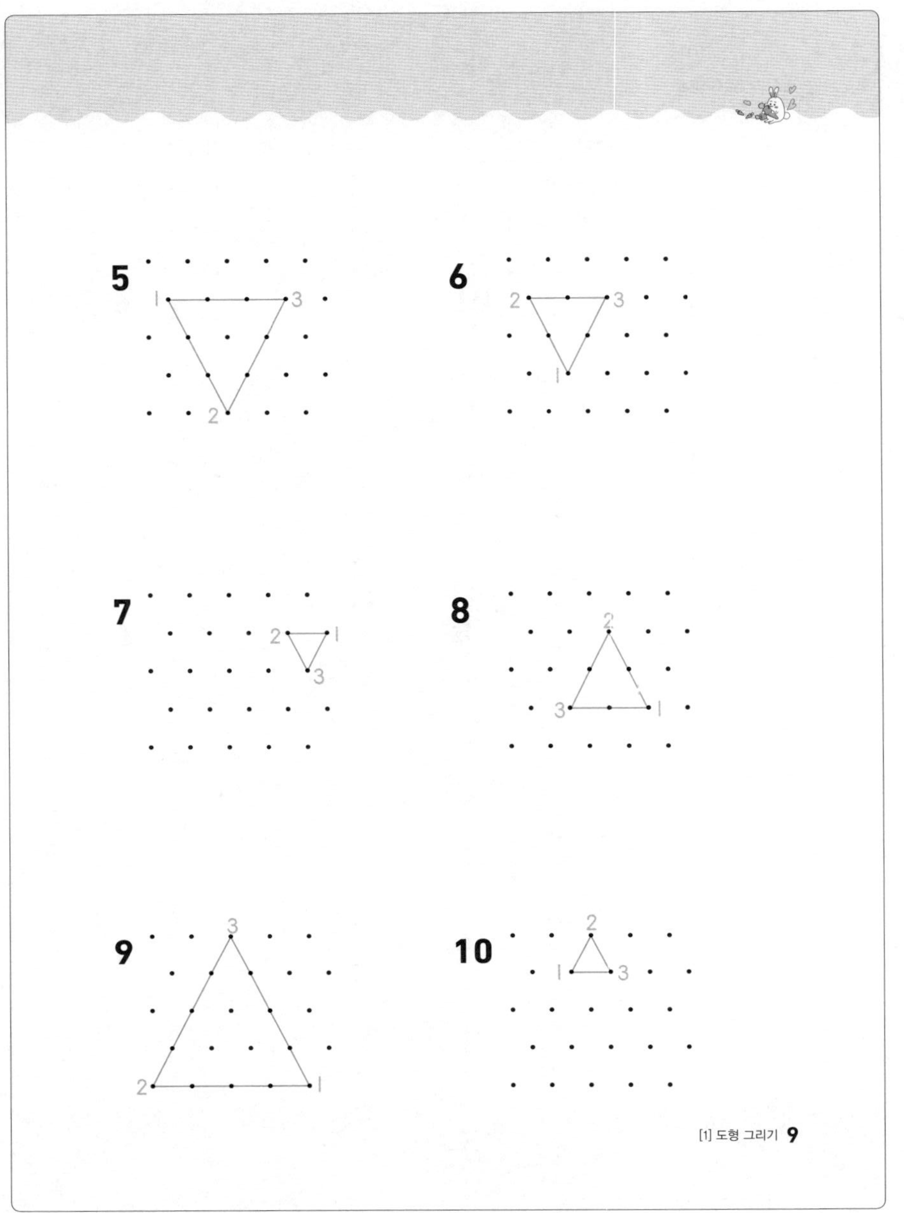
5
6
7
8
9
10
[1] 도형 그리기 9

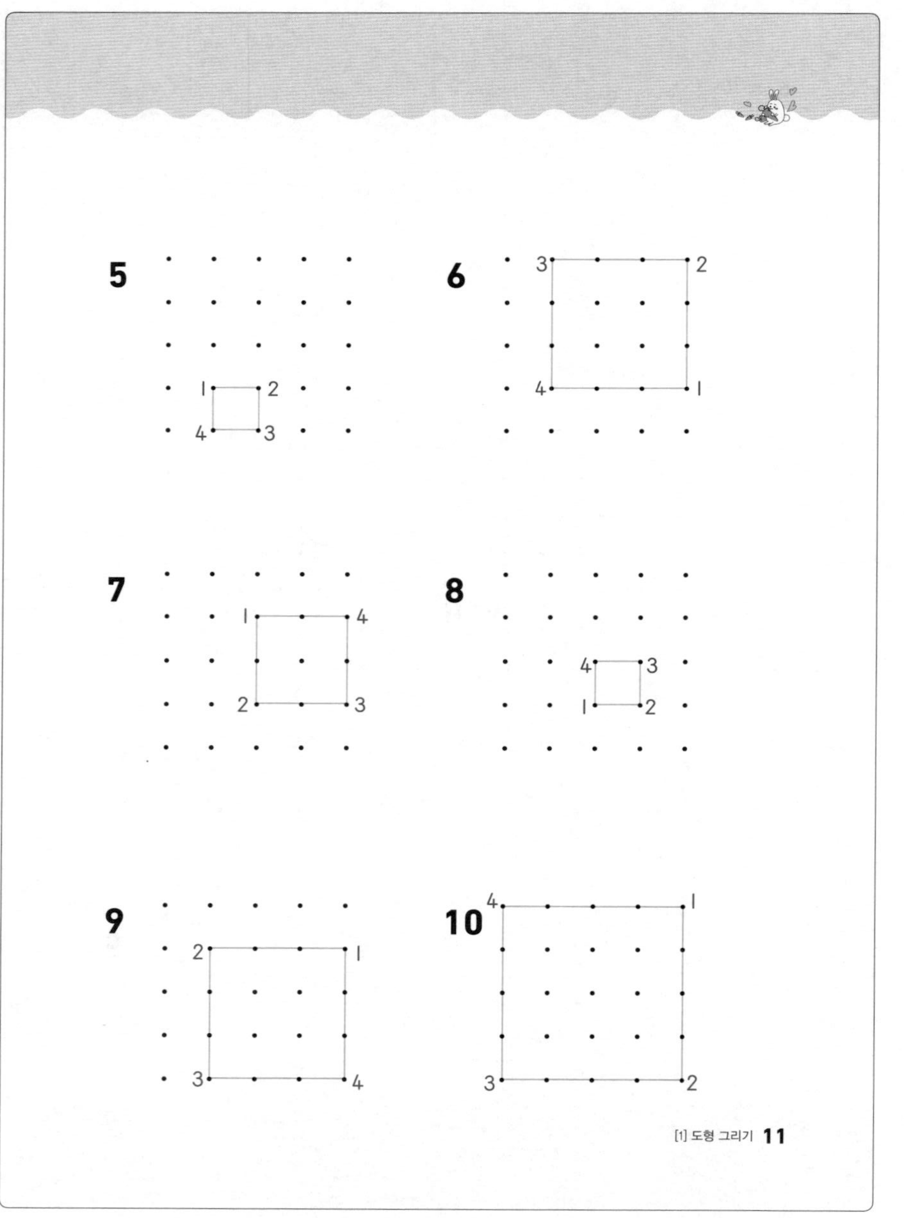

2일 네모 잇기

그림과 같이 점을 1−2−3−4−1의 순서로 이어 보세요.

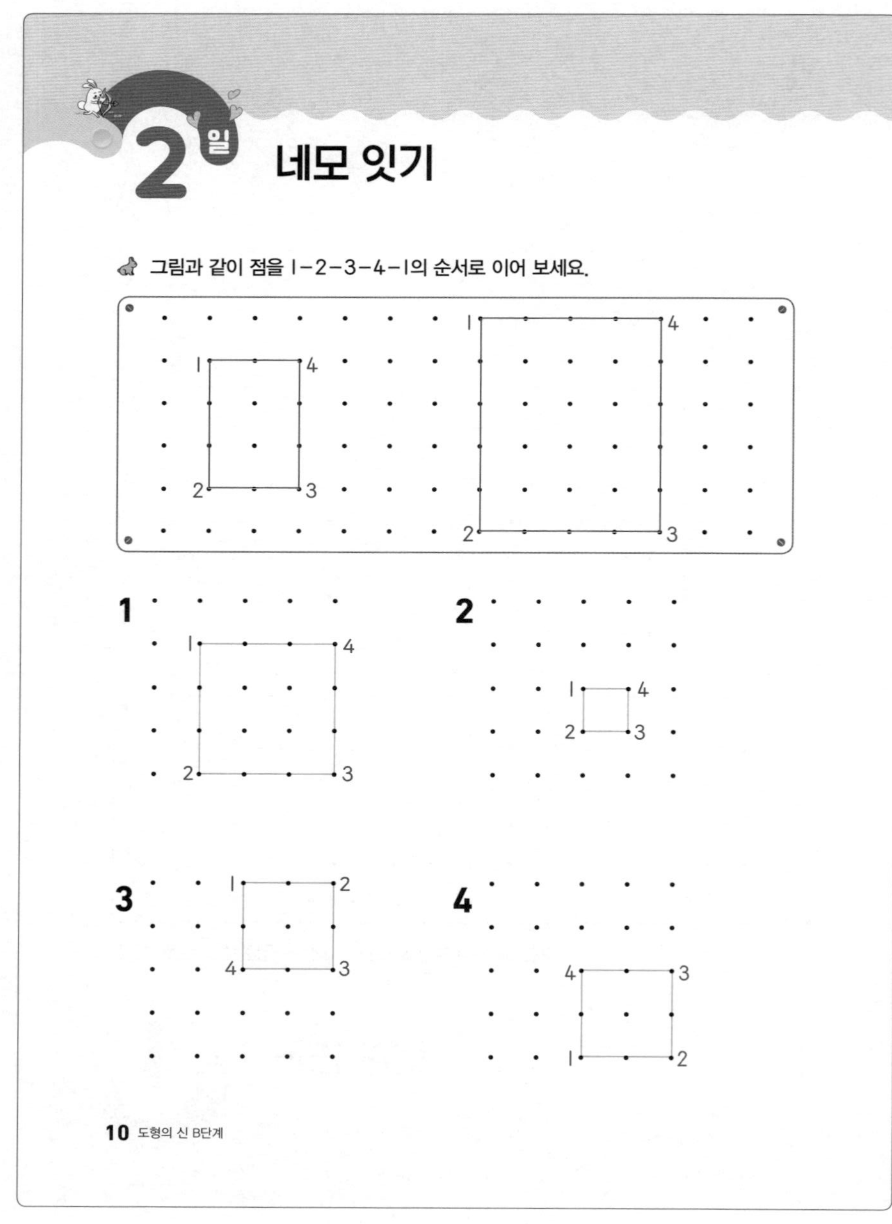

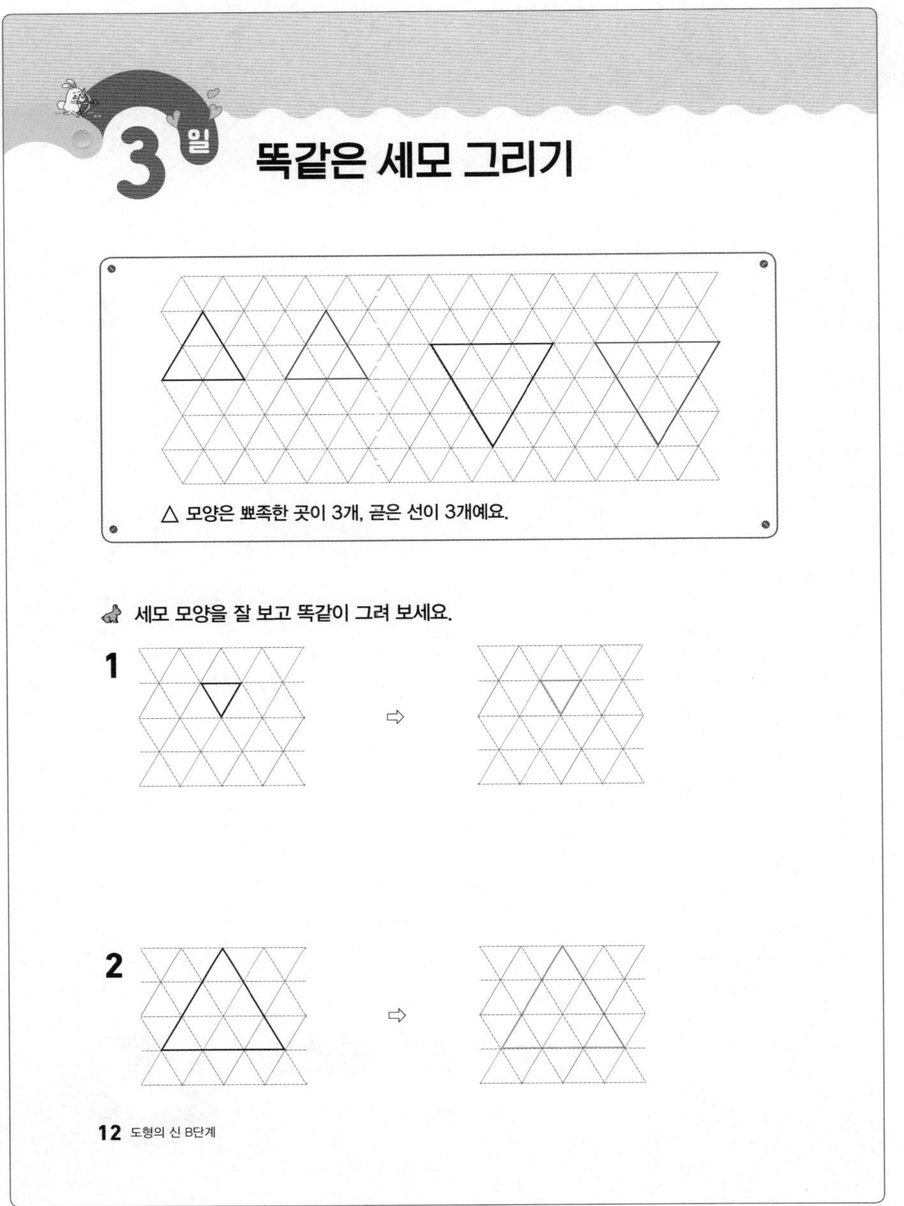

3일 똑같은 세모 그리기

△ 모양은 뾰족한 곳이 3개, 곧은 선이 3개예요.

세모 모양을 잘 보고 똑같이 그려 보세요.

1 ⇨

2 ⇨

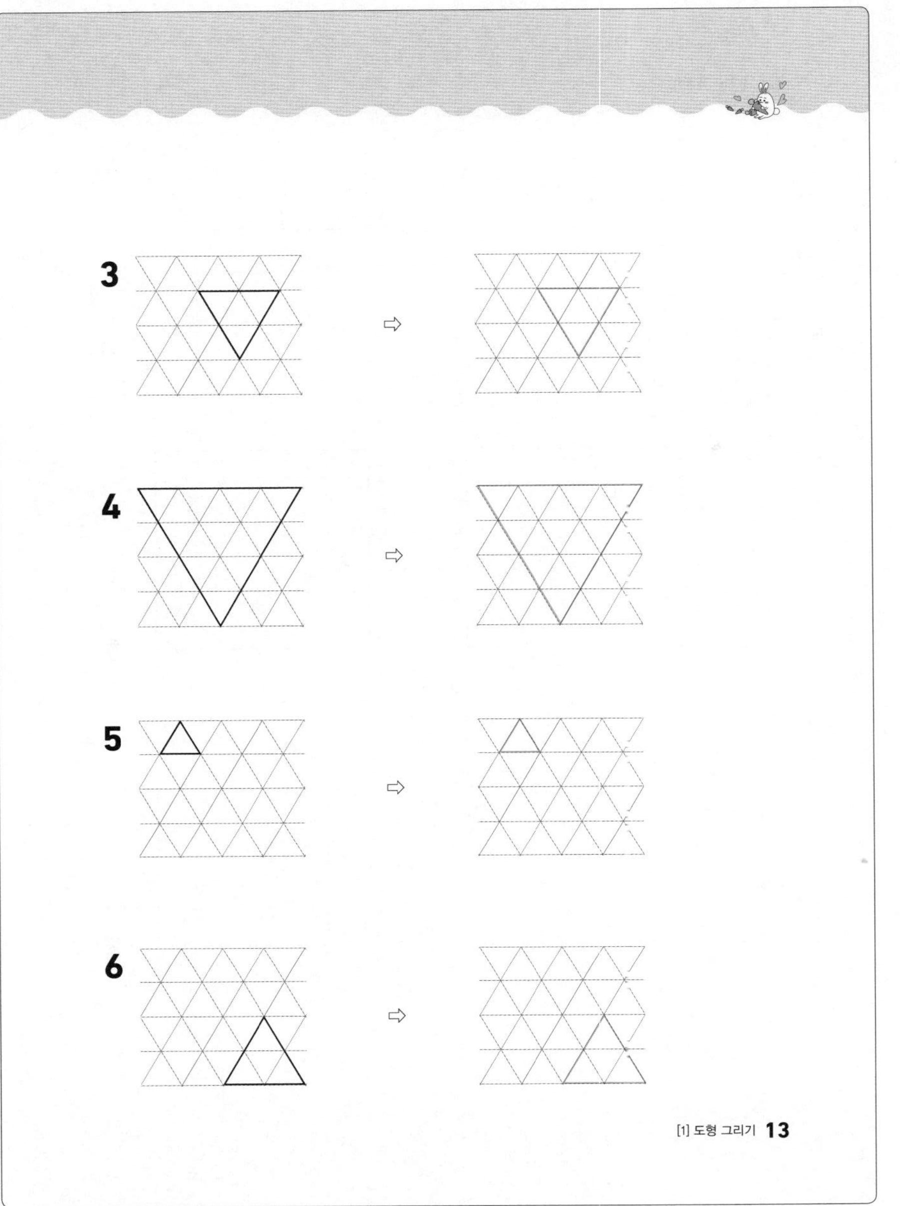

3 ⇨

4 ⇨

5 ⇨

6 ⇨

4일 똑같은 네모 그리기

□ 모양은 뾰족한 곳이 4개, 곧은 선이 4개예요.

네모 모양을 잘 보고 똑같이 그려 보세요.

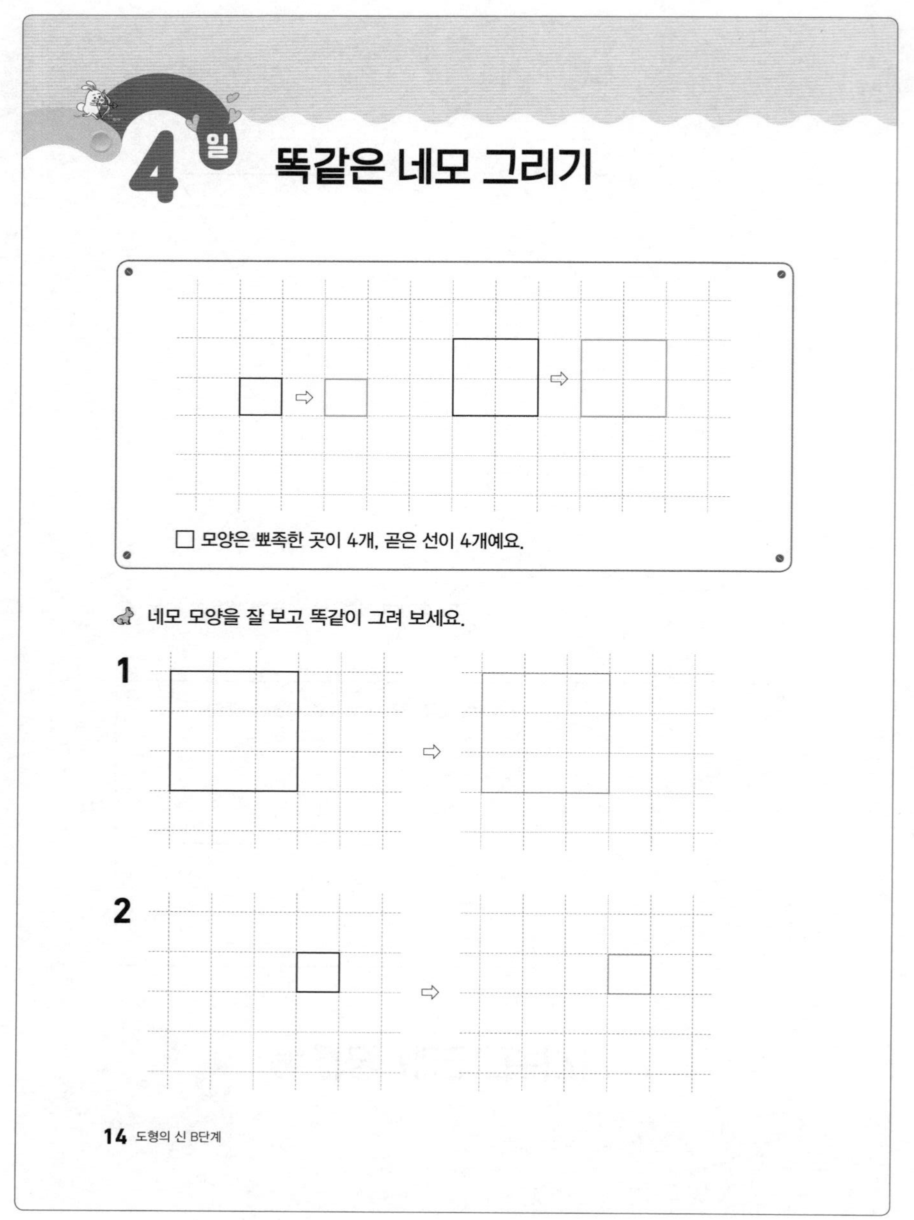

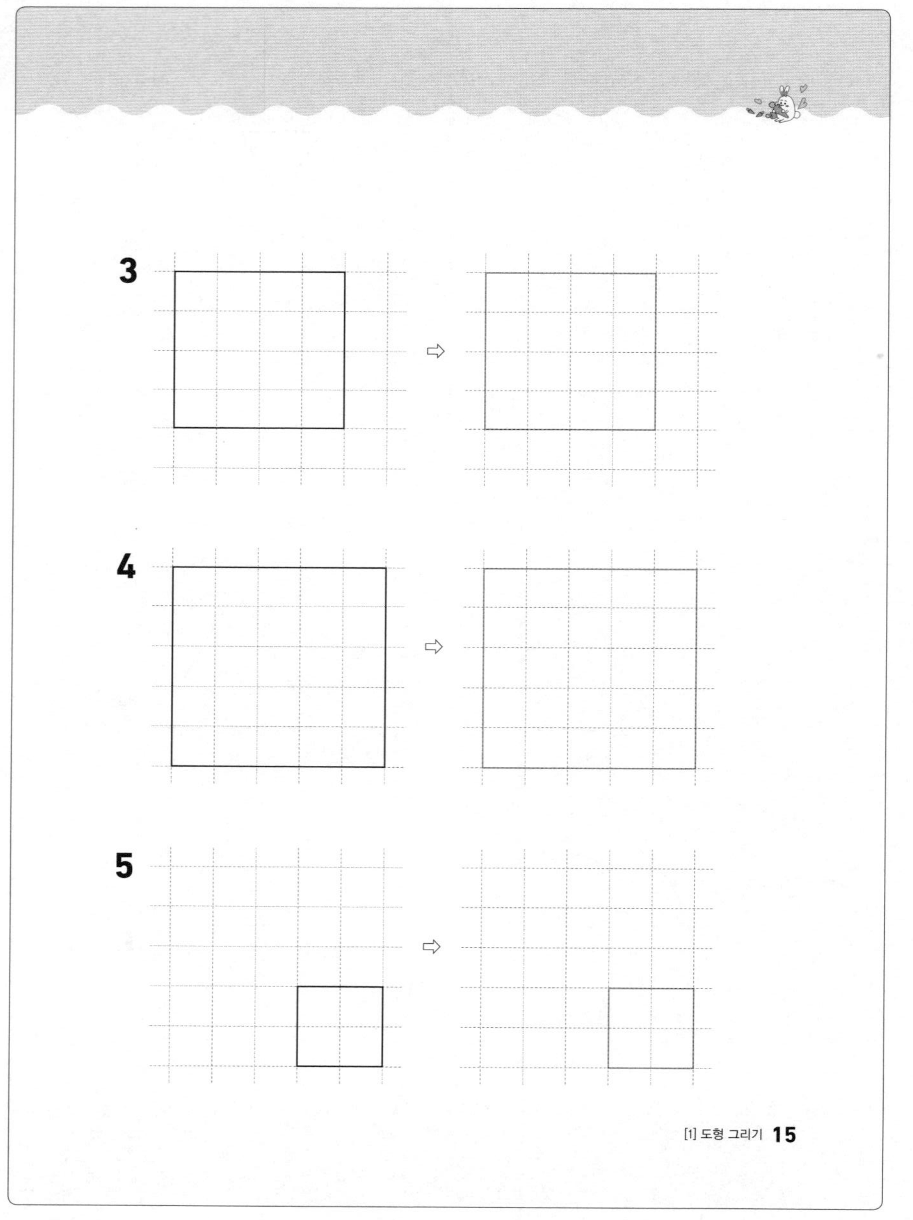

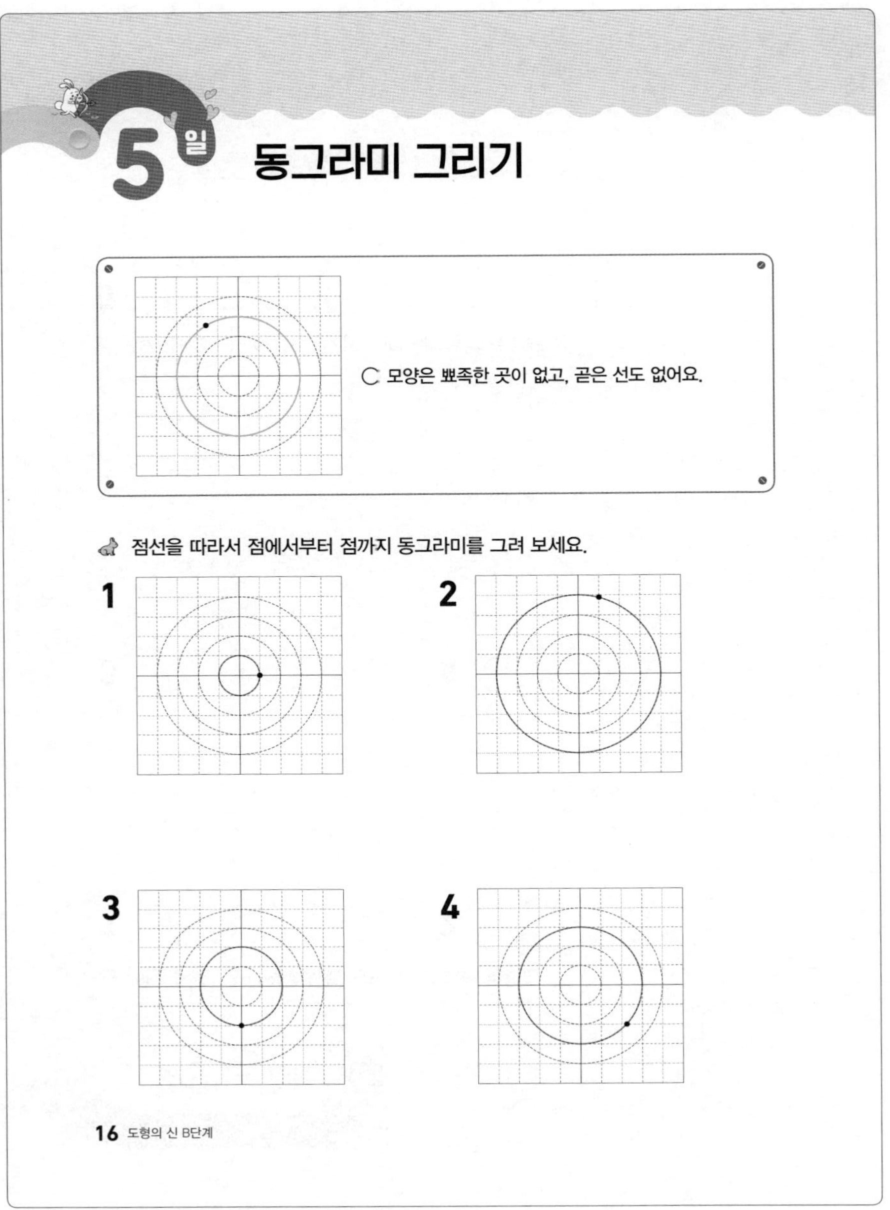

5일 동그라미 그리기

◯ 모양은 뾰족한 곳이 없고, 곧은 선도 없어요.

점선을 따라서 점에서부터 점까지 동그라미를 그려 보세요.

1

2

3

4

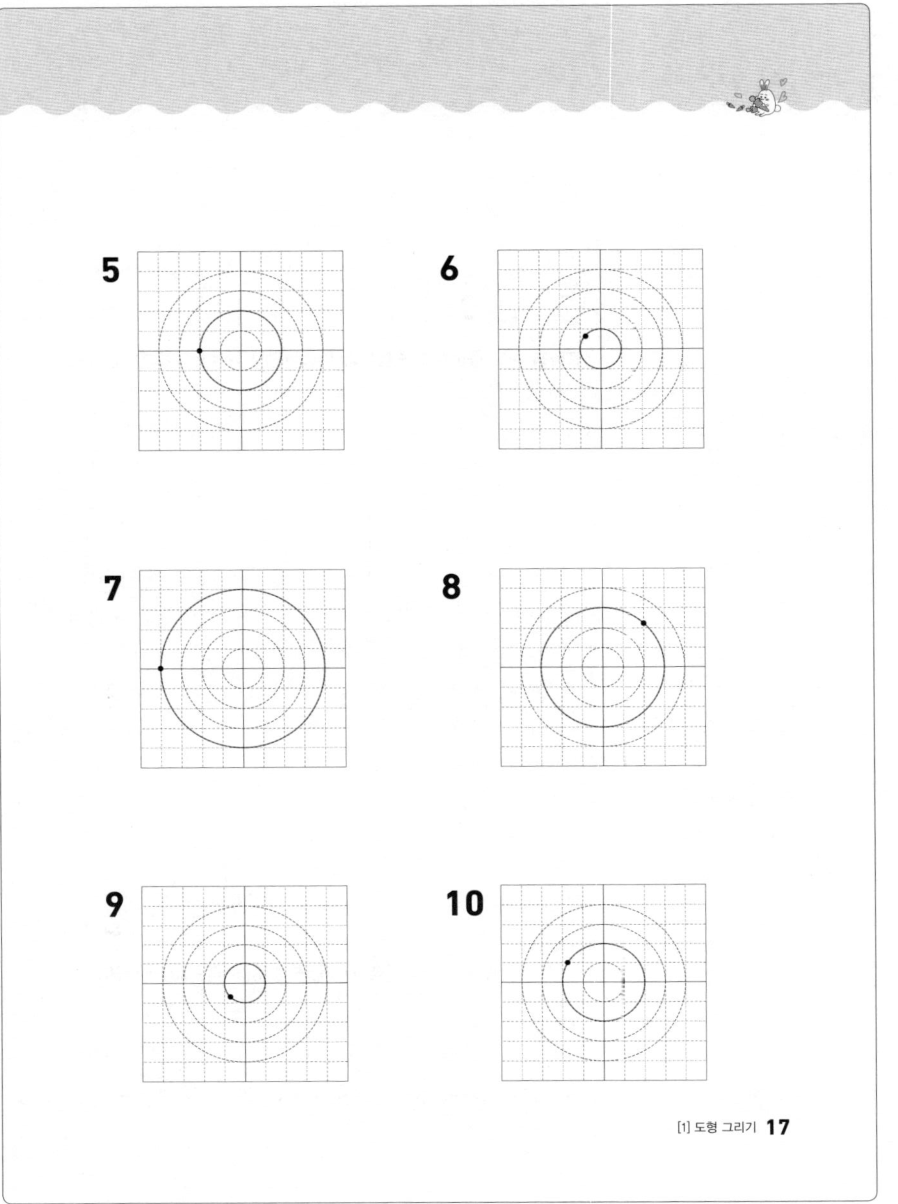

5

6

7

8

9

10

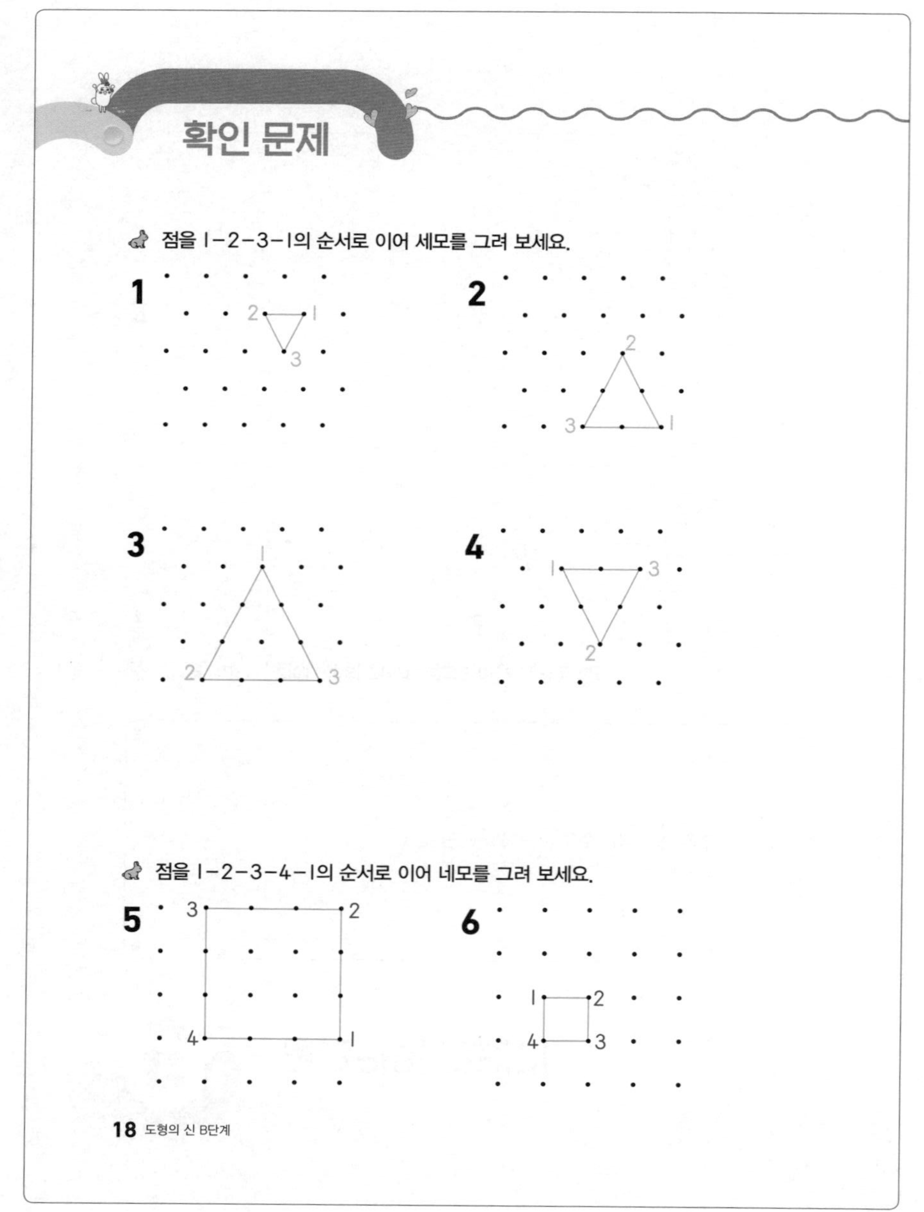

확인 문제
점을 1-2-3-1의 순서로 이어 세모를 그려 보세요.
1
2
3
4
점을 1-2-3-4-1의 순서로 이어 네모를 그려 보세요.
5
6
18 도형의 신 B단계

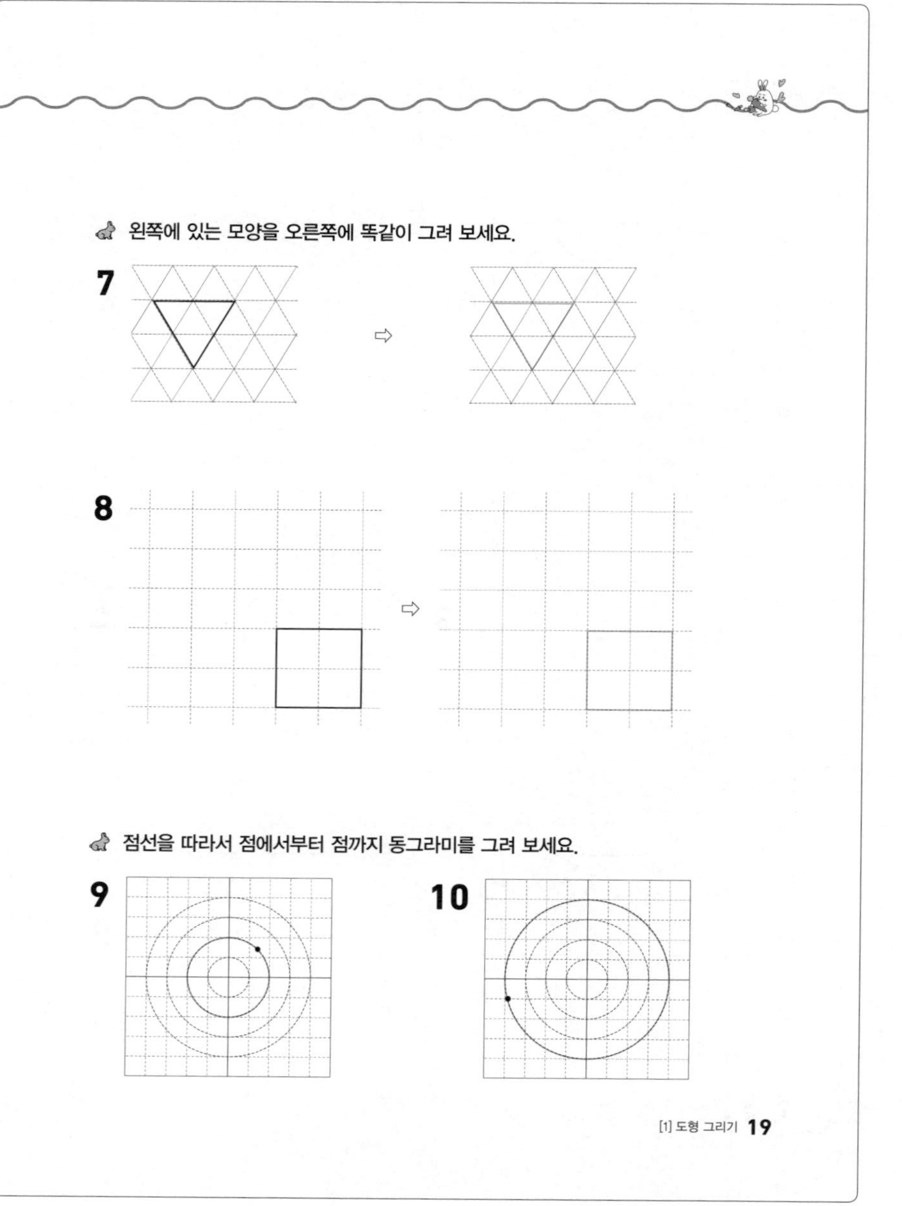

왼쪽에 있는 모양을 오른쪽에 똑같이 그려 보세요.
7
8
점선을 따라서 점에서부터 점까지 동그라미를 그려 보세요.
9
10
[1] 도형 그리기 19

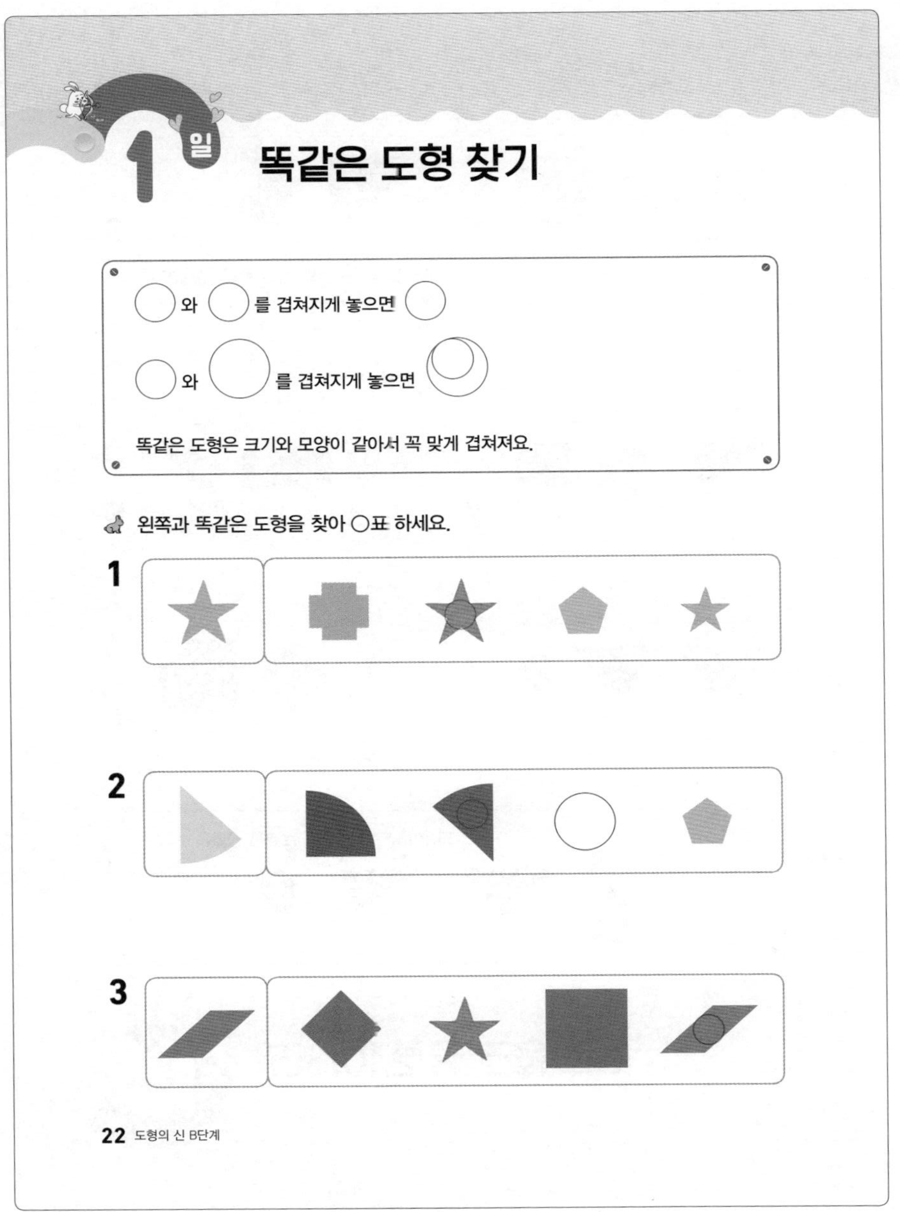

1일 똑같은 도형 찾기

◯ 와 ◯ 를 겹쳐지게 놓으면 ◯

◯ 와 ◯ 를 겹쳐지게 놓으면 ◯

똑같은 도형은 크기와 모양이 같아서 꼭 맞게 겹쳐져요.

왼쪽과 똑같은 도형을 찾아 ○표 하세요.

1

2

3

22 도형의 신 B단계

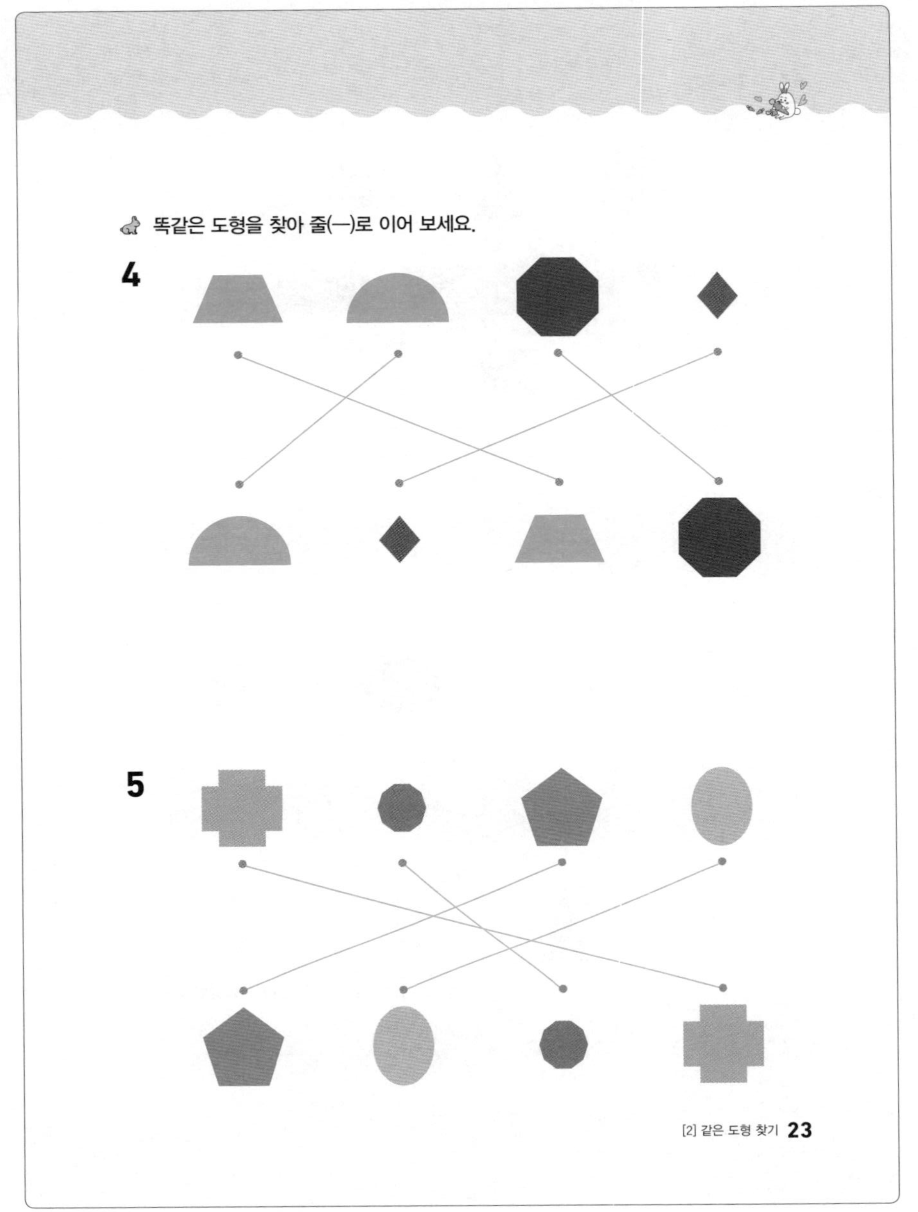

똑같은 도형을 찾아 줄(—)로 이어 보세요.

4

5

[2] 같은 도형 찾기 23

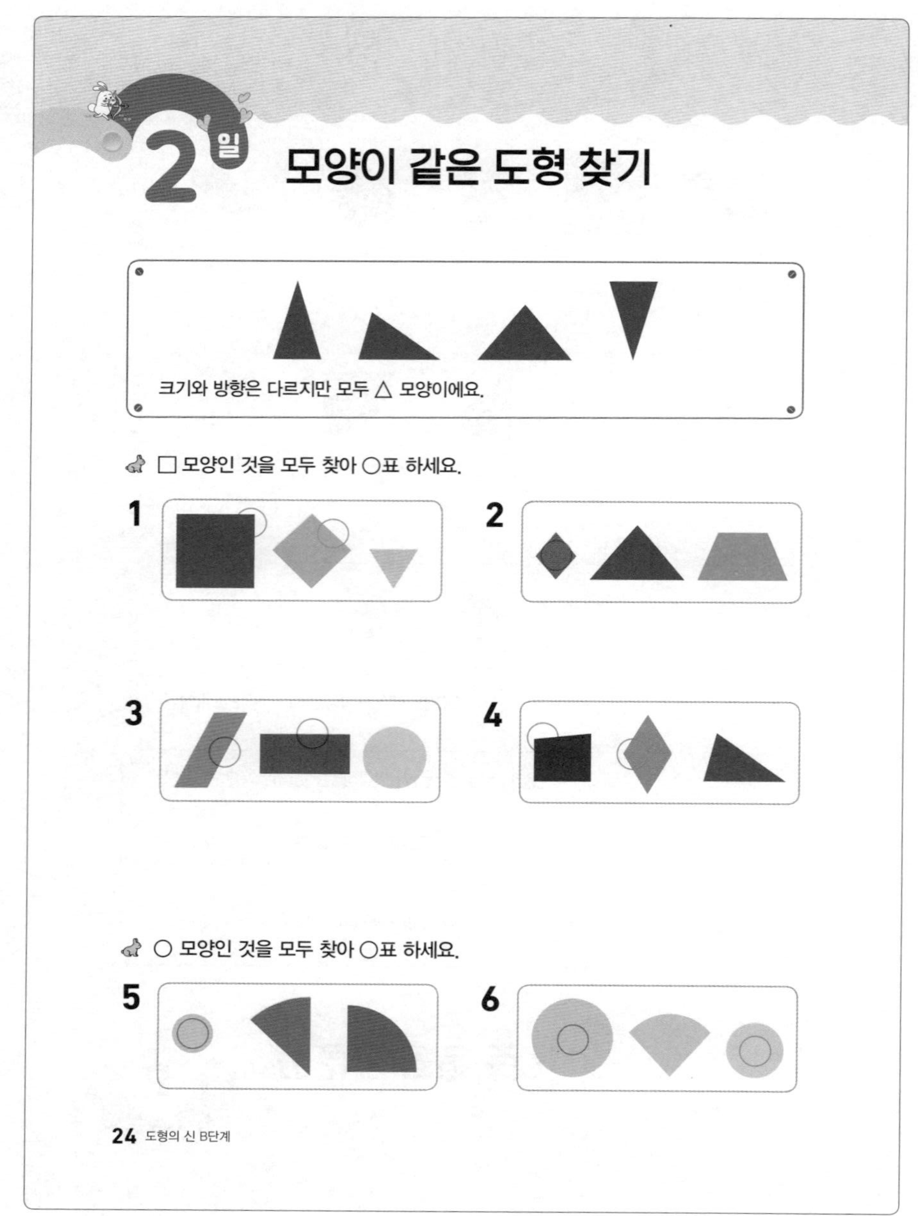

2일 모양이 같은 도형 찾기

크기와 방향은 다르지만 모두 △ 모양이에요.

□ 모양인 것을 모두 찾아 ○표 하세요.

1

2

3

4

○ 모양인 것을 모두 찾아 ○표 하세요.

5

6

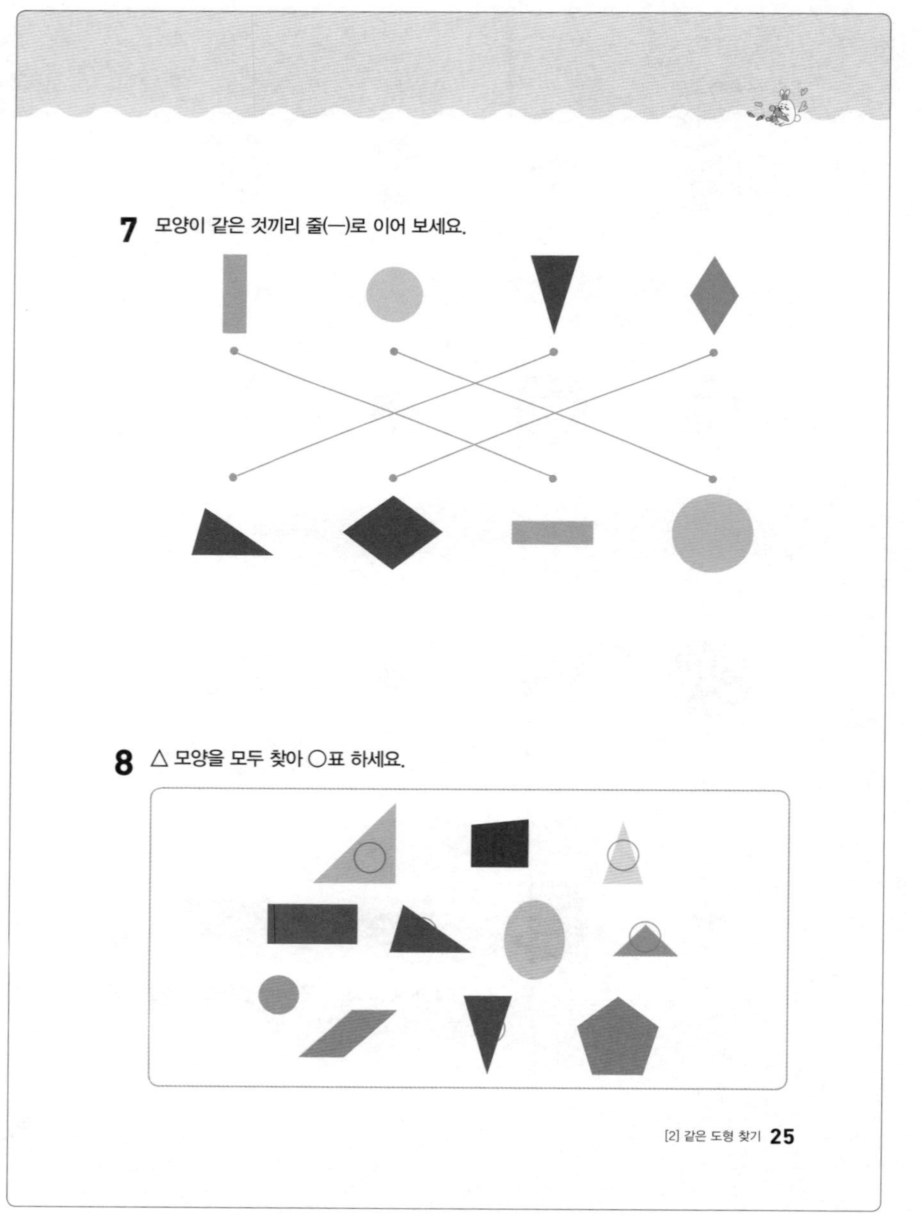

7 모양이 같은 것끼리 줄(—)로 이어 보세요.

8 △ 모양을 모두 찾아 ○표 하세요.

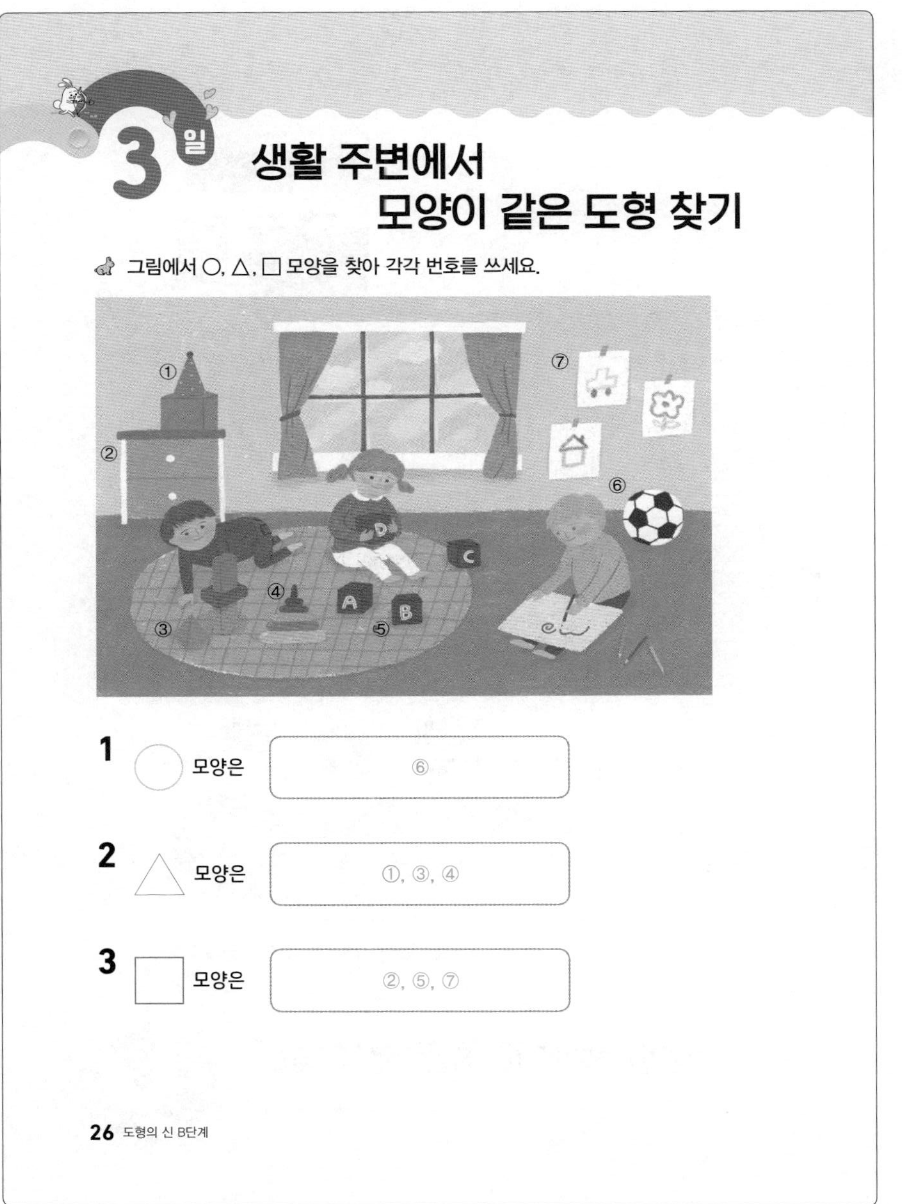

3일 생활 주변에서 모양이 같은 도형 찾기

그림에서 ○, △, □ 모양을 찾아 각각 번호를 쓰세요.

1 ○ 모양은 ⑥

2 △ 모양은 ①, ③, ④

3 □ 모양은 ②, ⑤, ⑦

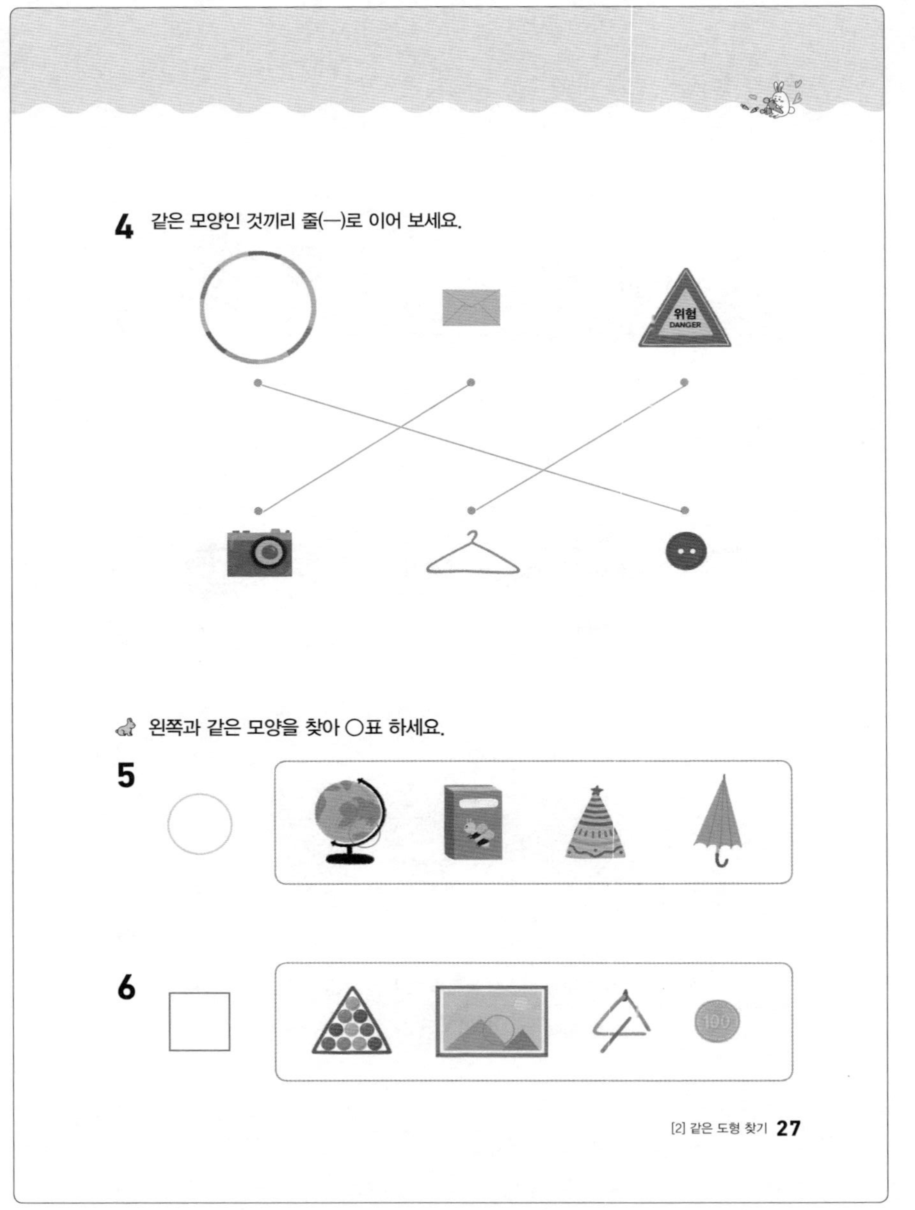

4 같은 모양인 것끼리 줄(—)로 이어 보세요.

왼쪽과 같은 모양을 찾아 ○표 하세요.

5 ○

6 □

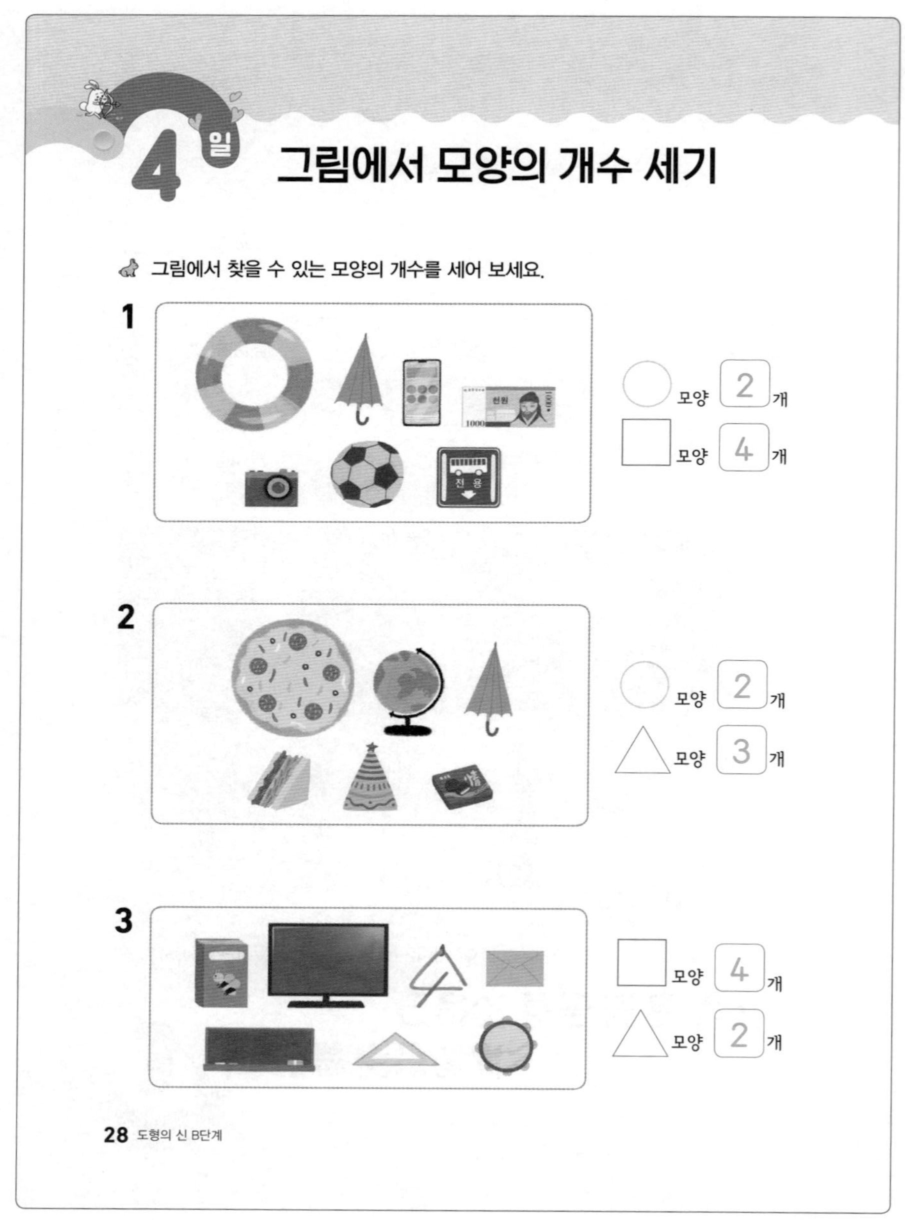

4일 그림에서 모양의 개수 세기

그림에서 찾을 수 있는 모양의 개수를 세어 보세요.

1

○ 모양 2 개
□ 모양 4 개

2

○ 모양 2 개
△ 모양 3 개

3

□ 모양 4 개
△ 모양 2 개

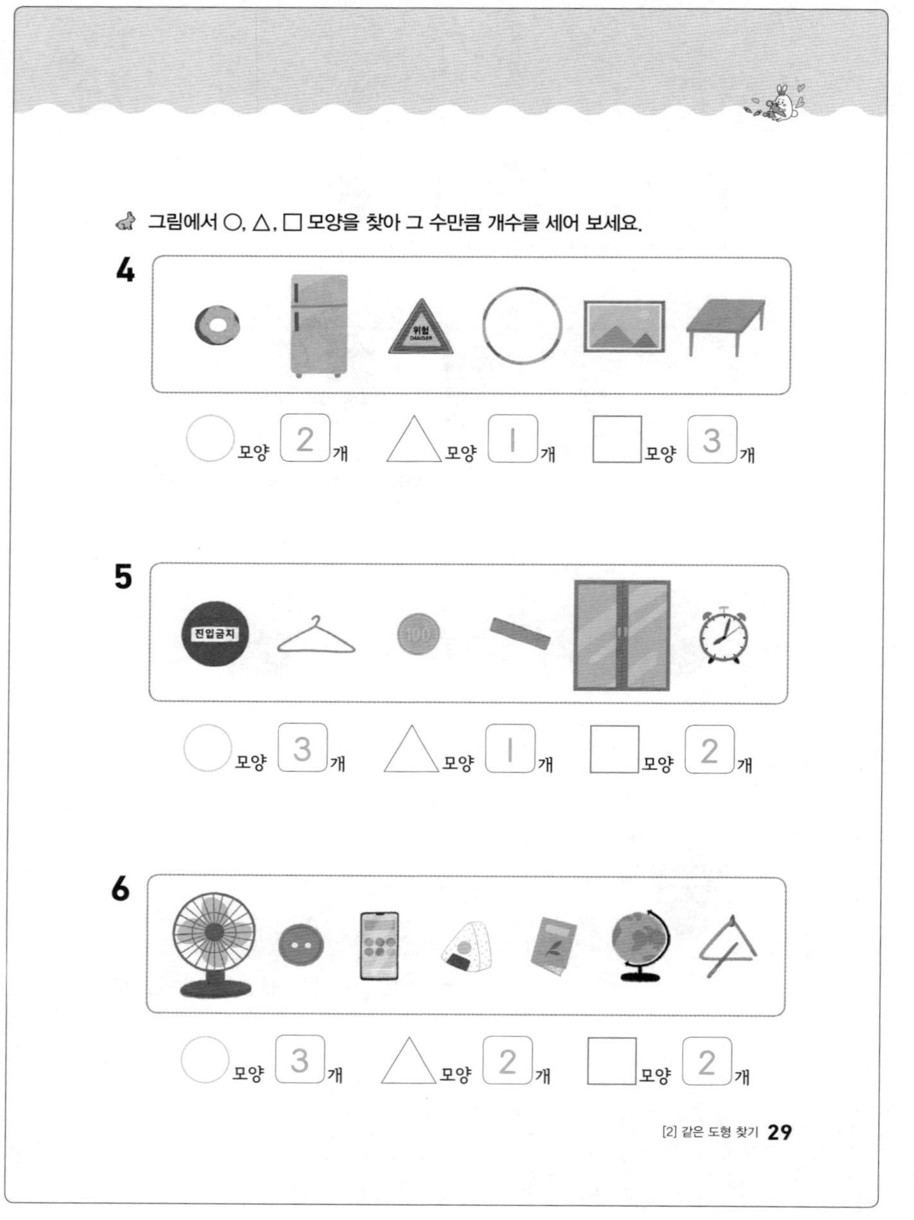

그림에서 ○, △, □ 모양을 찾아 그 수만큼 개수를 세어 보세요.

4

○ 모양 2 개 △ 모양 1 개 □ 모양 3 개

5

○ 모양 3 개 △ 모양 1 개 □ 모양 2 개

6

○ 모양 3 개 △ 모양 2 개 □ 모양 2 개

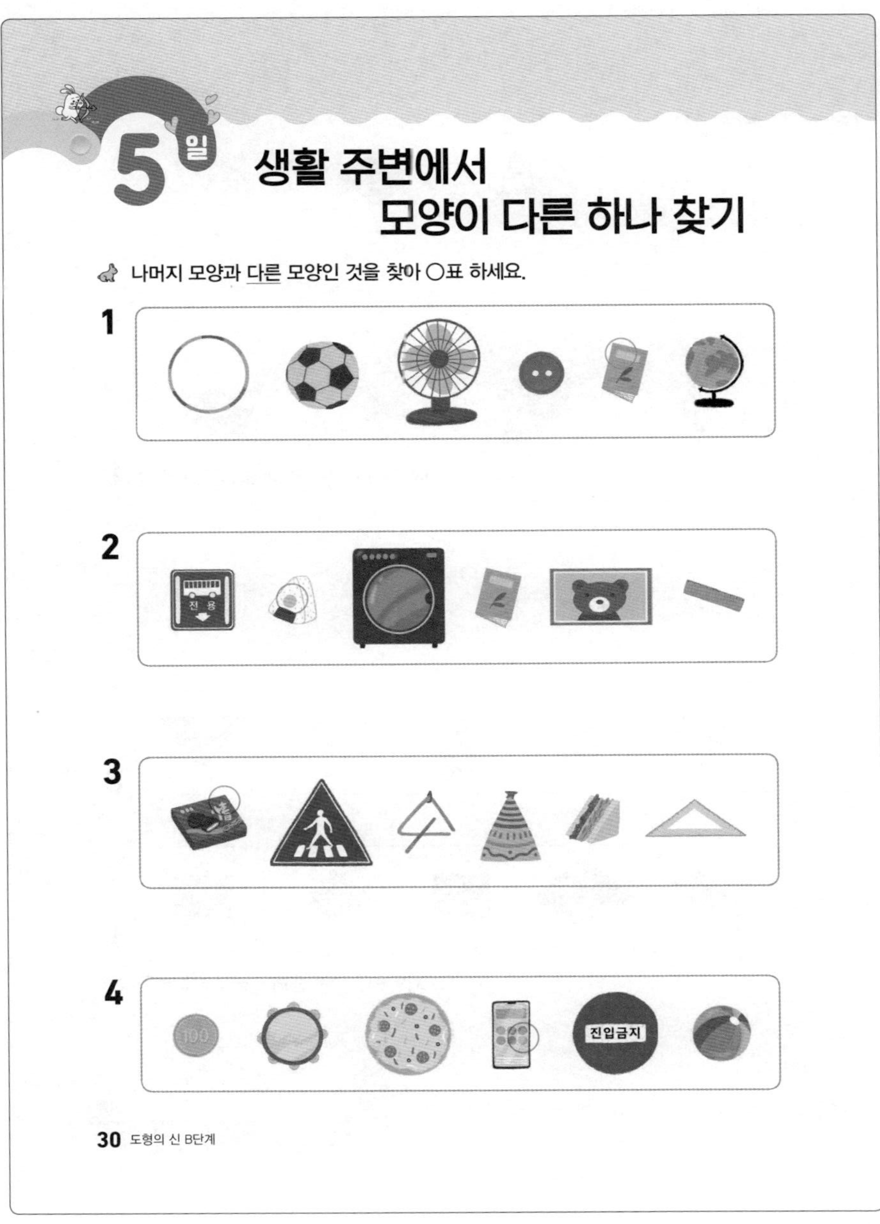

5일 생활 주변에서 모양이 다른 하나 찾기

나머지 모양과 다른 모양인 것을 찾아 ○표 하세요.

1

2

3

4

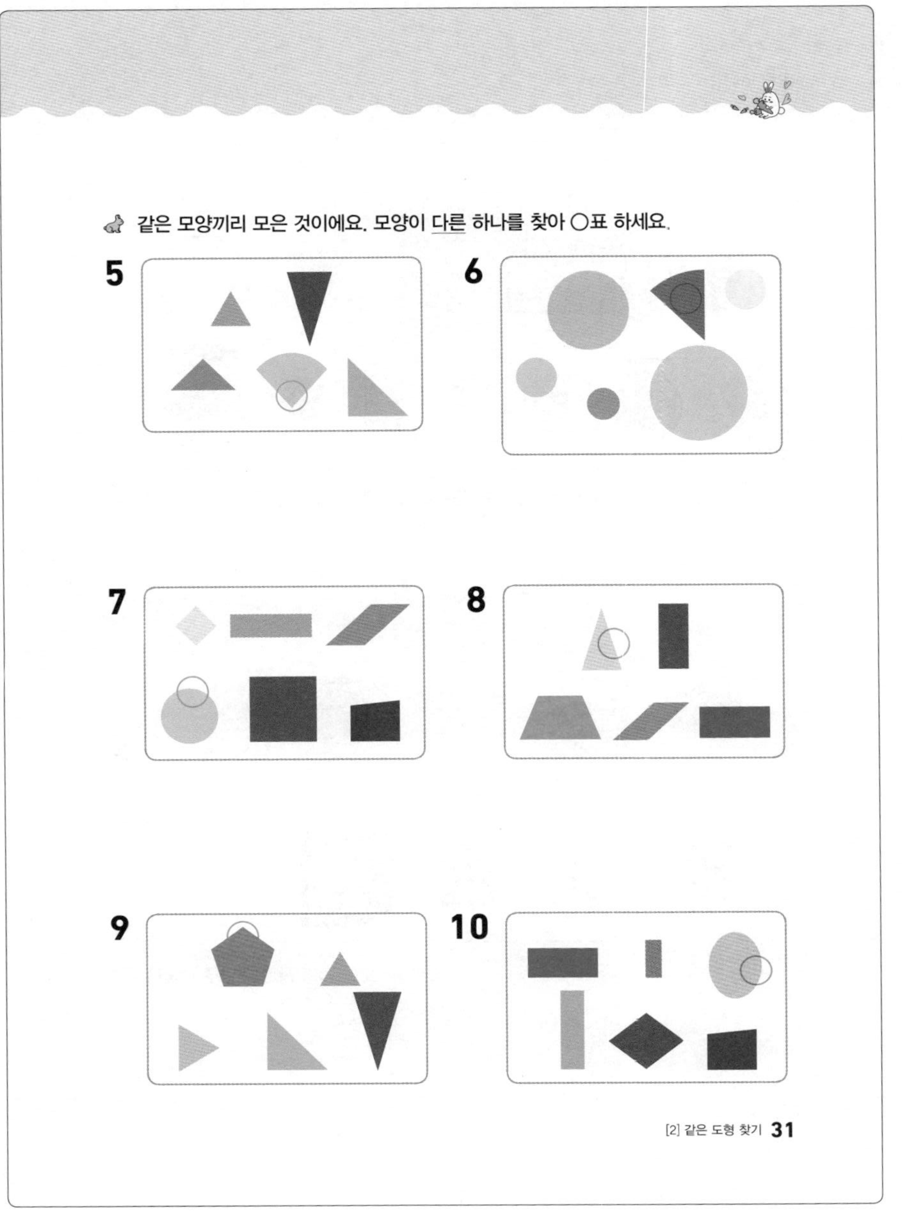

같은 모양끼리 모은 것이에요. 모양이 다른 하나를 찾아 ○표 하세요.

5

6

7

8

9

10

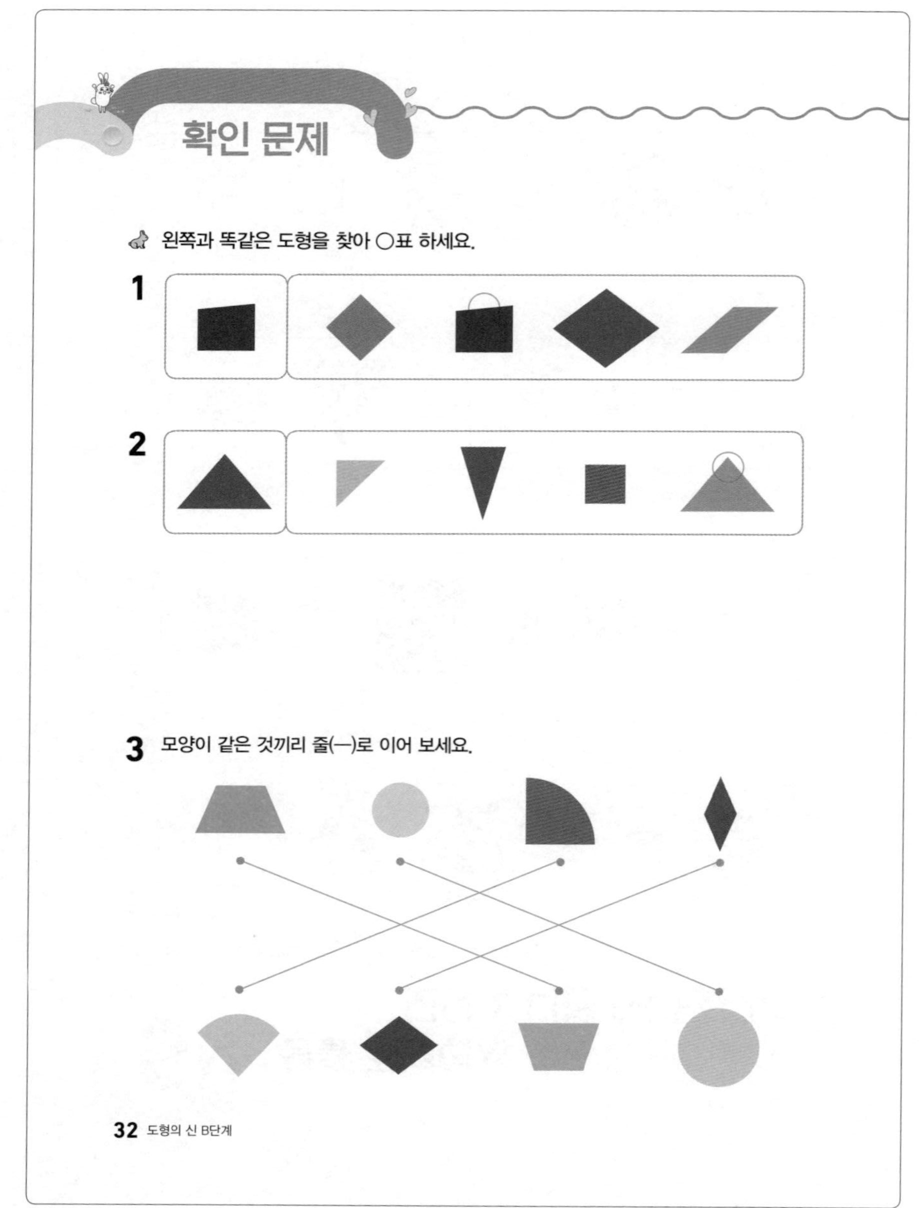

확인 문제

왼쪽과 똑같은 도형을 찾아 ○표 하세요.

1

2

3 모양이 같은 것끼리 줄(—)로 이어 보세요.

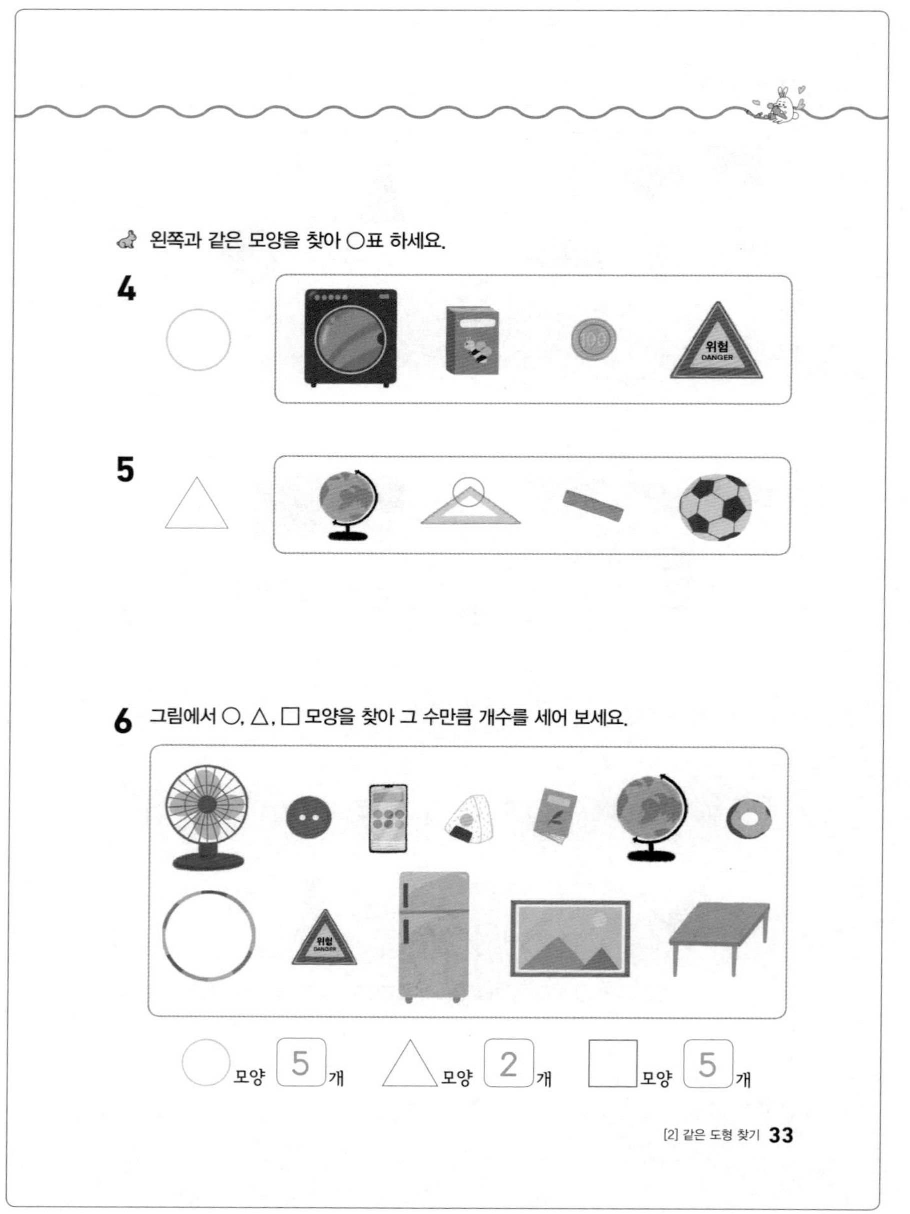

왼쪽과 같은 모양을 찾아 ○표 하세요.

4

5

6 그림에서 ○, △, □ 모양을 찾아 그 수만큼 개수를 세어 보세요.

○ 모양 5 개 △ 모양 2 개 □ 모양 5 개

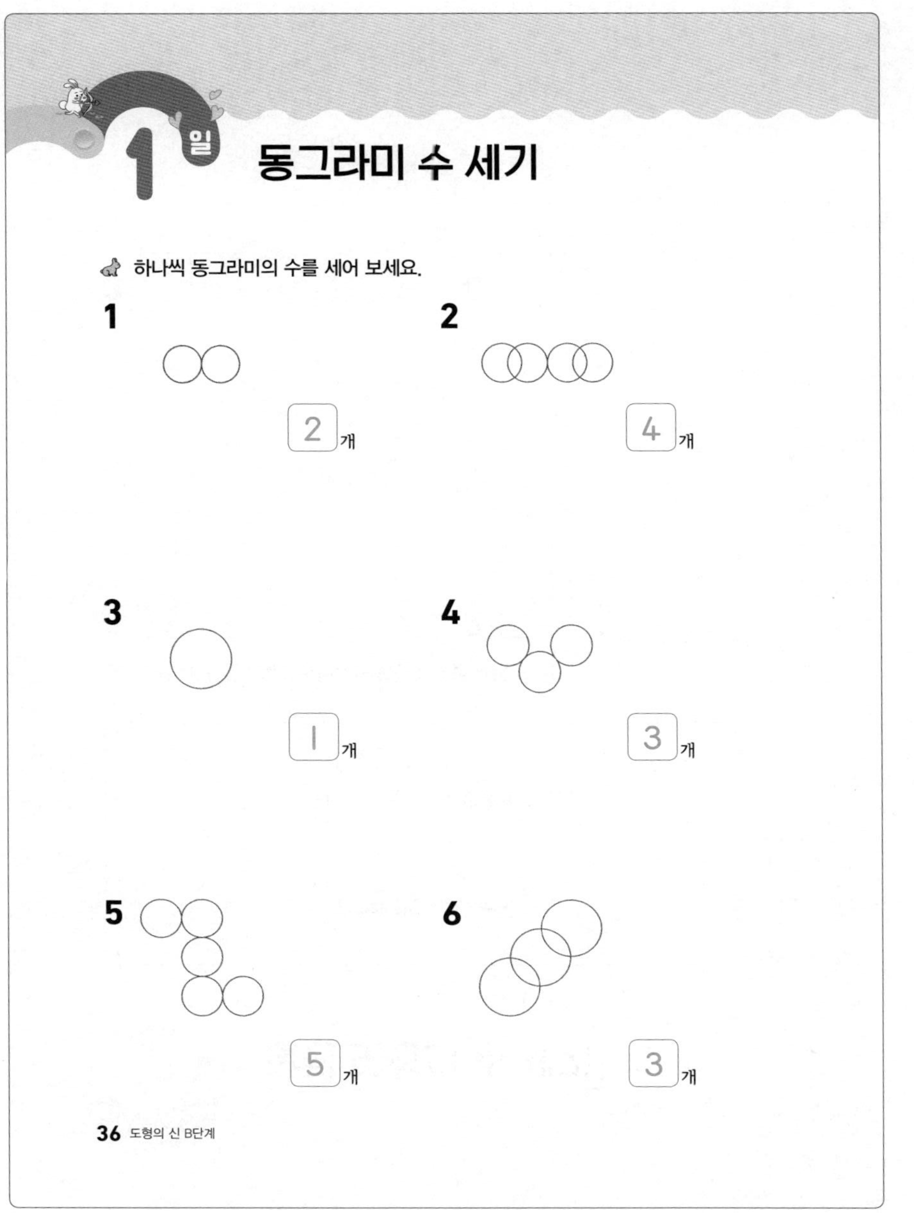

1일 동그라미 수 세기

하나씩 동그라미의 수를 세어 보세요.

1 2개

2 4개

3 1개

4 3개

5 5개

6 3개

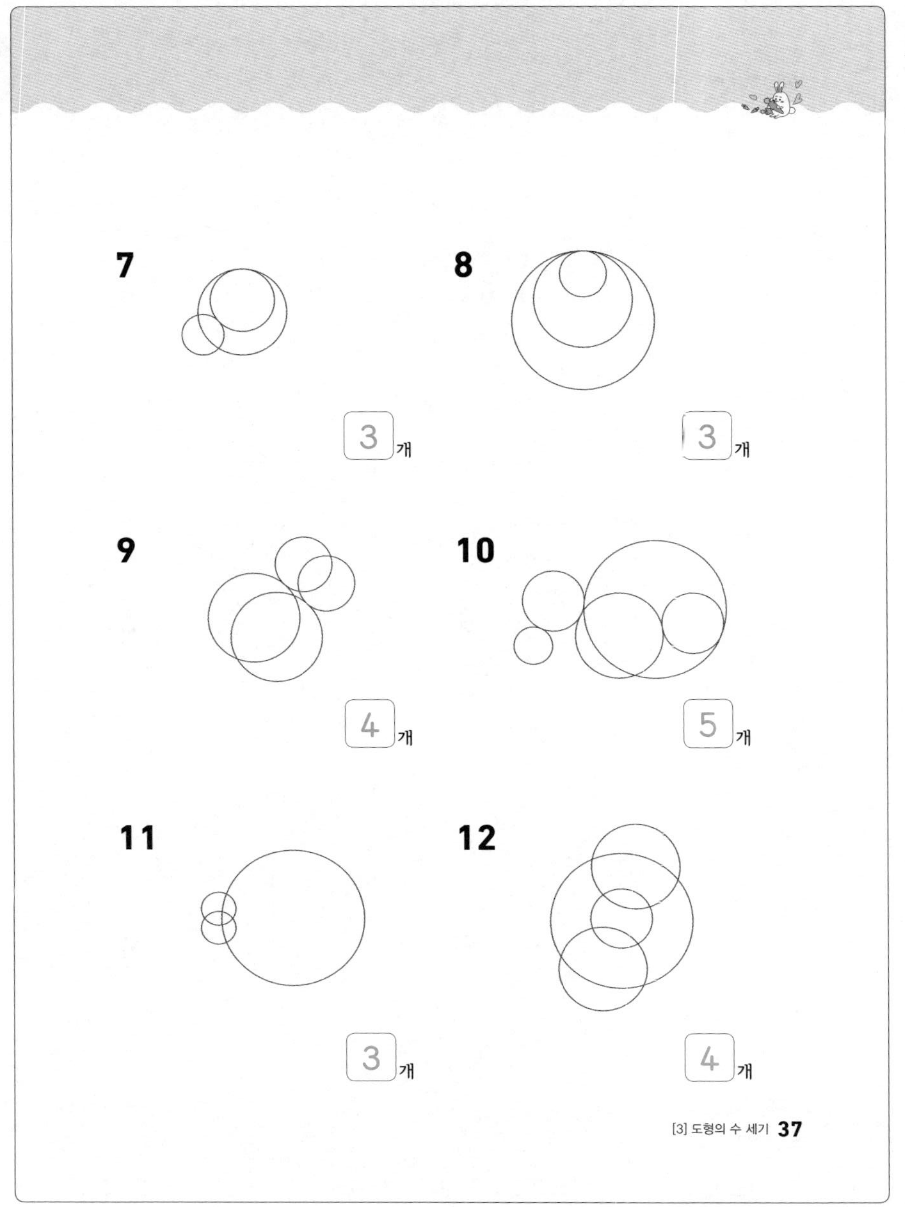

7 3개

8 3개

9 4개

10 5개

11 3개

12 4개

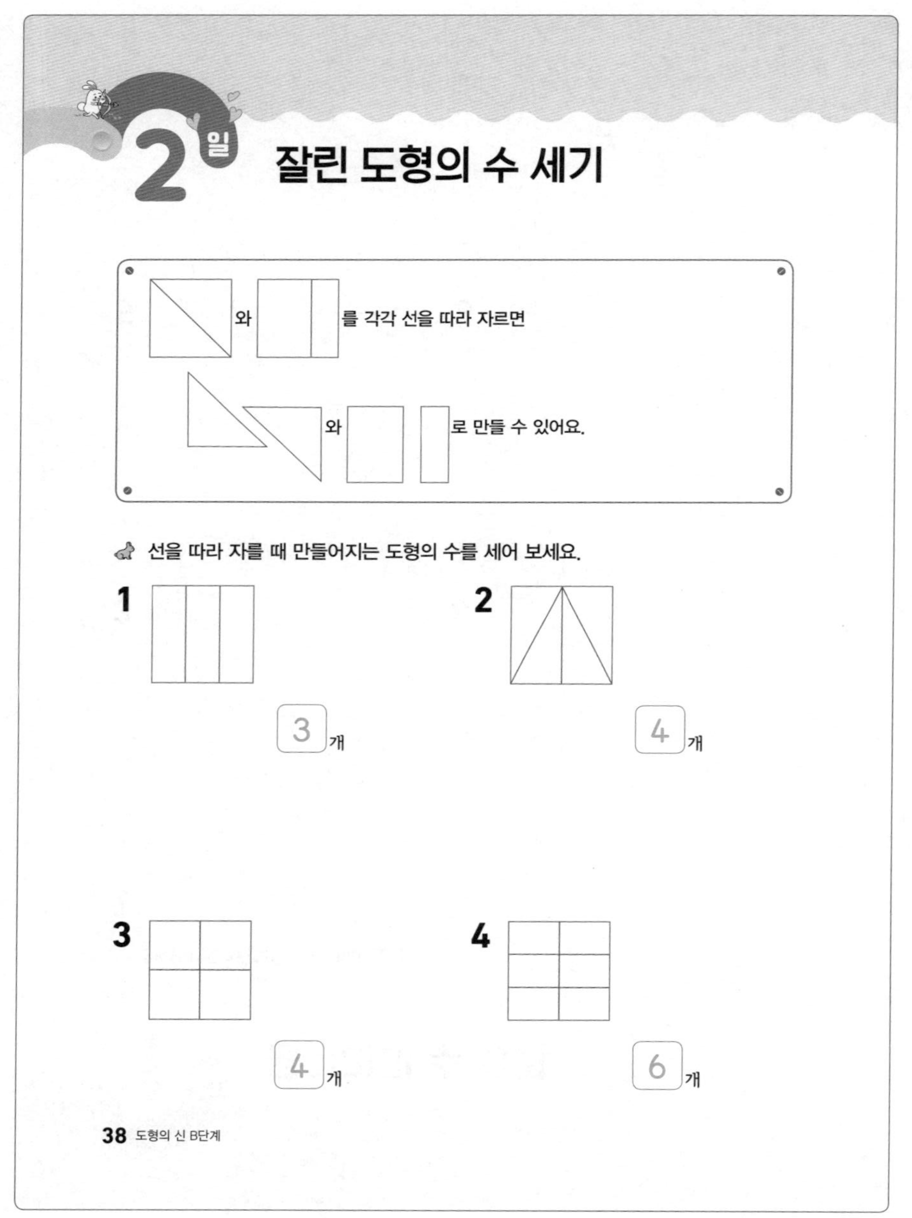

2일 잘린 도형의 수 세기

와 를 각각 선을 따라 자르면

와 로 만들 수 있어요.

선을 따라 자를 때 만들어지는 도형의 수를 세어 보세요.

1 3개

2 4개

3 4개

4 6개

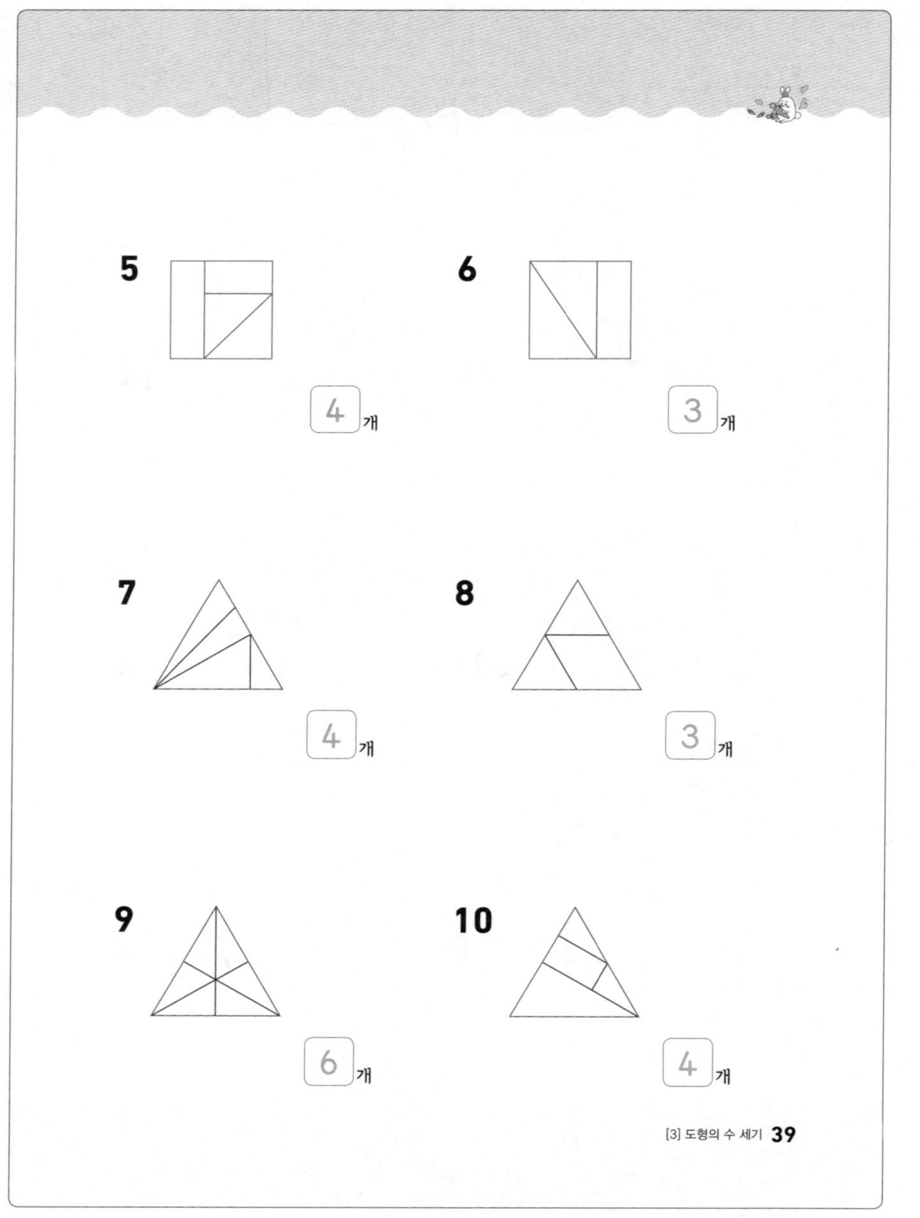

5 4개

6 3개

7 4개

8 3개

9 6개

10 4개

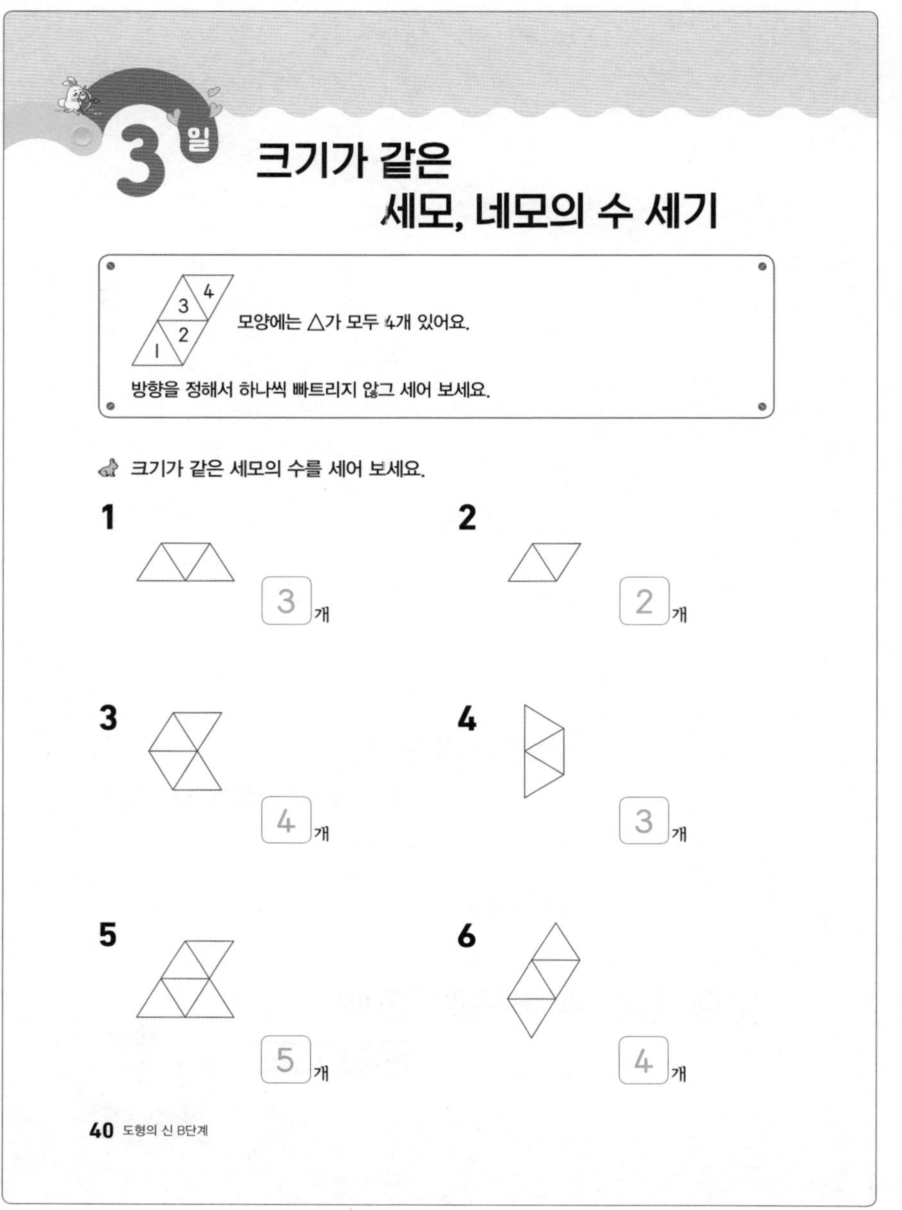

3일 크기가 같은 세모, 네모의 수 세기

(3, 4, 2, 1) 모양에는 △가 모두 4개 있어요.

방향을 정해서 하나씩 빠트리지 않고 세어 보세요.

크기가 같은 세모의 수를 세어 보세요.

1 3개

2 2개

3 4개

4 3개

5 5개

6 4개

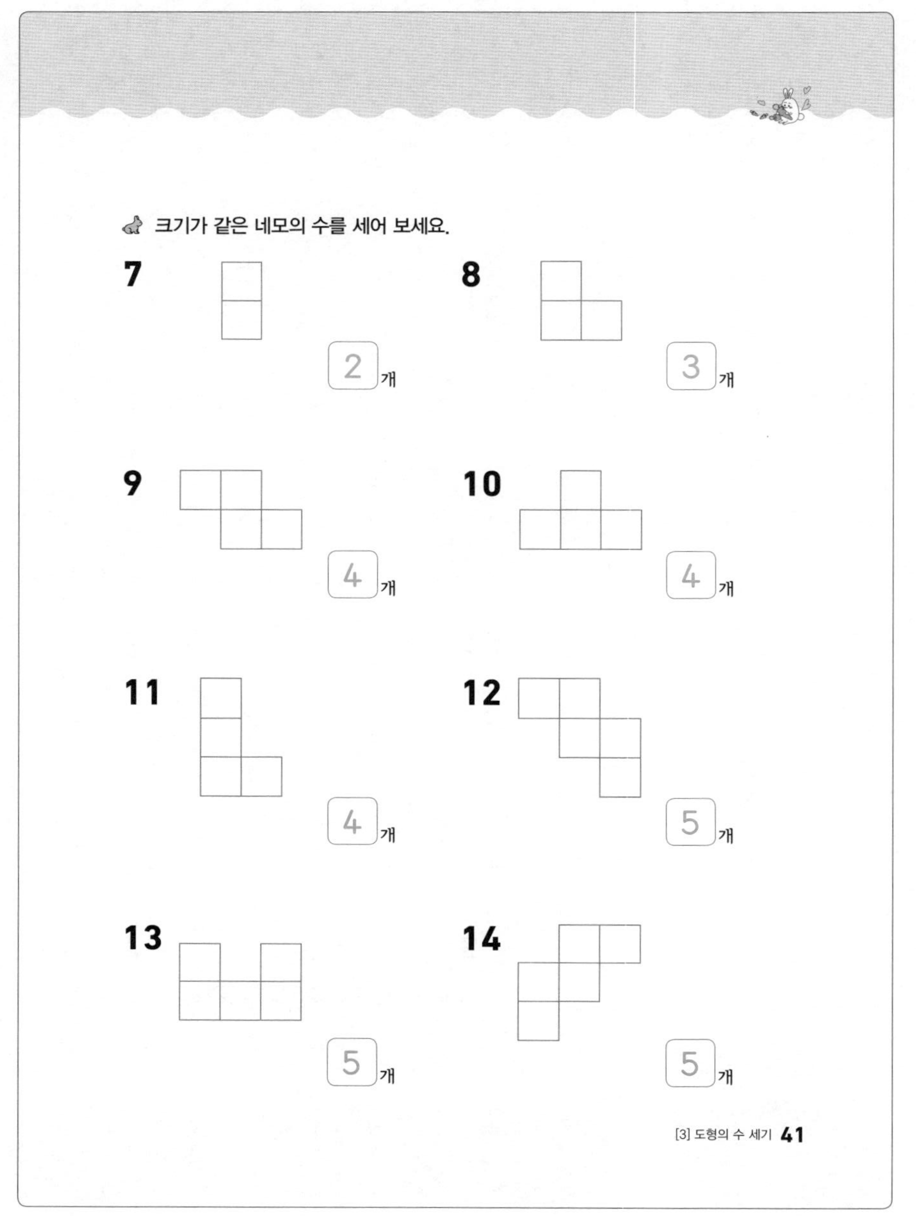

크기가 같은 네모의 수를 세어 보세요.

7 2개

8 3개

9 4개

10 4개

11 4개

12 5개

13 5개

14 5개

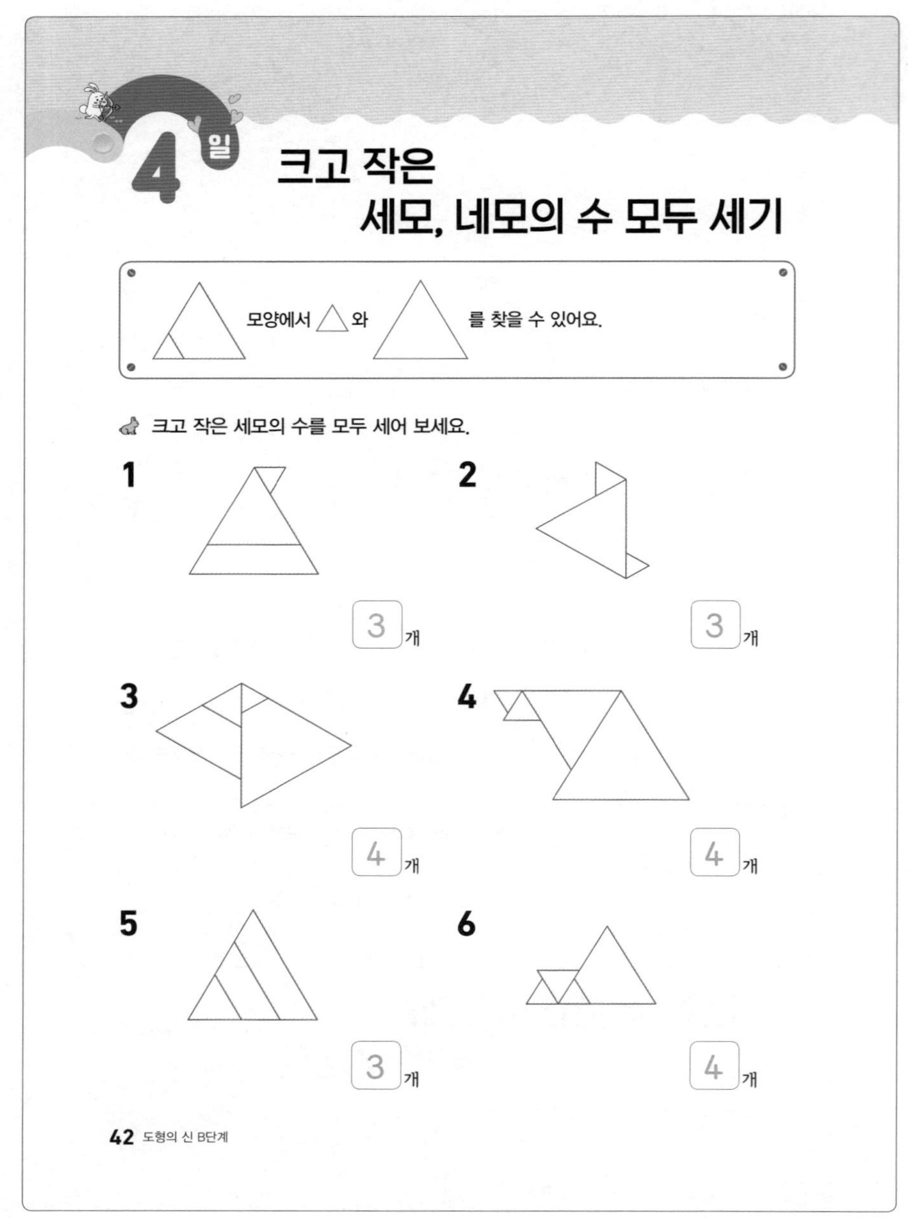

4일

크고 작은 세모, 네모의 수 모두 세기

모양에서 △와 △를 찾을 수 있어요.

크고 작은 세모의 수를 모두 세어 보세요.

1 3개

2 3개

3 4개

4 4개

5 3개

6 4개

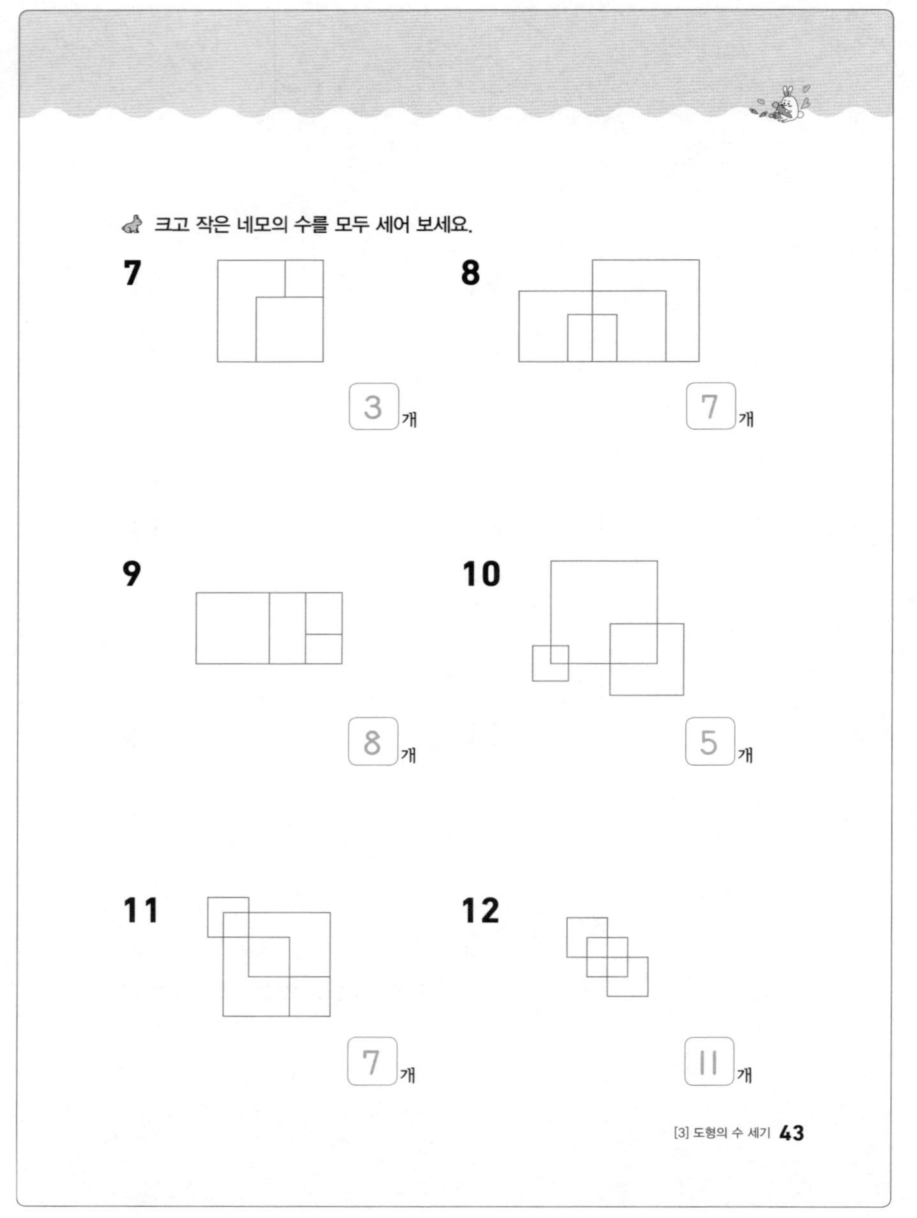

크고 작은 네모의 수를 모두 세어 보세요.

7 3개

8 7개

9 8개

10 5개

11 7개

12 11개

5일 사용한 모양의 수 세기

그림에서 ○, □, △ 모양이 각각 몇 개 있는지 세어 보세요.

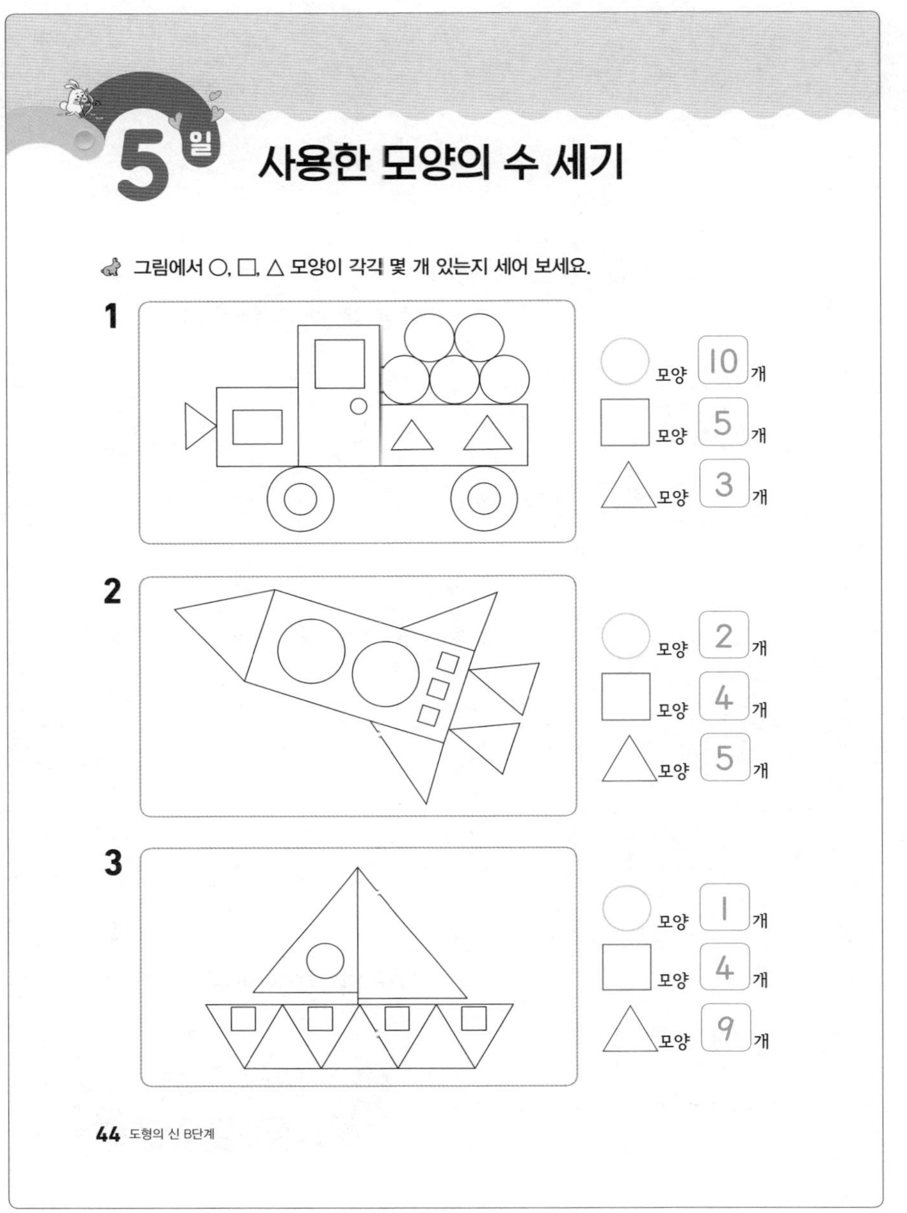

1 ○ 모양 10 개, □ 모양 5 개, △ 모양 3 개

2 ○ 모양 2 개, □ 모양 4 개, △ 모양 5 개

3 ○ 모양 1 개, □ 모양 4 개, △ 모양 9 개

그림에서 가장 많이 사용한 도형의 개수를 쓰세요.

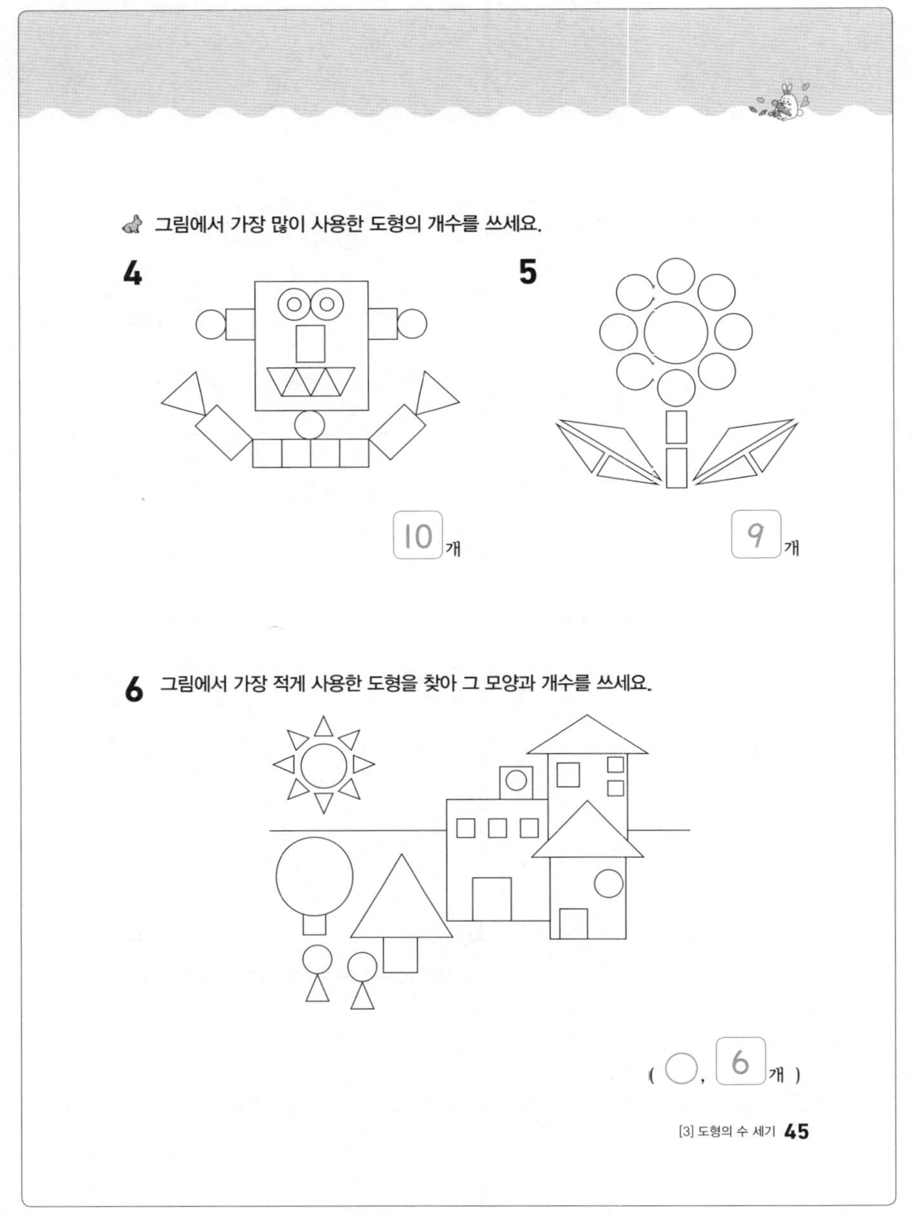

4 10 개

5 9 개

6 그림에서 가장 적게 사용한 도형을 찾아 그 모양과 개수를 쓰세요.

(○, 6 개)

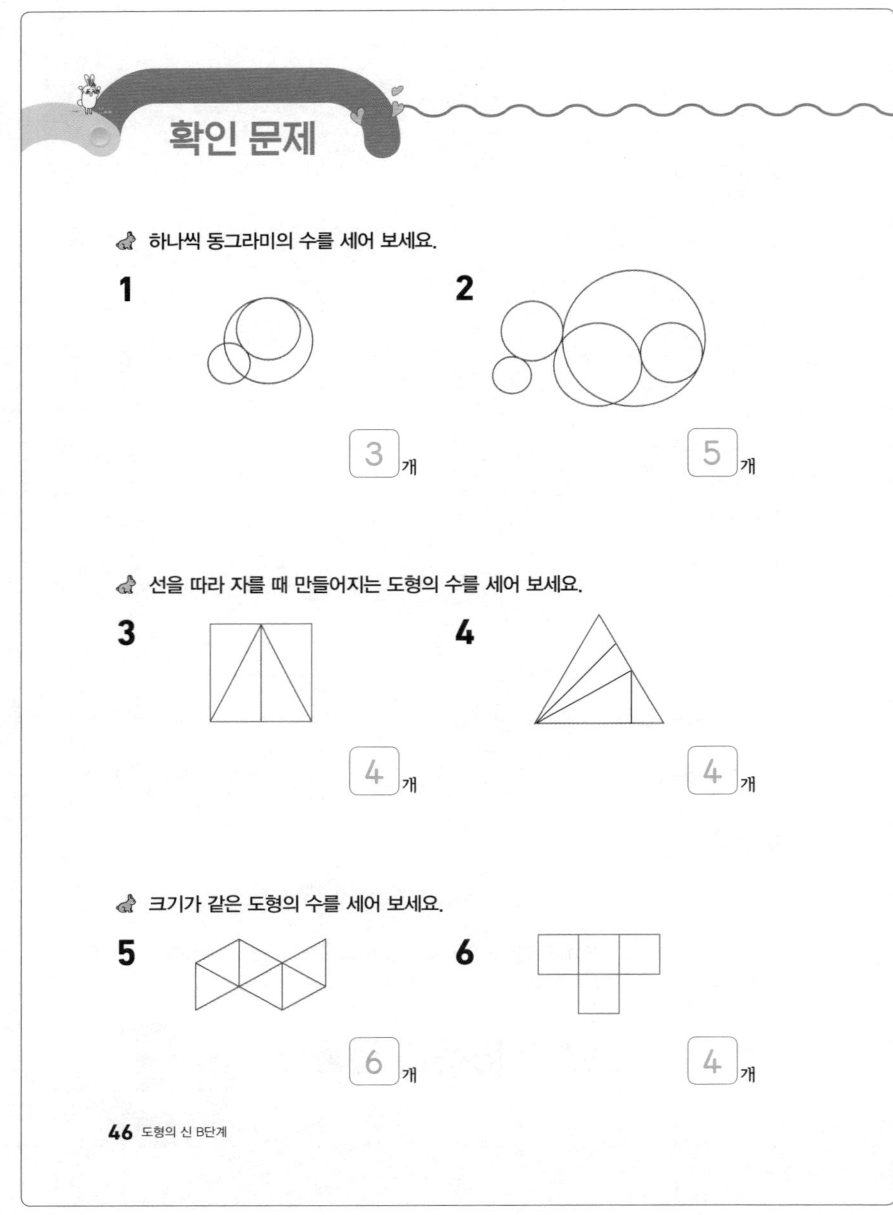

확인 문제

하나씩 동그라미의 수를 세어 보세요.

1 3개

2 5개

선을 따라 자를 때 만들어지는 도형의 수를 세어 보세요.

3 4개

4 4개

크기가 같은 도형의 수를 세어 보세요.

5 6개

6 4개

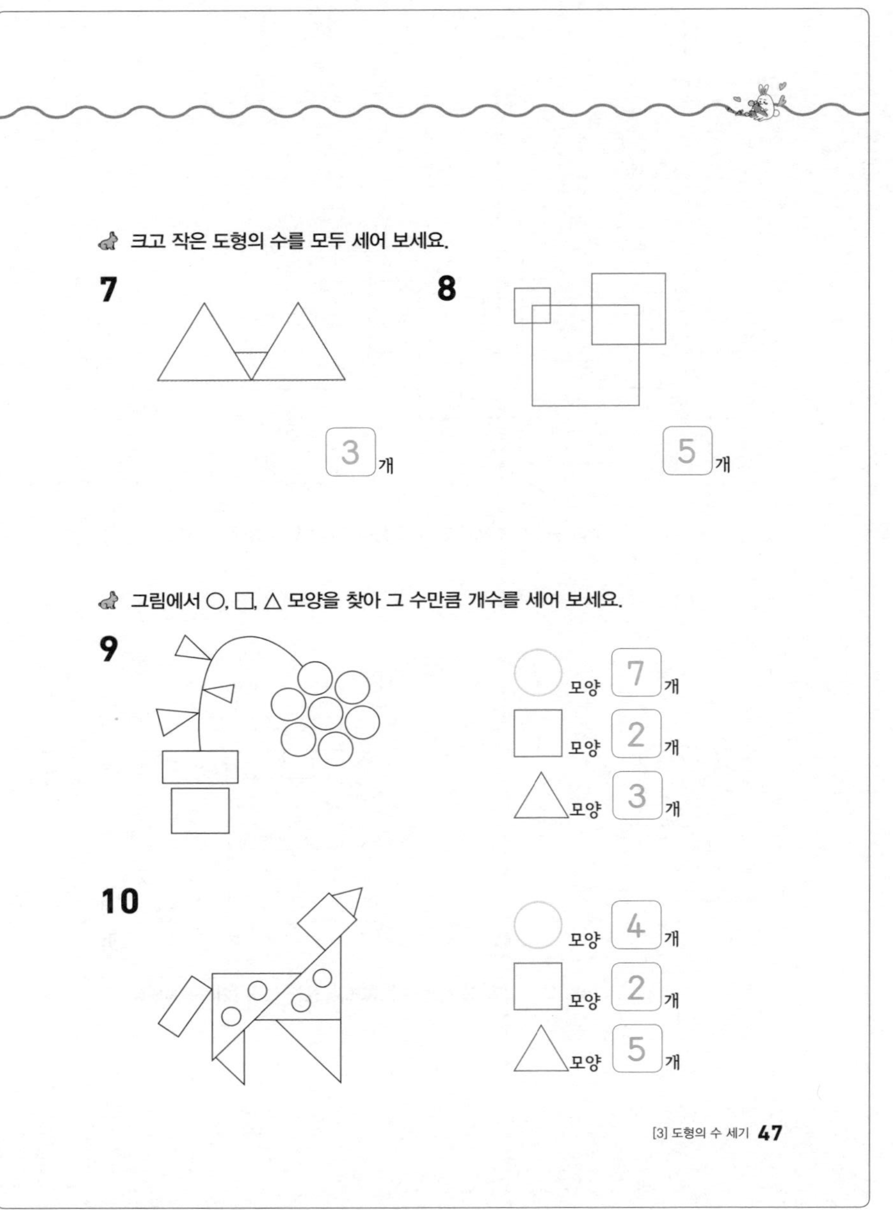

크고 작은 도형의 수를 모두 세어 보세요.

7 3개

8 5개

그림에서 ○, □, △ 모양을 찾아 그 수만큼 개수를 세어 보세요.

9 ○ 모양 7개, □ 모양 2개, △ 모양 3개

10 ○ 모양 4개, □ 모양 2개, △ 모양 5개

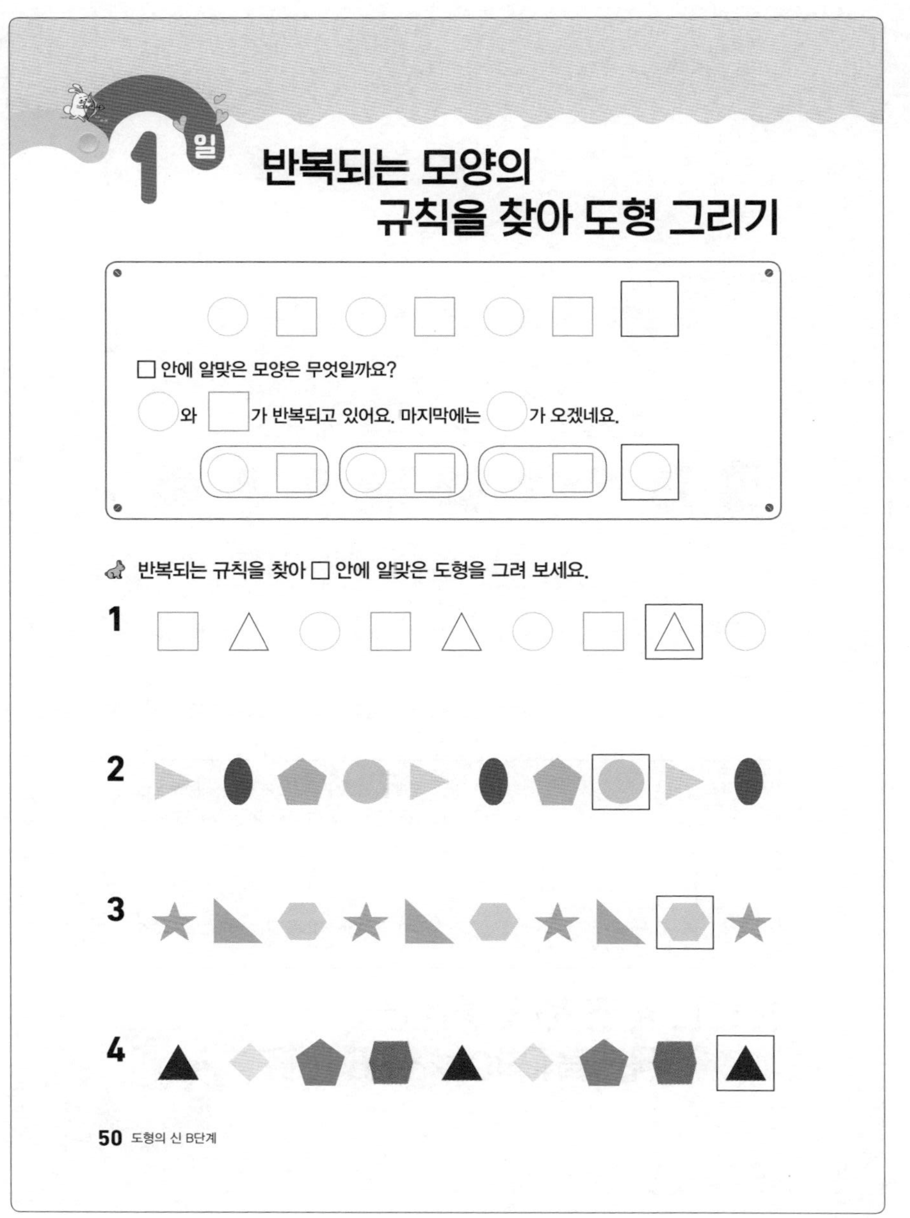

1일

반복되는 모양의 규칙을 찾아 도형 그리기

□ 안에 알맞은 모양은 무엇일까요?

○와 □가 반복되고 있어요. 마지막에는 ○가 오겠네요.

반복되는 규칙을 찾아 □ 안에 알맞은 도형을 그려 보세요.

1

2

3

4

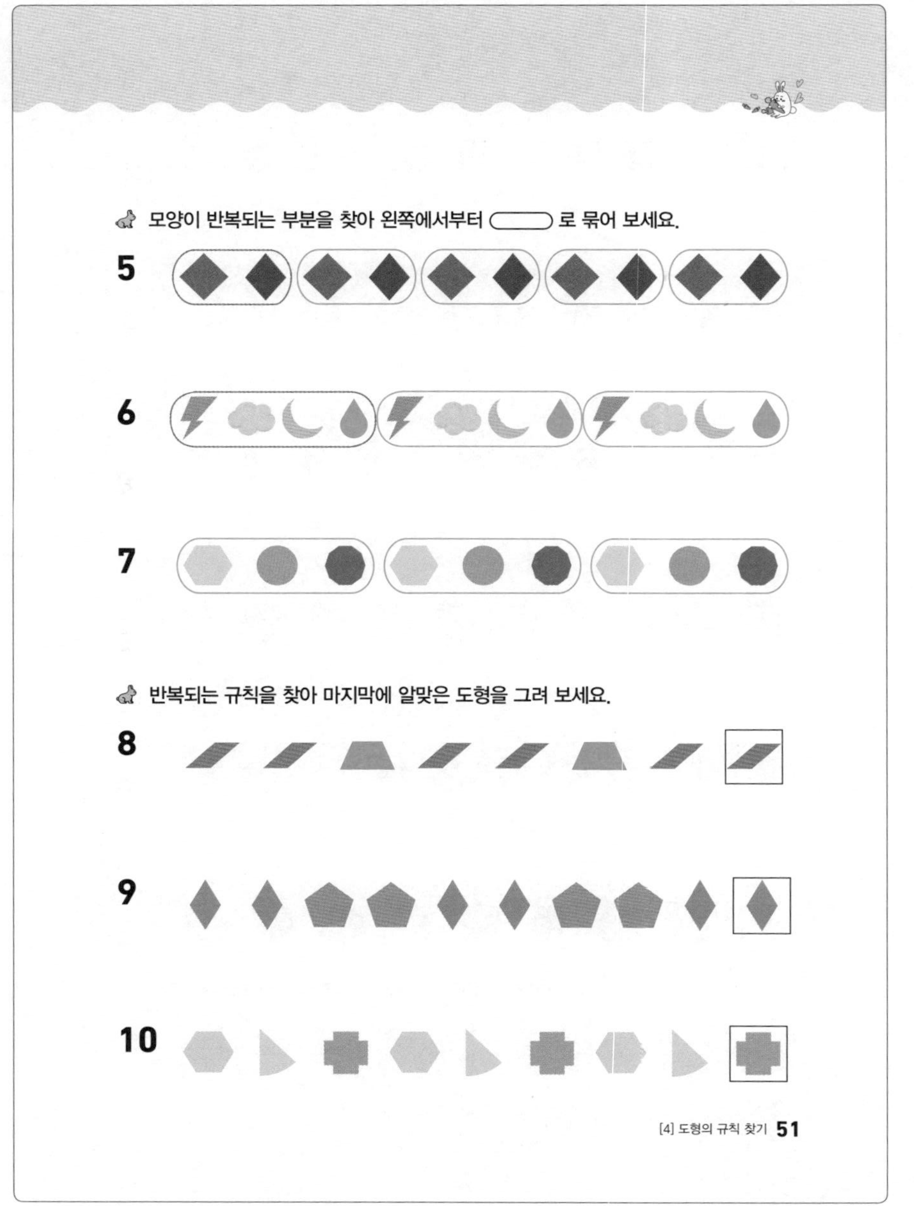

모양이 반복되는 부분을 찾아 왼쪽에서부터 ⬭ 로 묶어 보세요.

5

6

7

반복되는 규칙을 찾아 마지막에 알맞은 도형을 그려 보세요.

8

9

10

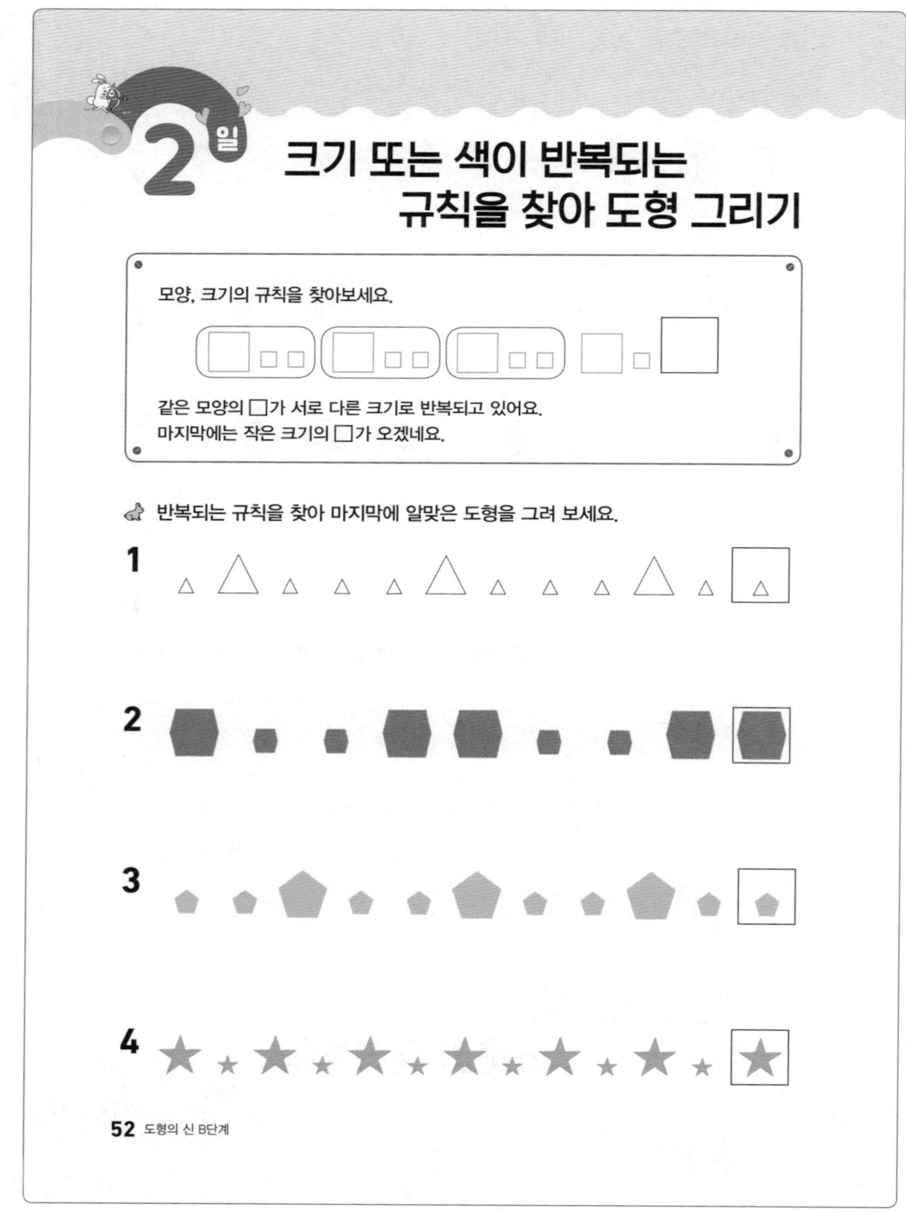

2일 크기 또는 색이 반복되는 규칙을 찾아 도형 그리기

모양, 크기의 규칙을 찾아보세요.

같은 모양의 □가 서로 다른 크기로 반복되고 있어요.
마지막에는 작은 크기의 □가 오겠네요.

반복되는 규칙을 찾아 마지막에 알맞은 도형을 그려 보세요.

1

2

3

4

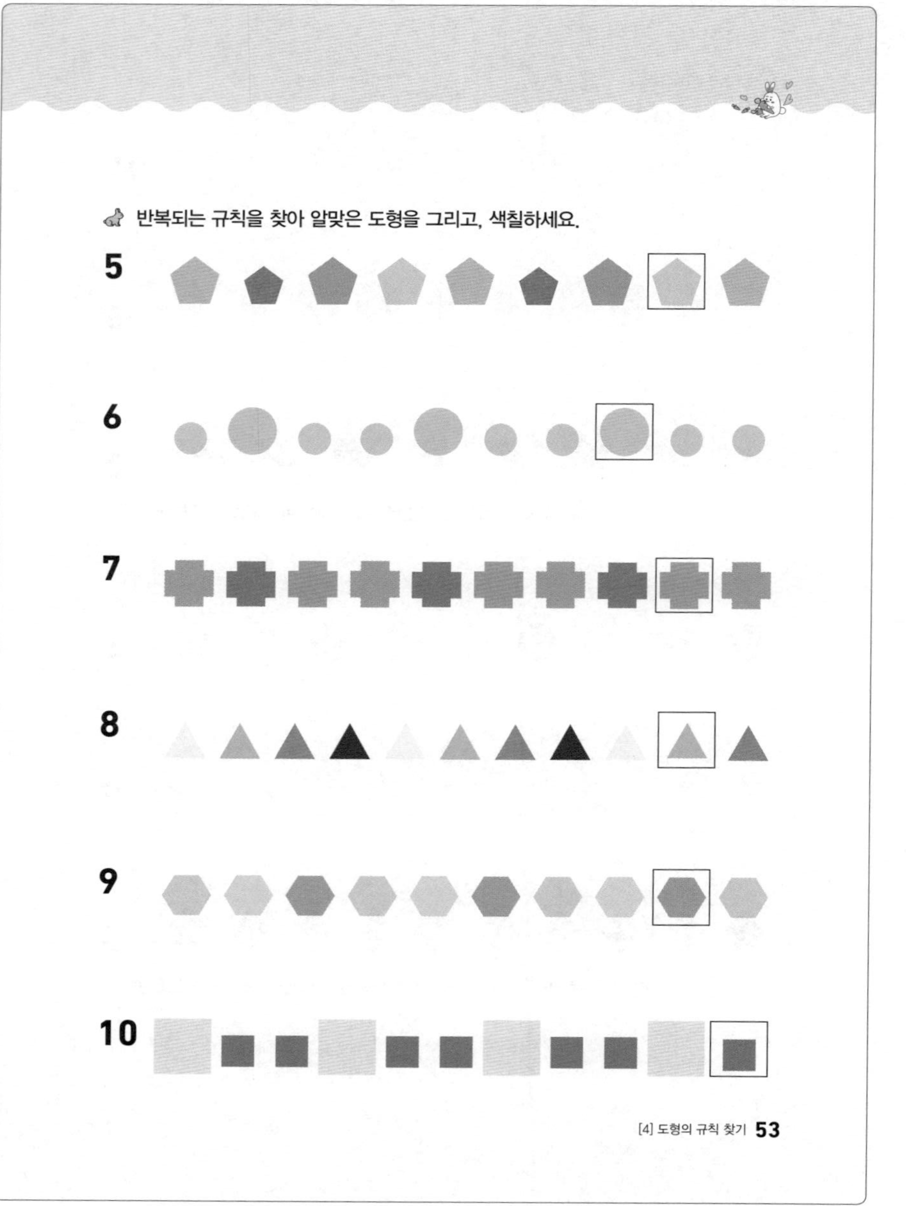

반복되는 규칙을 찾아 알맞은 도형을 그리고, 색칠하세요.

5

6

7

8

9

10

3일

반복되는 방향의 규칙을 찾아 도형 그리기

작은 □의 방향이 시계 반대 방향으로 돌아가며 반복되고 있어요.

□ 다음에는 □ 방향의 모양이 오겠네요.

반복되는 방향의 규칙을 찾아 마지막에 알맞은 도형을 그려 보세요.

1

2

3

4

54 도형의 신 B단계

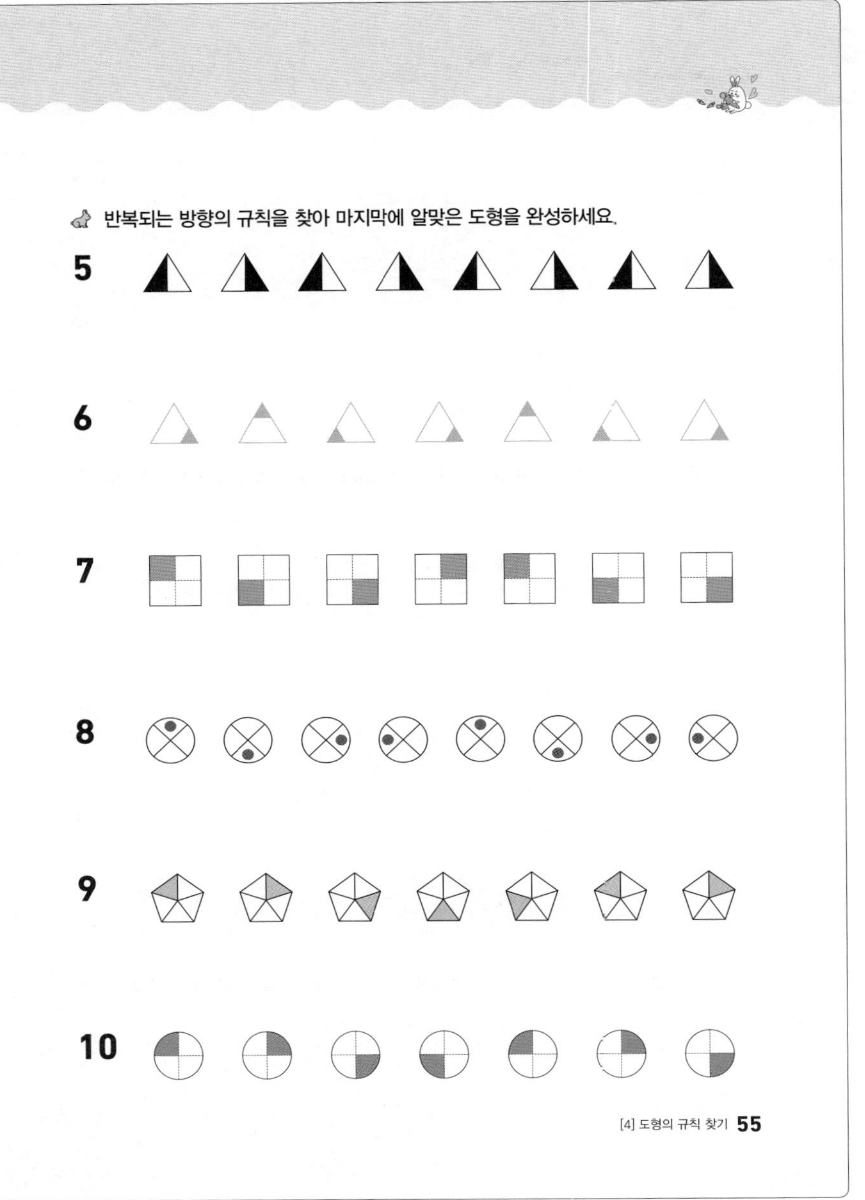

반복되는 방향의 규칙을 찾아 마지막에 알맞은 도형을 완성하세요.

5

6

7

8

9

10

[4] 도형의 규칙 찾기 55

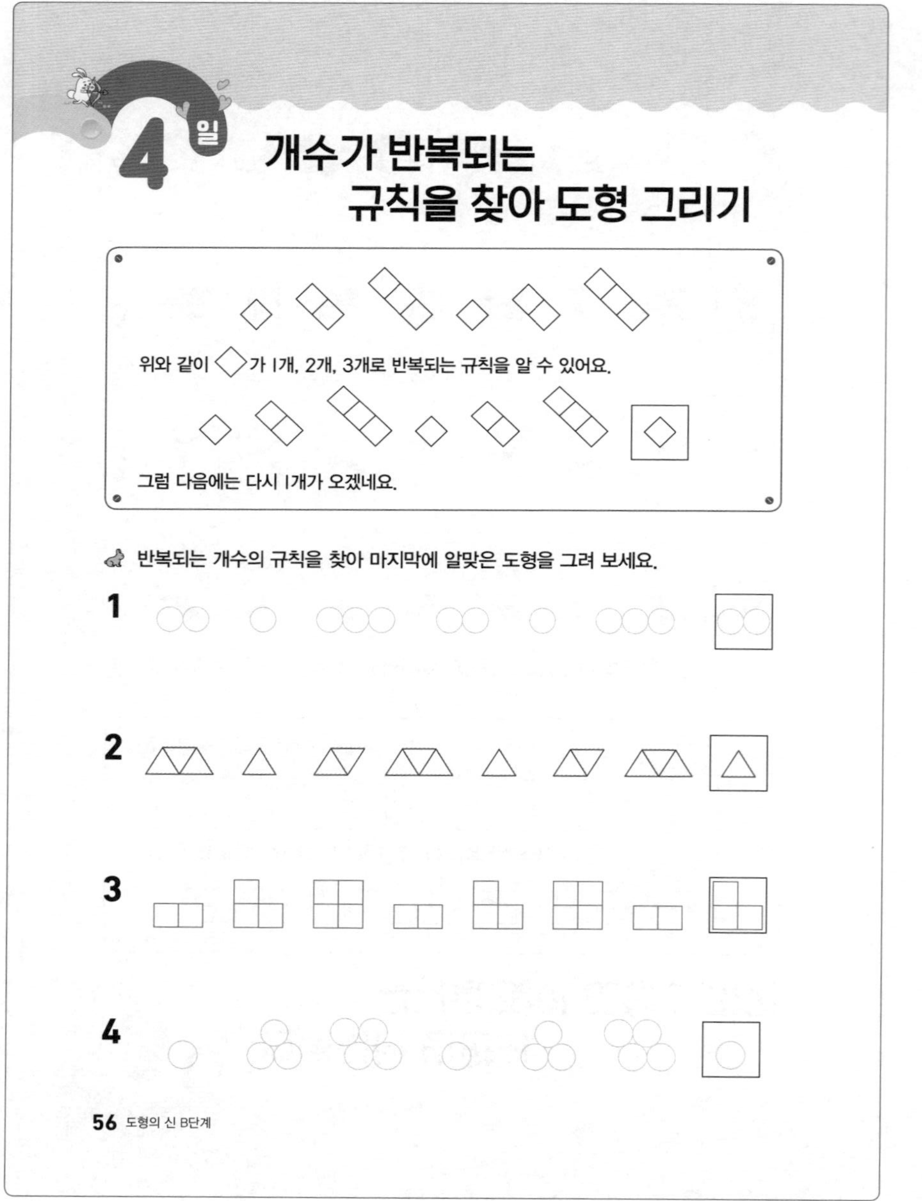

4일 개수가 반복되는 규칙을 찾아 도형 그리기

위와 같이 ◇가 1개, 2개, 3개로 반복되는 규칙을 알 수 있어요.

그럼 다음에는 다시 1개가 오겠네요.

반복되는 개수의 규칙을 찾아 마지막에 알맞은 도형을 그려 보세요.

1

2

3

4

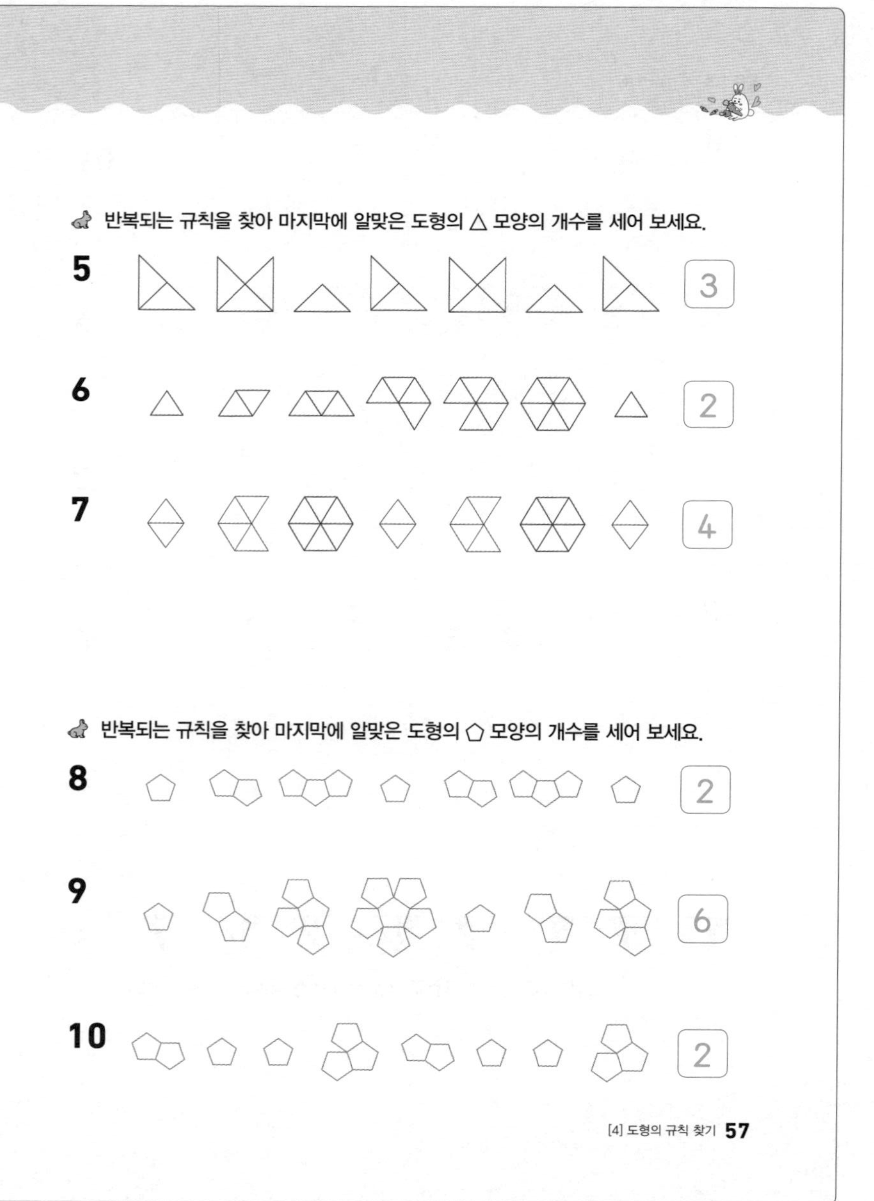

반복되는 규칙을 찾아 마지막에 알맞은 도형의 △ 모양의 개수를 세어 보세요.

5 3

6 2

7 4

반복되는 규칙을 찾아 마지막에 알맞은 도형의 ⬠ 모양의 개수를 세어 보세요.

8 2

9 6

10 2

5일 나머지와 다른 규칙 찾기

1 반복되는 규칙이 다른 것을 찾아 기호를 쓰세요.

2 반복되는 규칙이 다른 것을 찾아 기호를 쓰세요.

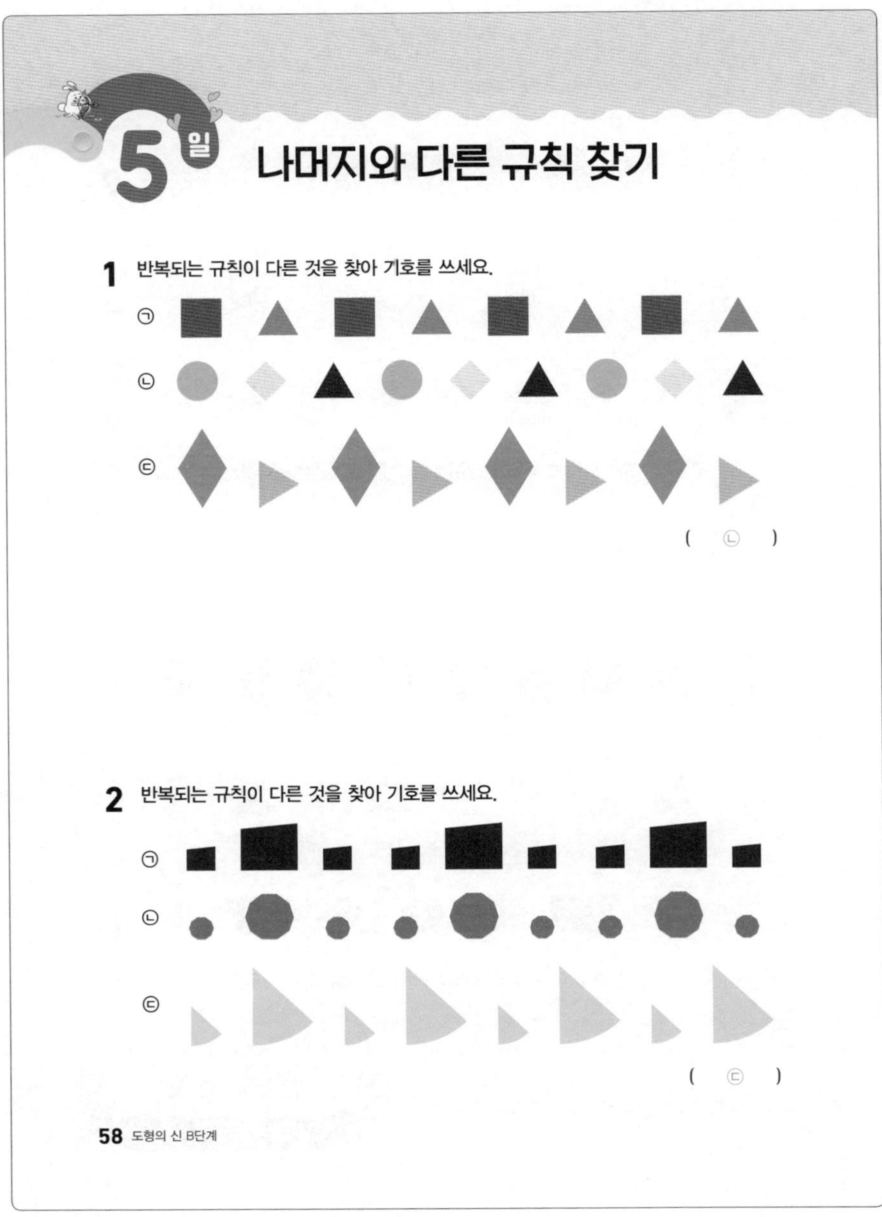

3 반복되는 규칙이 다른 것을 찾아 기호를 쓰세요.

4 반복되는 방향의 규칙이 다른 것을 찾아 기호를 쓰세요.

5 반복되는 개수의 규칙이 다른 것을 찾아 기호를 쓰세요.

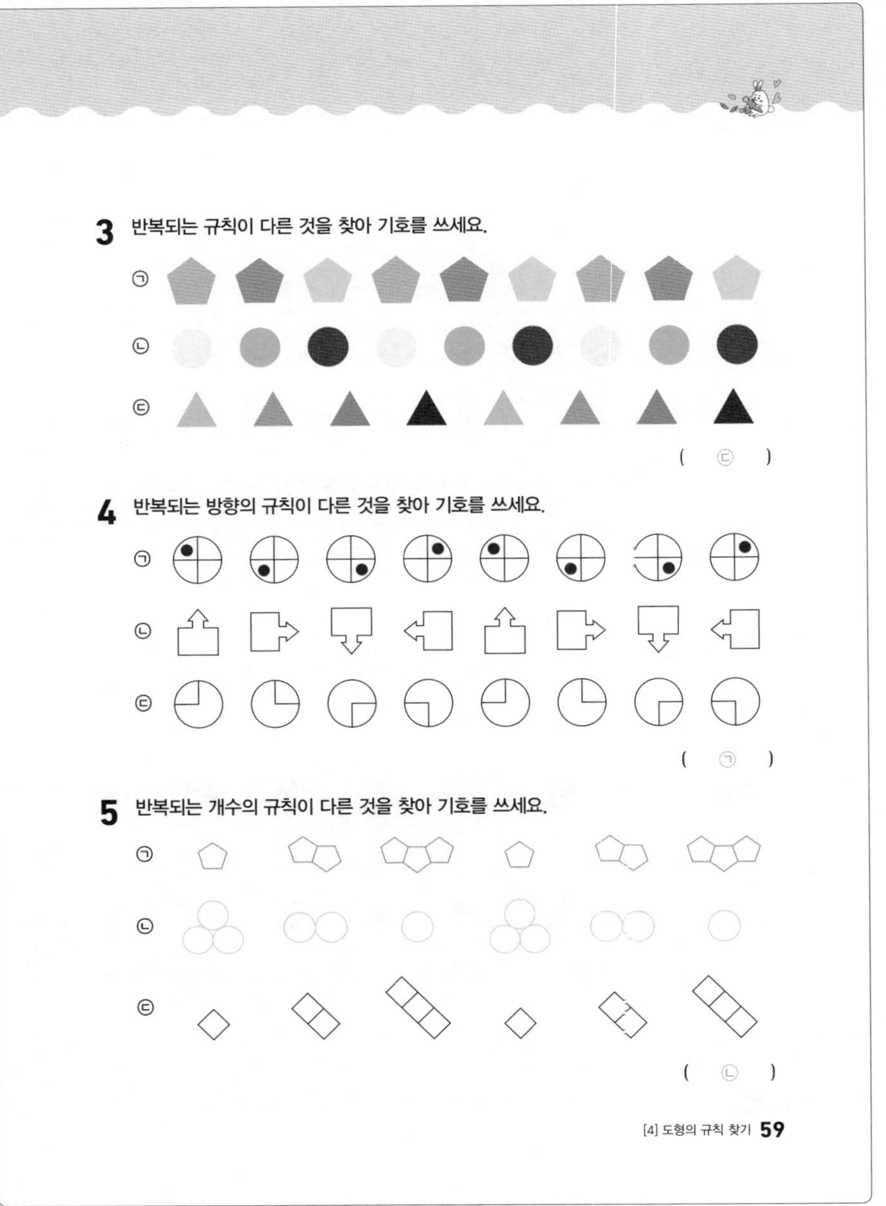

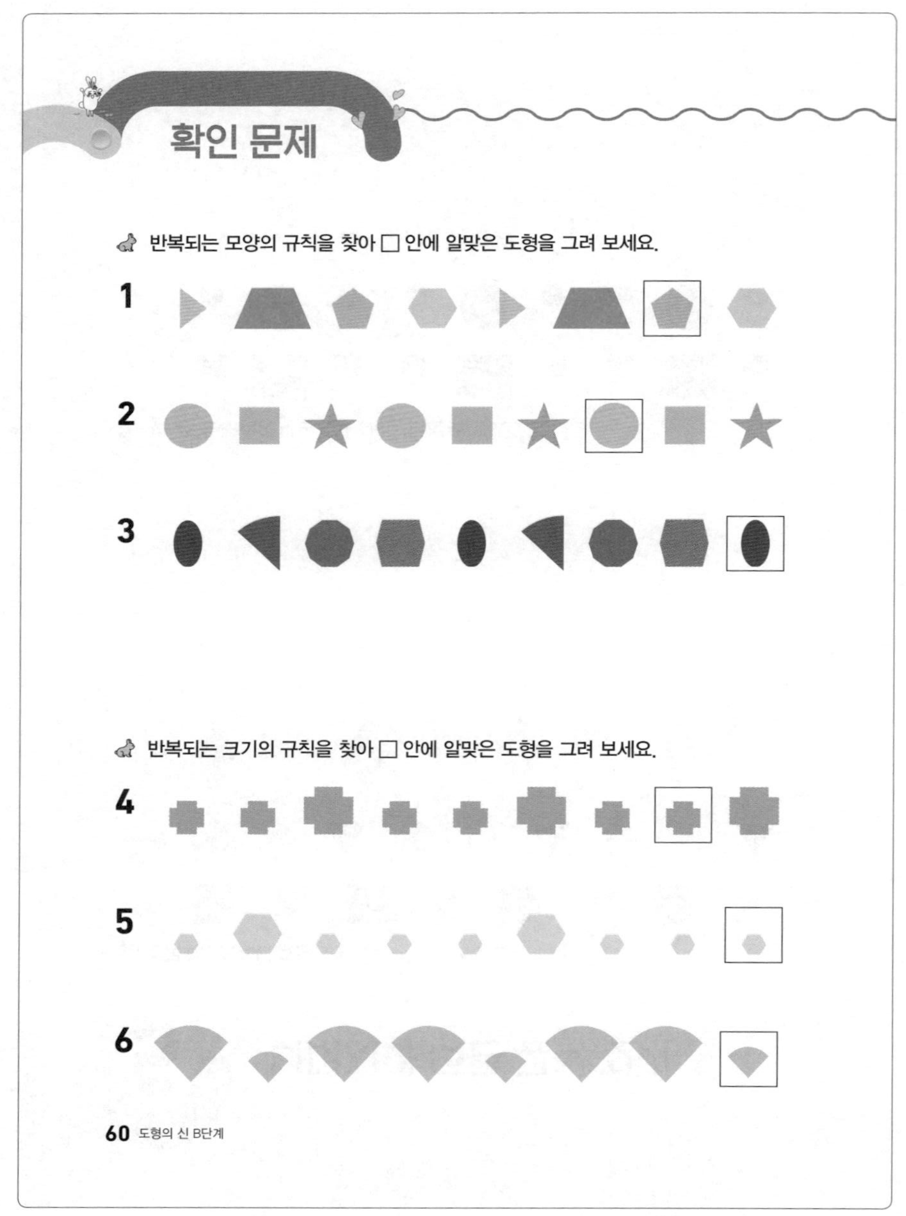

확인 문제
반복되는 모양의 규칙을 찾아 □ 안에 알맞은 도형을 그려 보세요.
1
2
3
반복되는 크기의 규칙을 찾아 □ 안에 알맞은 도형을 그려 보세요.
4
5
6

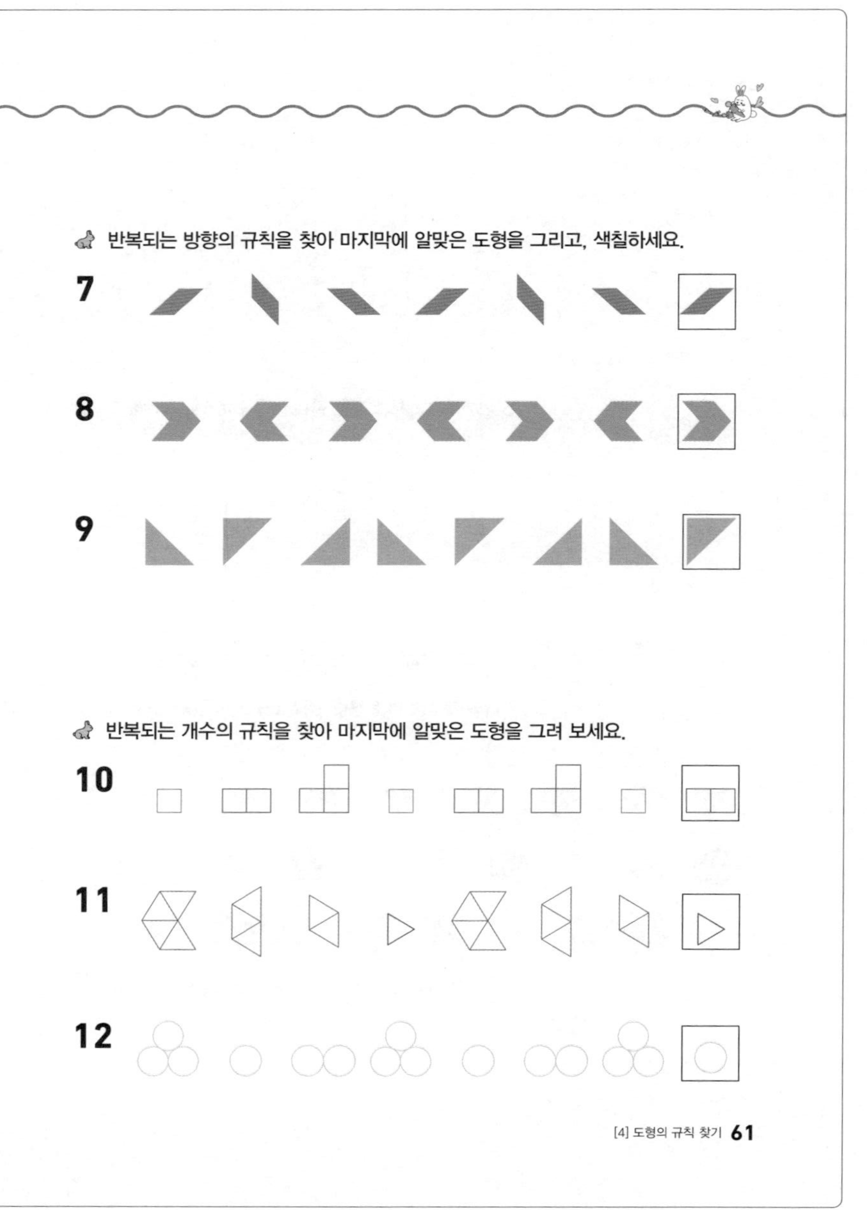

반복되는 방향의 규칙을 찾아 마지막에 알맞은 도형을 그리고, 색칠하세요.
7
8
9
반복되는 개수의 규칙을 찾아 마지막에 알맞은 도형을 그려 보세요.
10
11
12

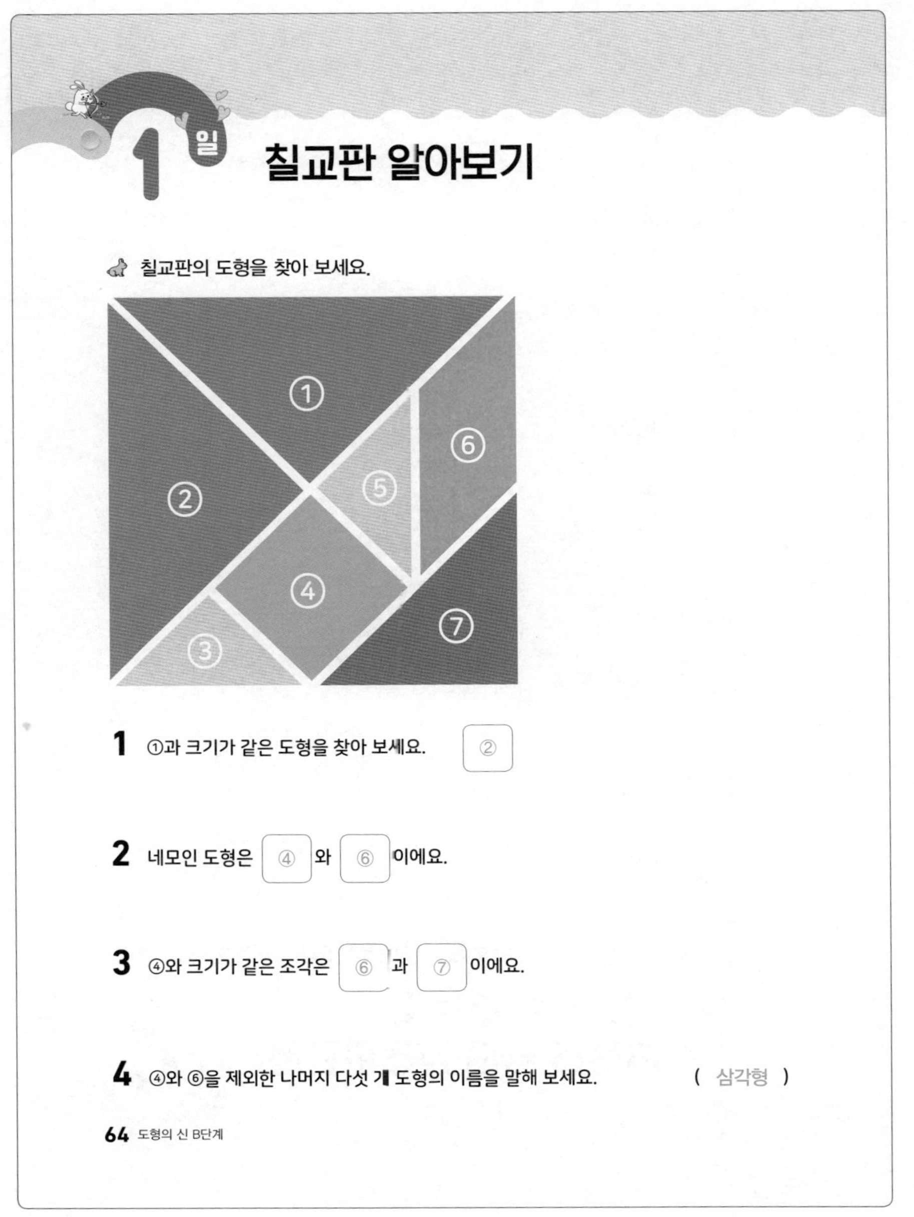

1일 칠교판 알아보기

칠교판의 도형을 찾아 보세요.

1 ①과 크기가 같은 도형을 찾아 보세요. [②]

2 네모인 도형은 [④]와 [⑥]이에요.

3 ④와 크기가 같은 조각은 [⑥]과 [⑦]이에요.

4 ④와 ⑥을 제외한 나머지 다섯 개 도형의 이름을 말해 보세요. (삼각형)

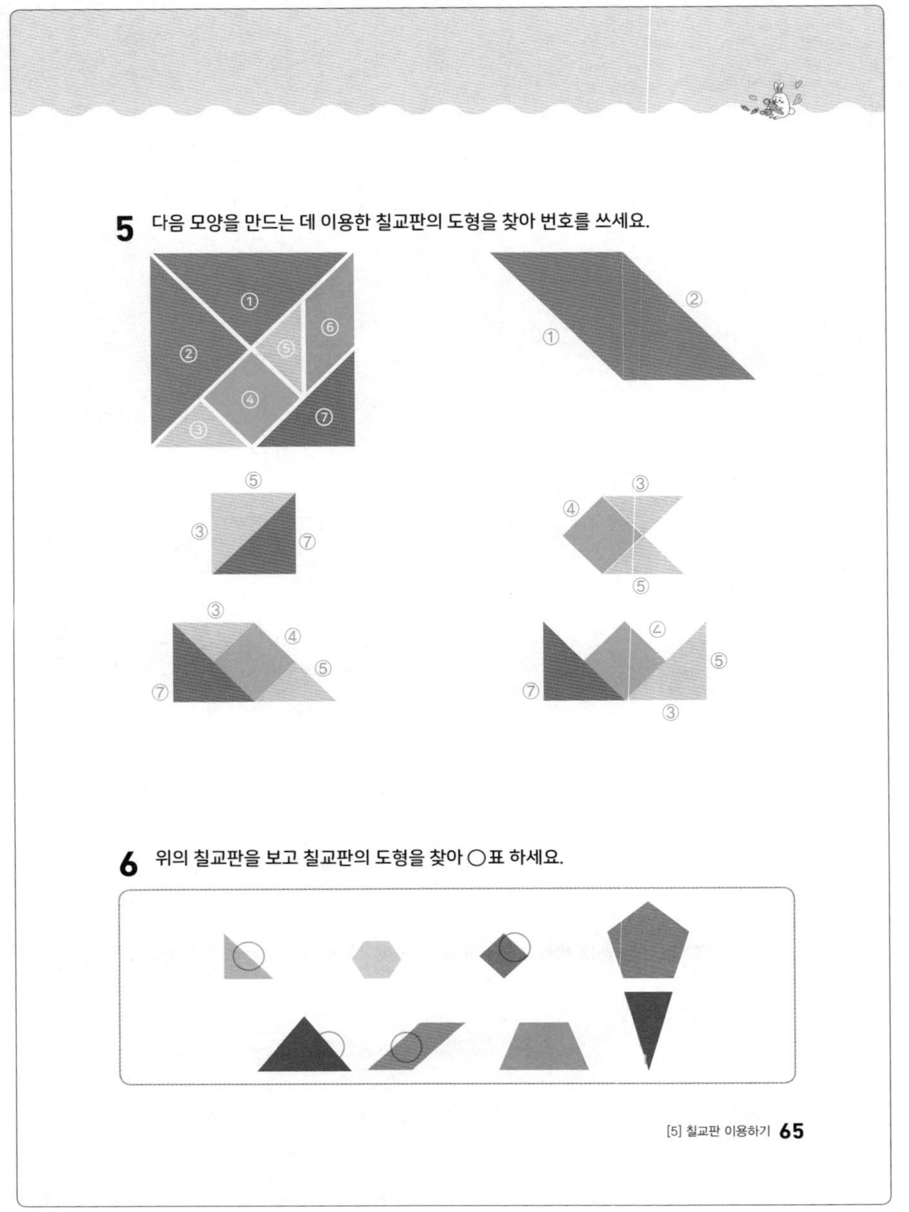

5 다음 모양을 만드는 데 이용한 칠교판의 도형을 찾아 번호를 쓰세요.

6 위의 칠교판을 보고 칠교판의 도형을 찾아 ○표 하세요.

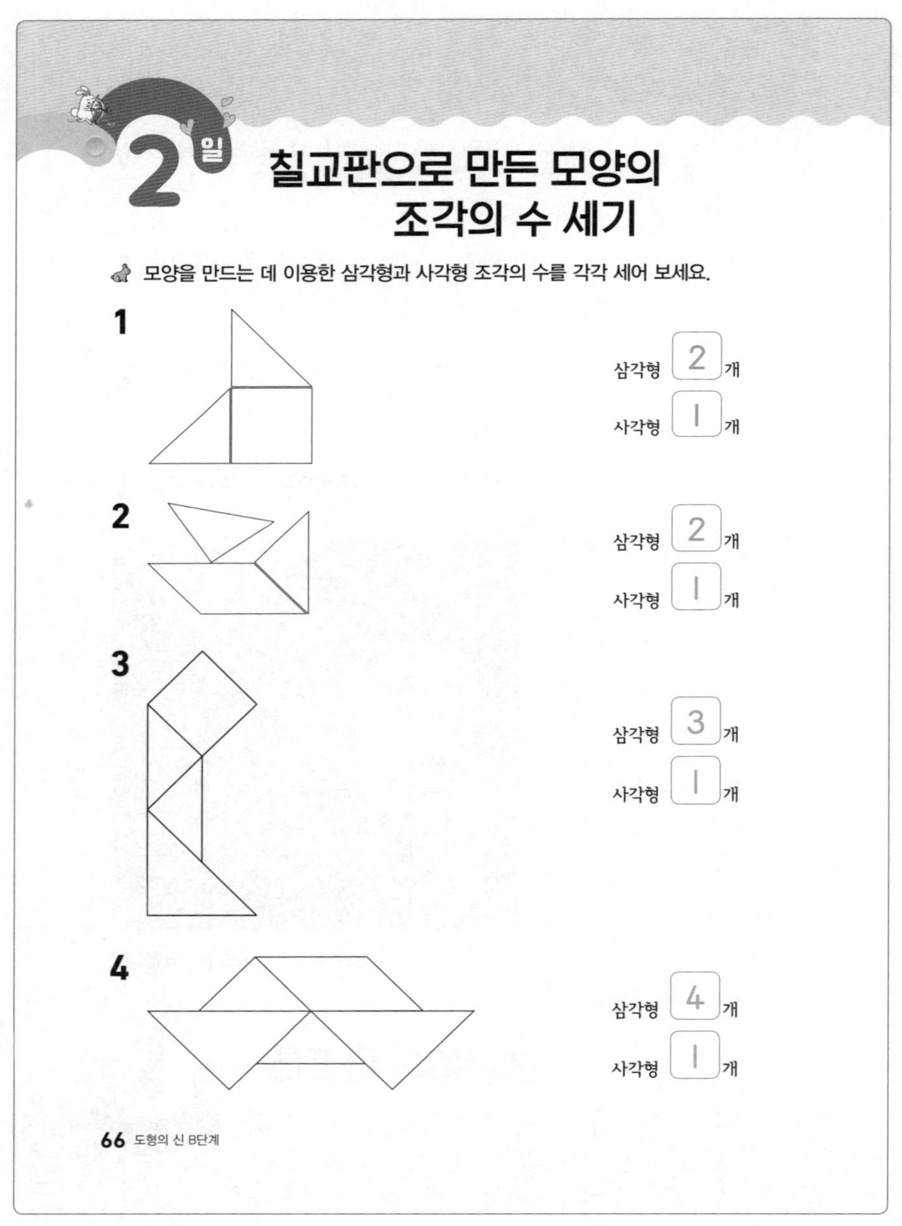

2일 칠교판으로 만든 모양의 조각의 수 세기

모양을 만드는 데 이용한 삼각형과 사각형 조각의 수를 각각 세어 보세요.

1 삼각형 2개, 사각형 1개

2 삼각형 2개, 사각형 1개

3 삼각형 3개, 사각형 1개

4 삼각형 4개, 사각형 1개

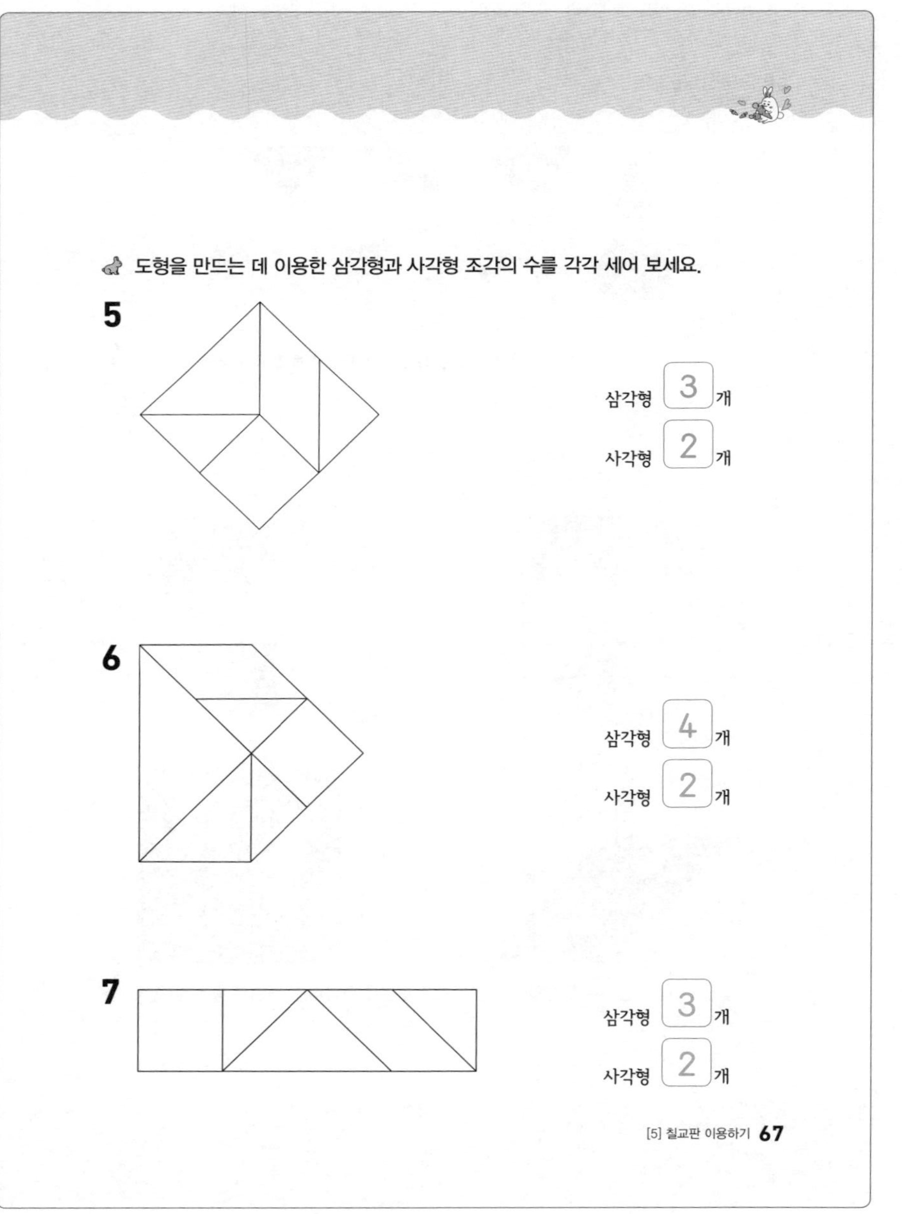

도형을 만드는 데 이용한 삼각형과 사각형 조각의 수를 각각 세어 보세요.

5 삼각형 3개, 사각형 2개

6 삼각형 4개, 사각형 2개

7 삼각형 3개, 사각형 2개

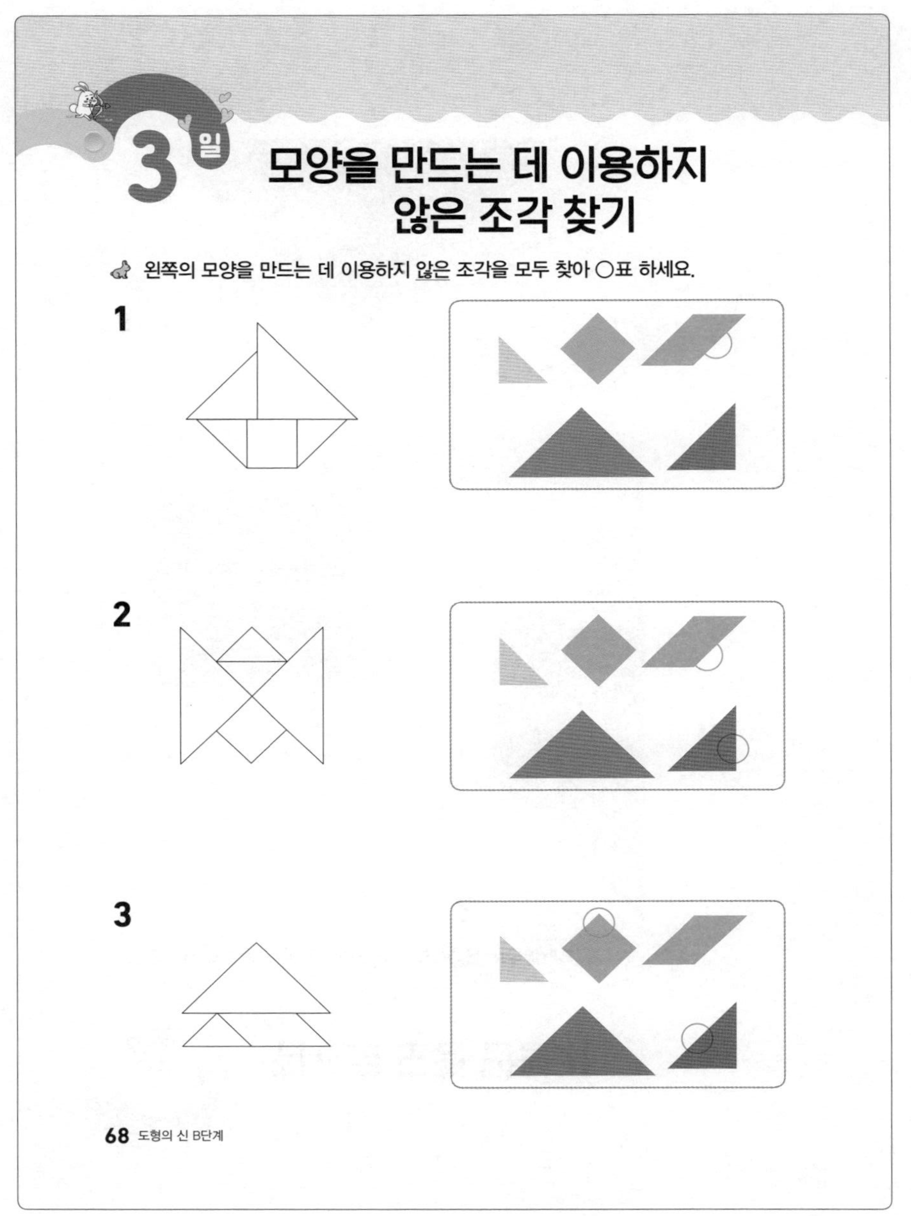

3일 모양을 만드는 데 이용하지 않은 조각 찾기

왼쪽의 모양을 만드는 데 이용하지 않은 조각을 모두 찾아 ○표 하세요.

1

2

3

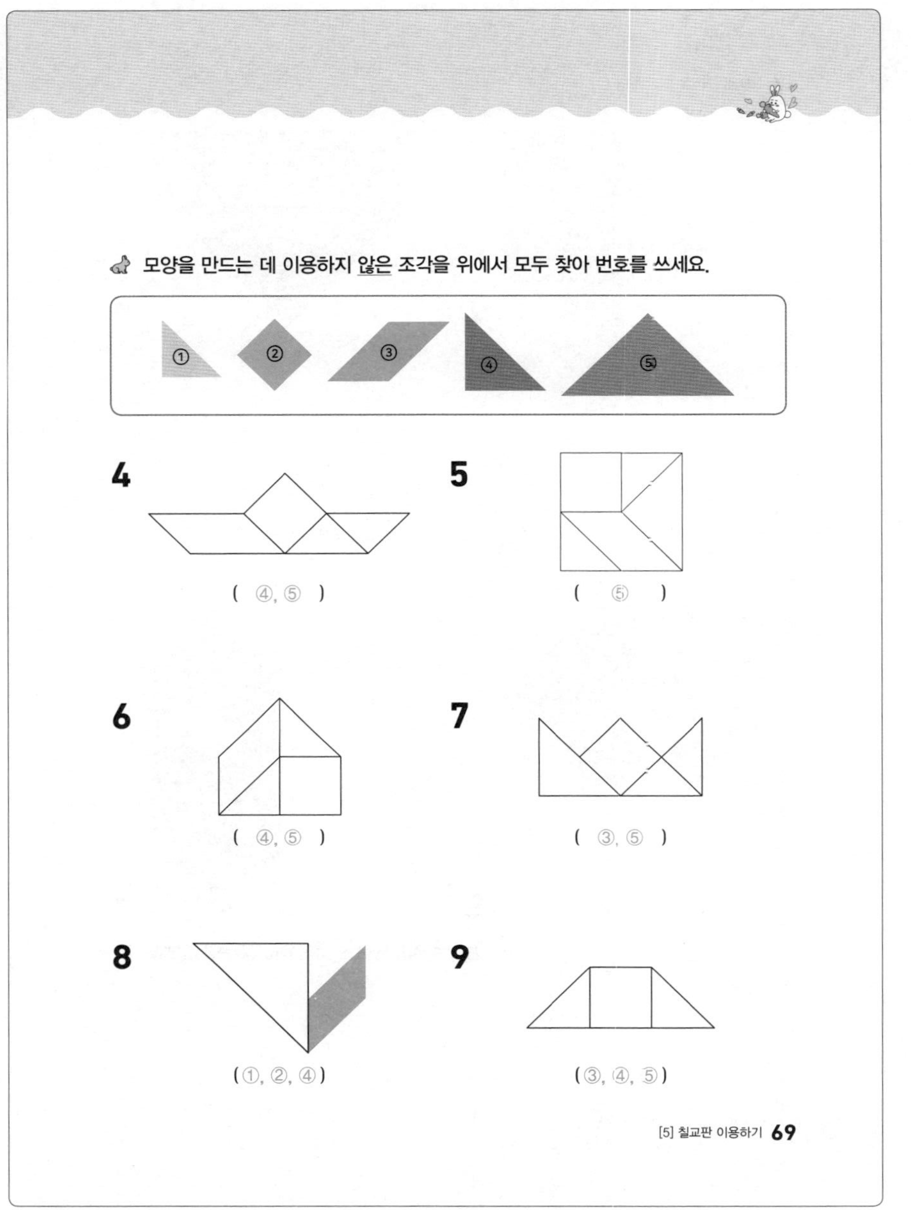

모양을 만드는 데 이용하지 않은 조각을 위에서 모두 찾아 번호를 쓰세요.

4 (④, ⑤)

5 (⑤)

6 (④, ⑤)

7 (③, ⑤)

8 (①, ②, ④)

9 (③, ④, ⑤)

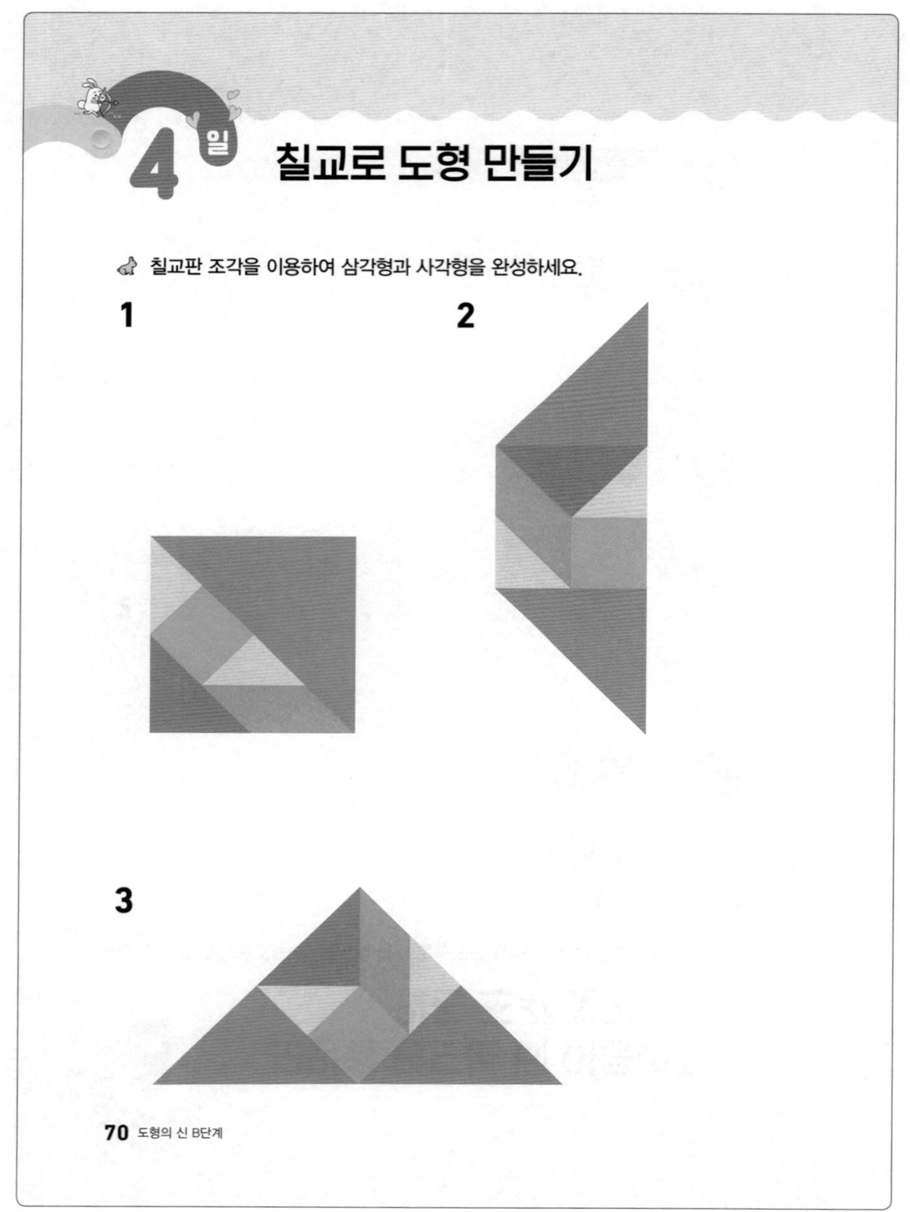

4일 칠교로 도형 만들기

칠교판 조각을 이용하여 삼각형과 사각형을 완성하세요.

1

2

3

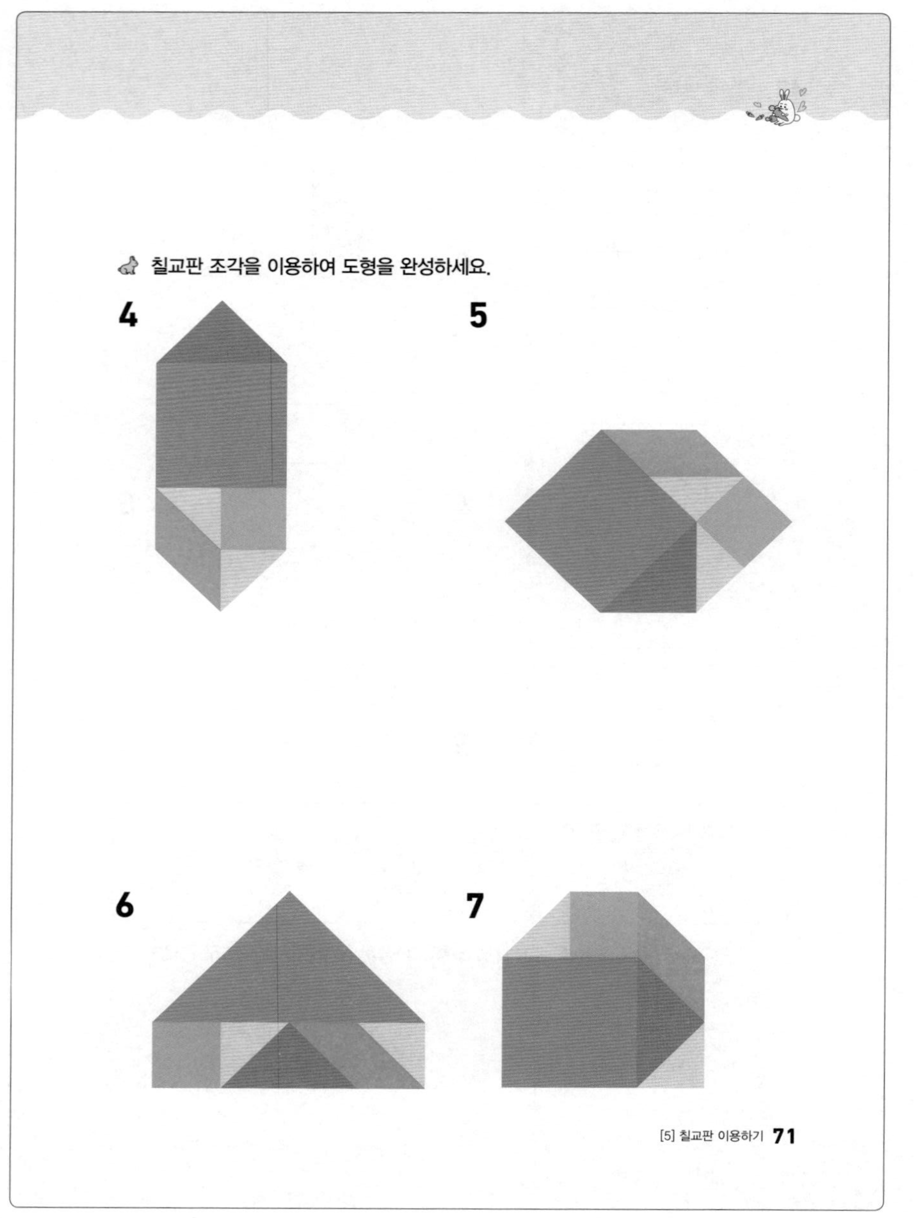

칠교판 조각을 이용하여 도형을 완성하세요.

4

5

6

7

5일 칠교로 모양 만들기

칠교판 조각을 이용하여 모양을 완성하세요.

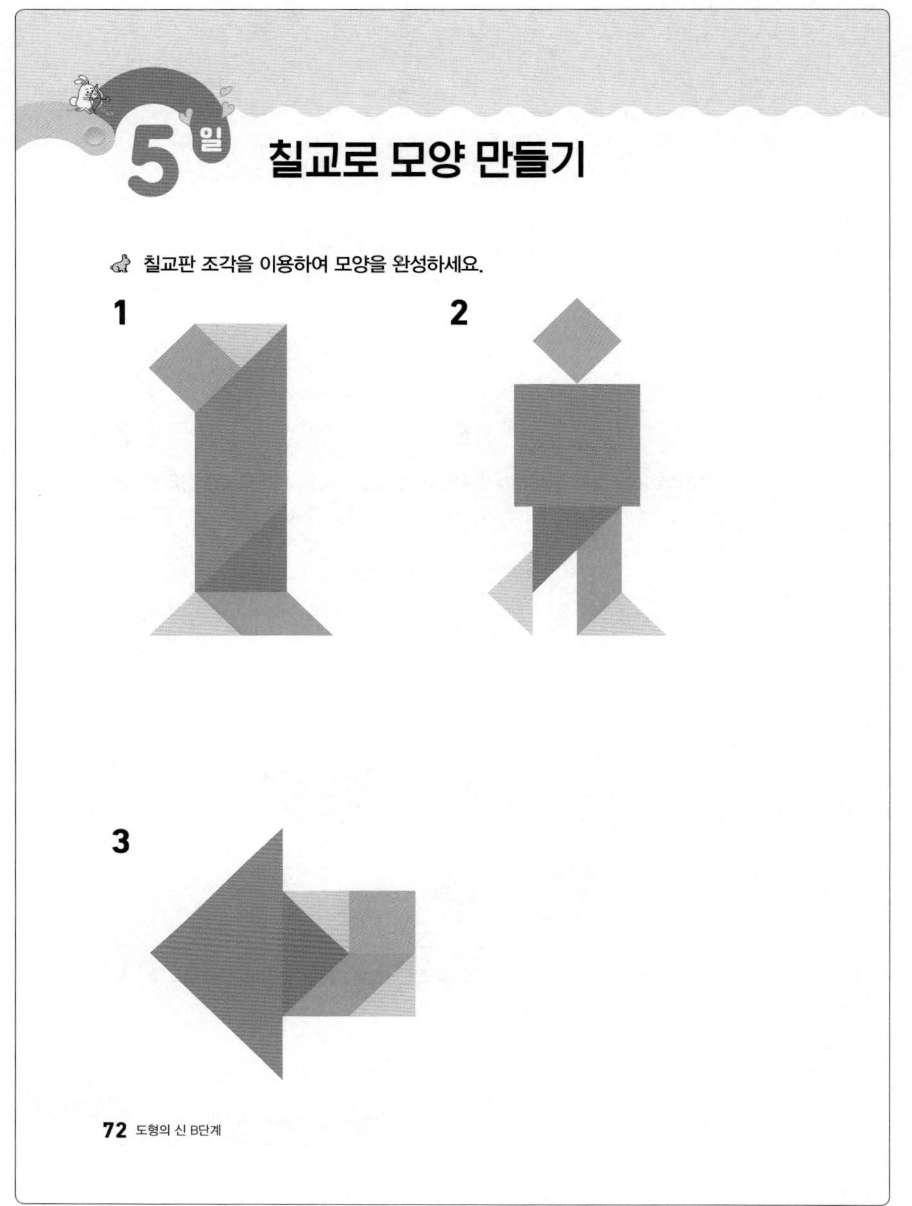

칠교판 조각을 모두 이용하여 모양을 만들어 보세요.

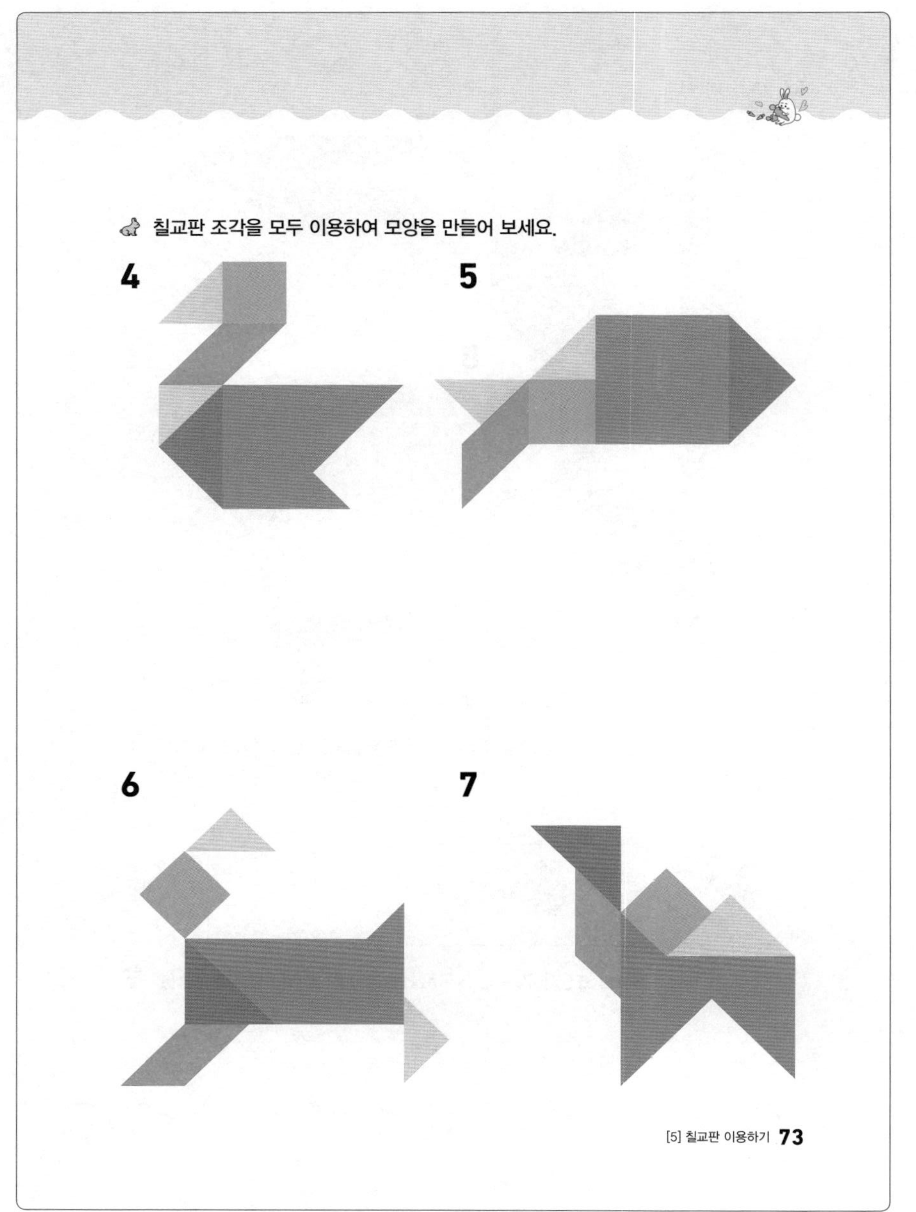

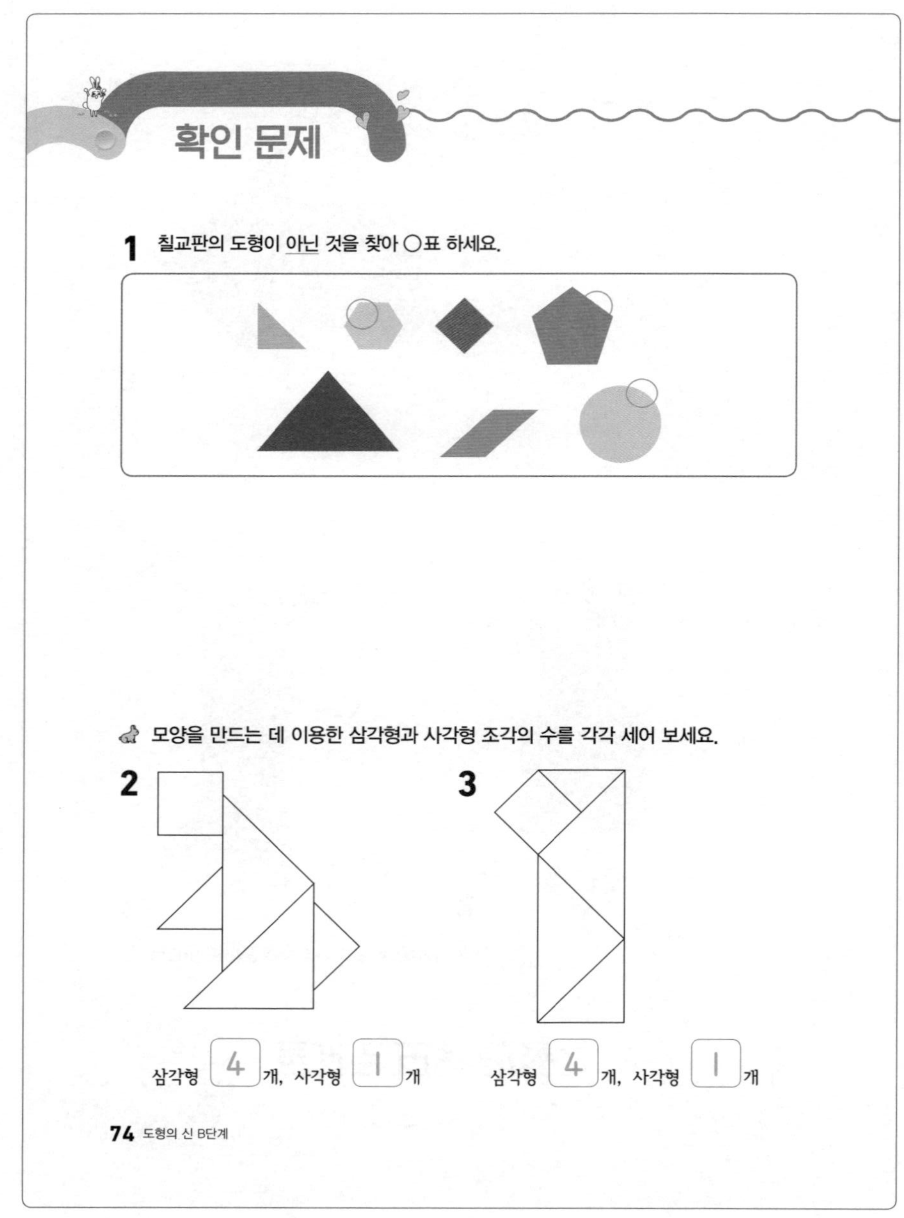

확인 문제

1 칠교판의 도형이 아닌 것을 찾아 ○표 하세요.

모양을 만드는 데 이용한 삼각형과 사각형 조각의 수를 각각 세어 보세요.

2 삼각형 4개, 사각형 1개

3 삼각형 4개, 사각형 1개

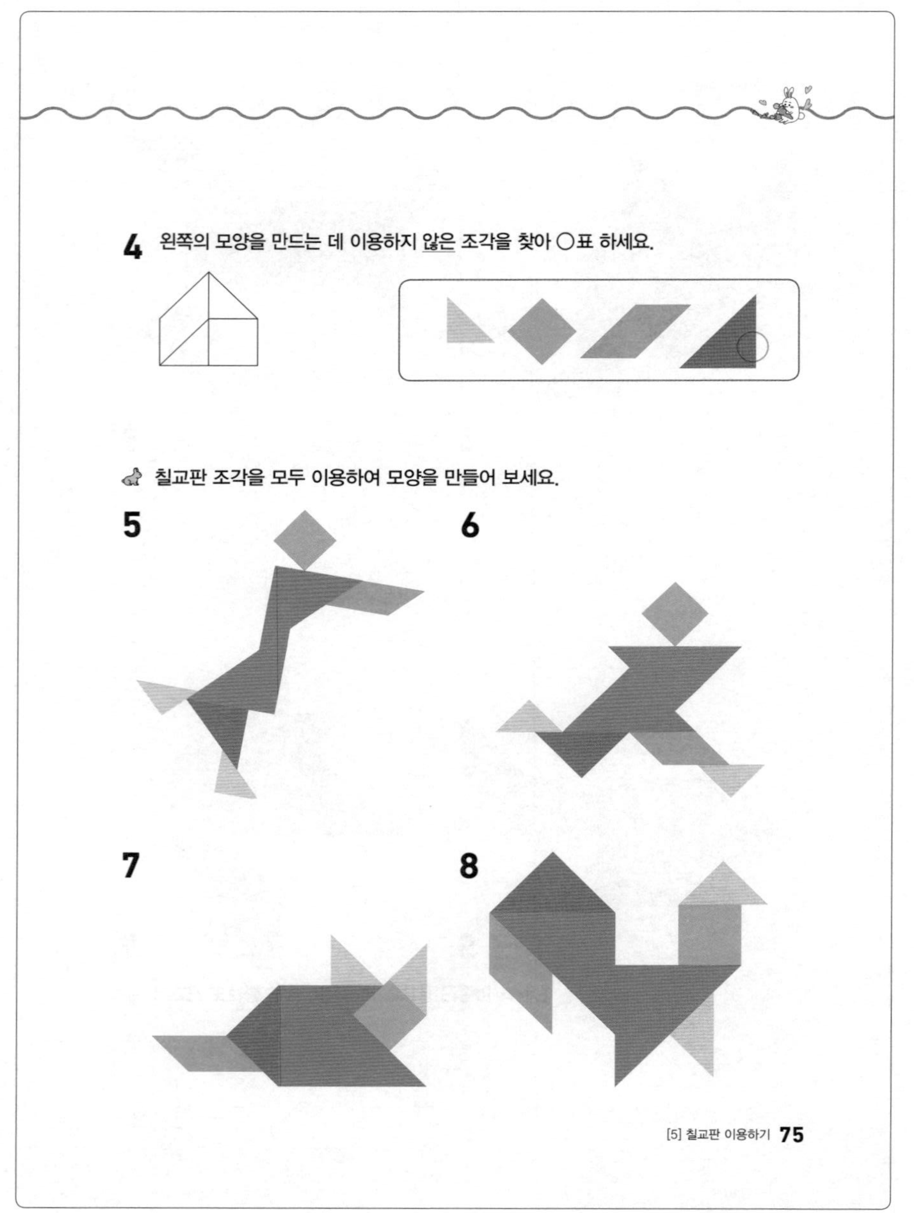

4 왼쪽의 모양을 만드는 데 이용하지 않은 조각을 찾아 ○표 하세요.

칠교판 조각을 모두 이용하여 모양을 만들어 보세요.

5

6

7

8

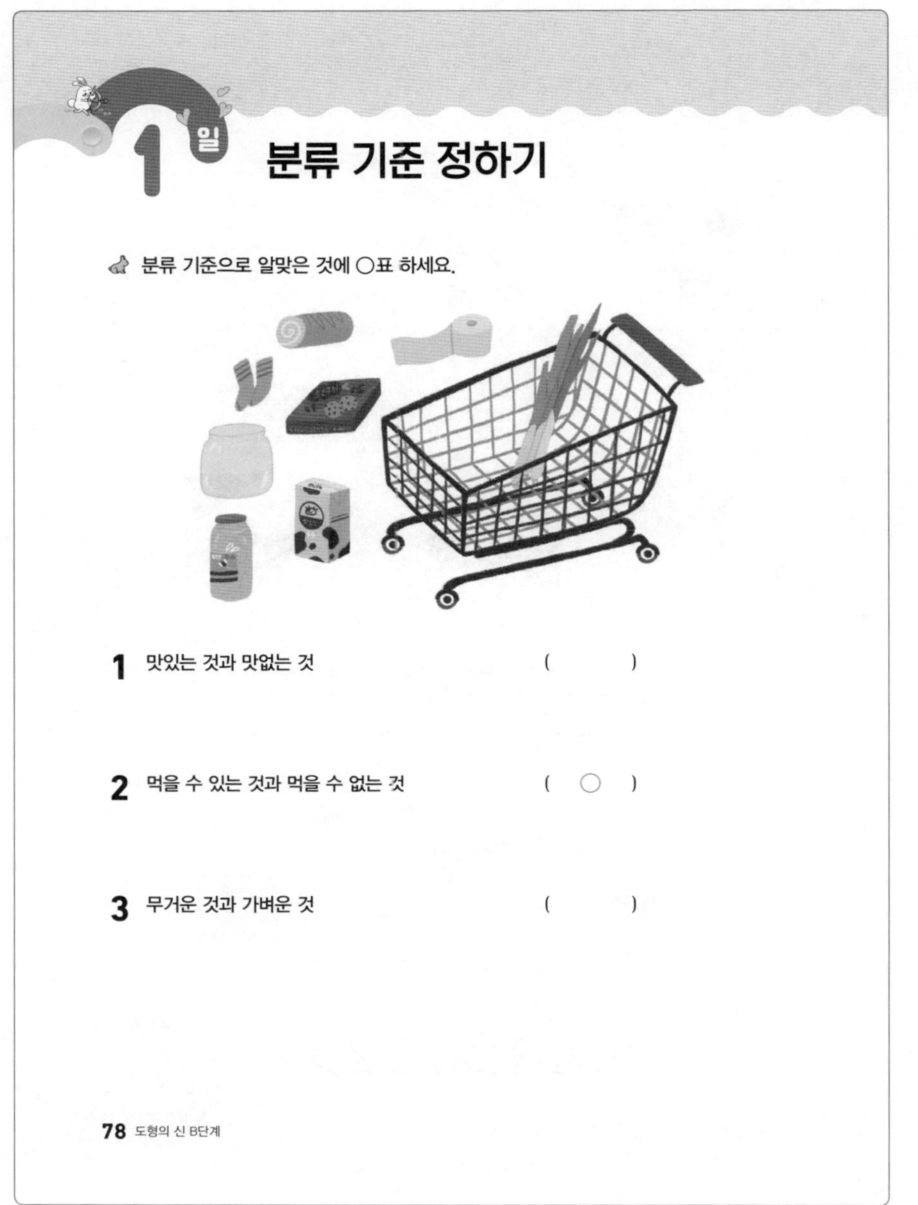

1일 분류 기준 정하기

분류 기준으로 알맞은 것에 ○표 하세요.

1 맛있는 것과 맛없는 것 (　　)

2 먹을 수 있는 것과 먹을 수 없는 것 (○)

3 무거운 것과 가벼운 것 (　　)

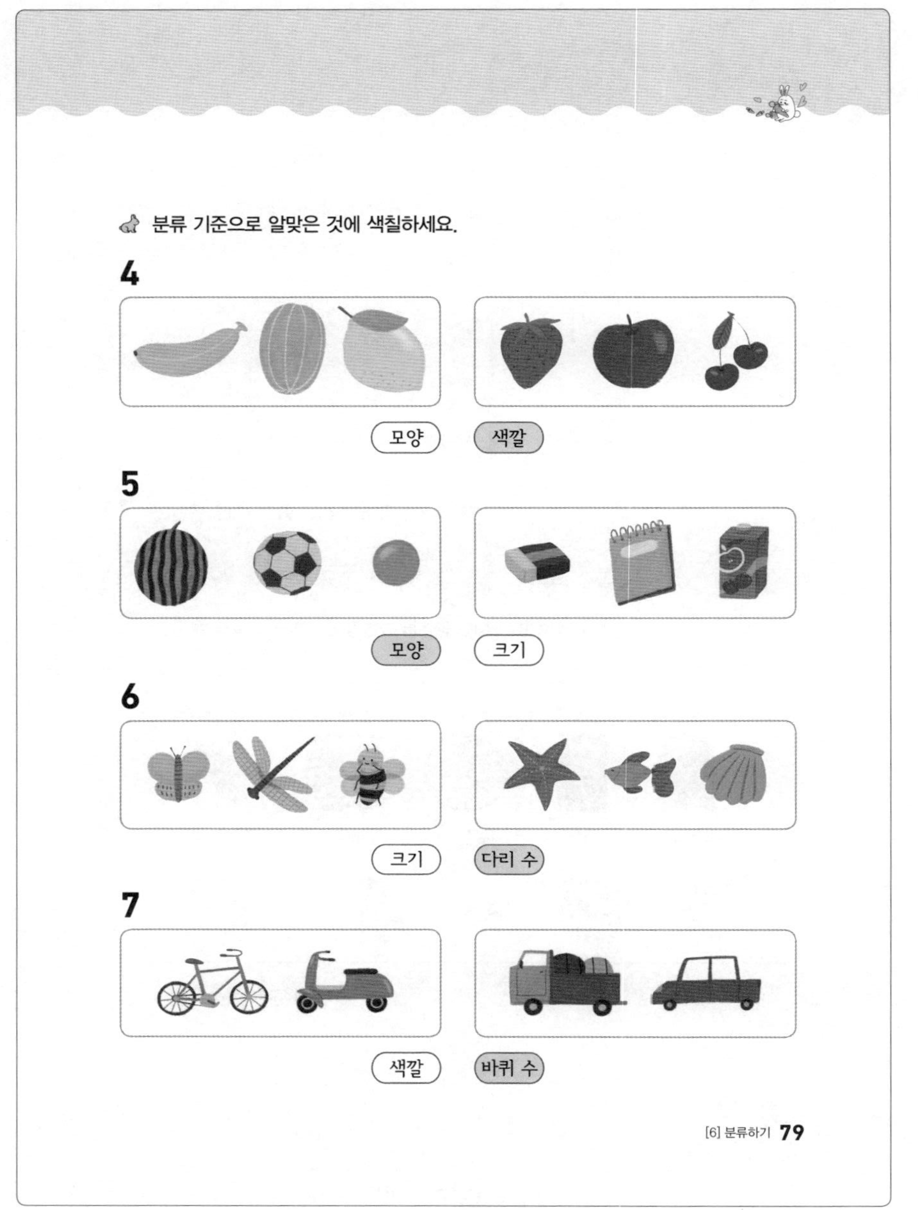

분류 기준으로 알맞은 것에 색칠하세요.

4 모양 색깔

5 모양 크기

6 크기 다리 수

7 색깔 바퀴 수

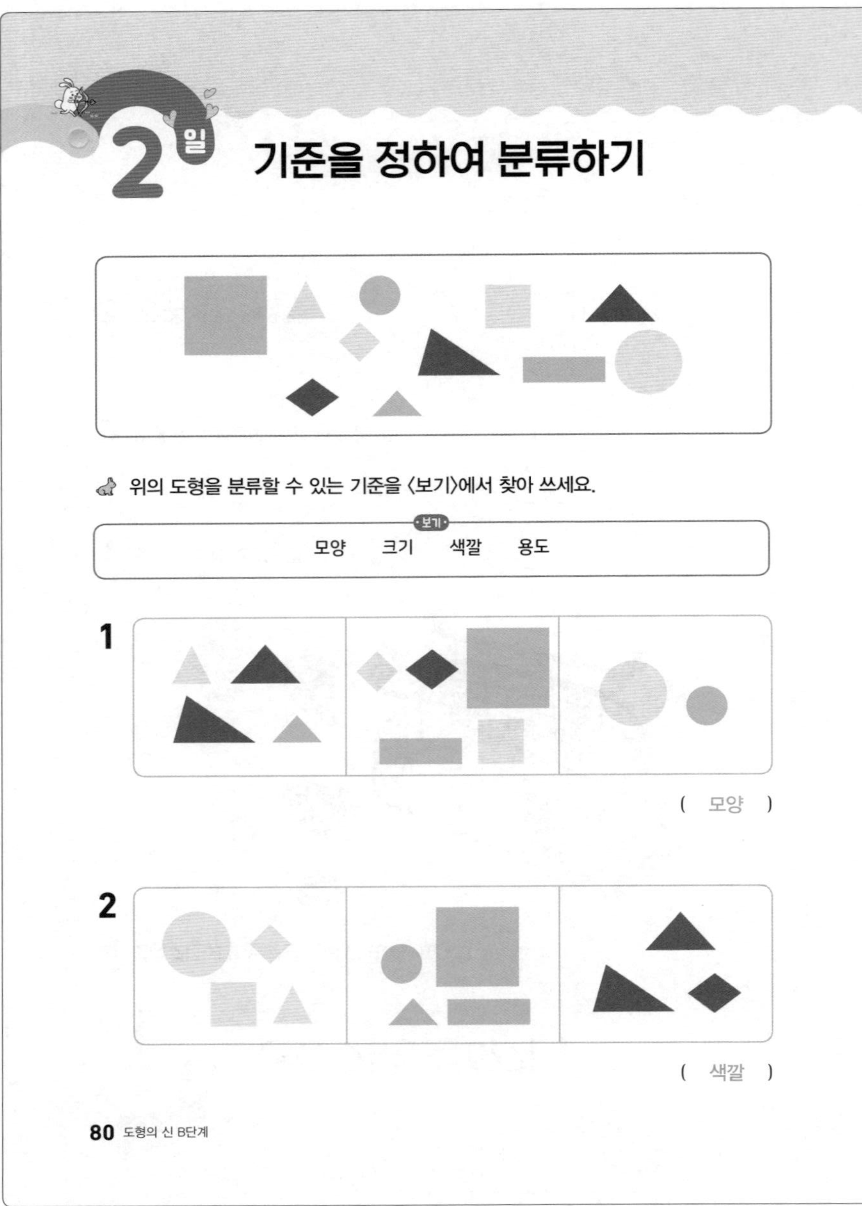

2일 기준을 정하여 분류하기

위의 도형을 분류할 수 있는 기준을 〈보기〉에서 찾아 쓰세요.

보기: 모양 크기 색깔 용도

1 (모양)

2 (색깔)

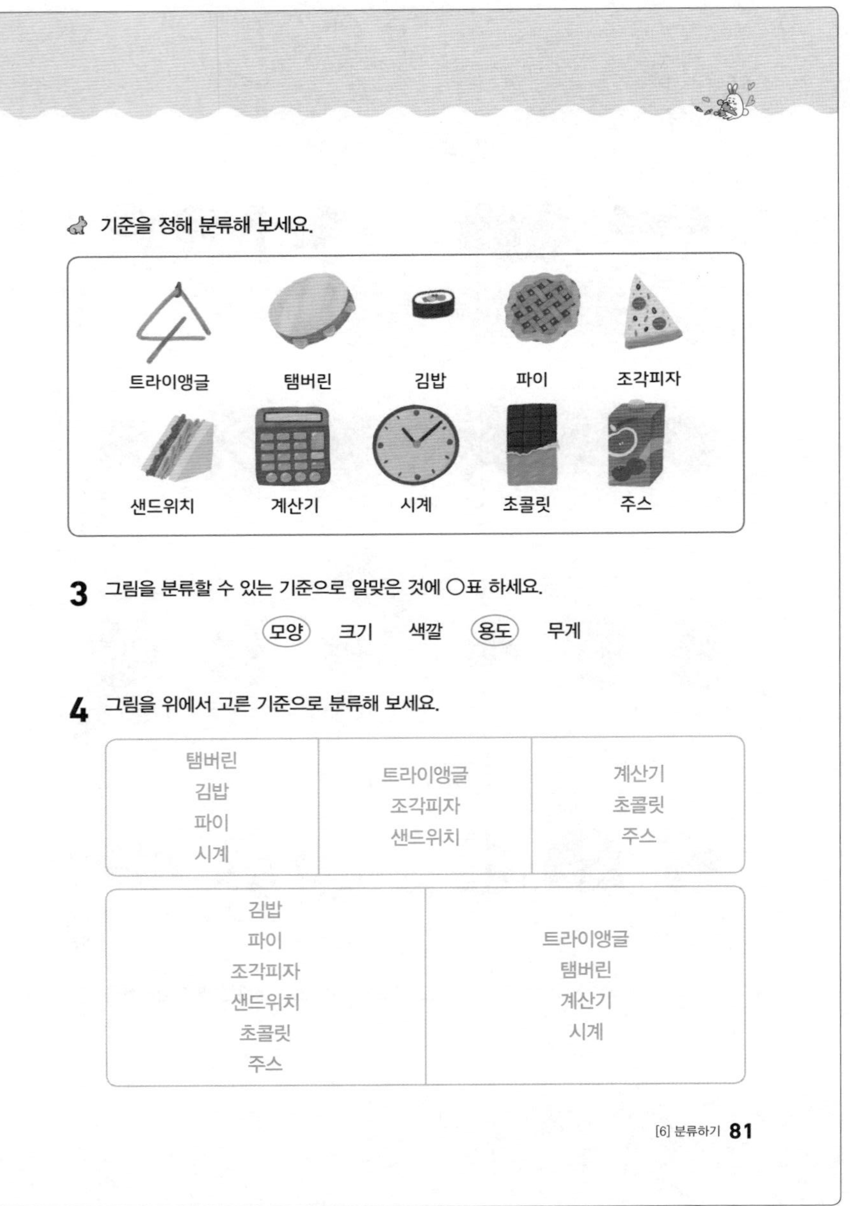

기준을 정해 분류해 보세요.

3 그림을 분류할 수 있는 기준으로 알맞은 것에 ○표 하세요.

(모양) 크기 색깔 (용도) 무게

4 그림을 위에서 고른 기준으로 분류해 보세요.

탬버린, 김밥, 파이, 시계	트라이앵글, 조각피자, 샌드위치	계산기, 초콜릿, 주스

김밥, 파이, 조각피자, 샌드위치, 초콜릿, 주스	트라이앵글, 탬버린, 계산기, 시계

3일 정해진 기준에 따라 분류하기

그림을 보고 주어진 기준에 따라 분류해 보세요.

기린 코끼리 병아리 고양이 까치 소나무 곰
해바라기 부엉이 대나무 강아지 튤립

1 날개가 있는 것을 기준으로 정해 분류해 보세요.

병아리, 까치, 부엉이	기린, 코끼리, 고양이, 소나무, 곰, 해바라기, 대나무, 강아지, 튤립

2 동물인 것을 기준으로 정해 분류해 보세요.

기린, 코끼리, 병아리, 고양이, 까치, 곰, 부엉이, 강아지	소나무, 해바라기, 대나무, 튤립

3 동물들 중에서 발의 수를 기준으로 정해 분류해 보세요.

기린, 코끼리, 고양이, 곰, 강아지	병아리, 까치, 부엉이

동물들을 주어진 기준에 따라 분류해 보세요.

4 물에서 생활하는 동물과 땅에서 생활하는 동물로 분류해 보세요.

오징어, 금붕어, 돌고래	병아리, 곰, 기린, 코끼리, 닭

5 다리가 있는 것과 없는 것으로 분류해 보세요.

오징어, 병아리, 곰, 기린, 코끼리, 닭	금붕어, 돌고래

6 날개가 있는 것과 없는 것으로 분류해 보세요.

병아리, 닭	오징어, 금붕어, 곰, 돌고래, 기린, 코끼리

4일 분류하여 세어 보기

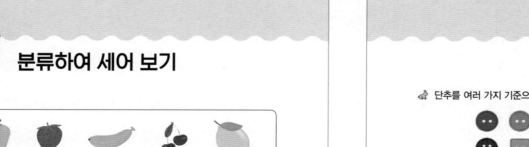

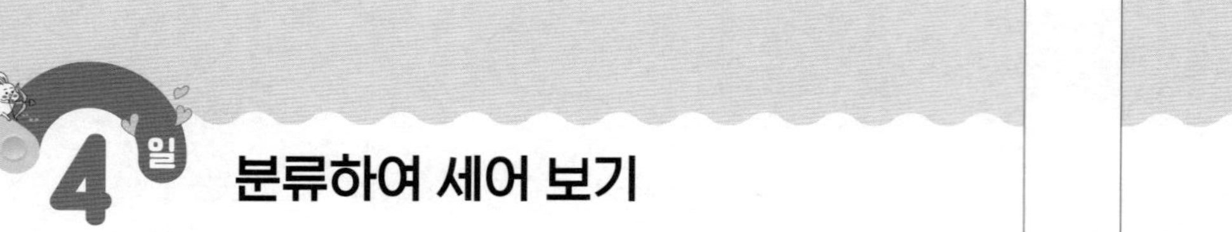

주어진 기준에 따라 분류하고, 그 수를 세어 보세요.

1 종류에 따라 분류하고, 그 수를 세어 보세요.

종류	채소	과일
이름	파프리카, 가지, 고추, 오이	딸기, 바나나, 체리, 레몬, 포도, 사과, 참외, 수박
개수	4	8

2 색깔에 따라 분류하고, 그 수를 세어 보세요.

색깔	노란색	빨간색	초록색	보라색
이름	파프리카, 바나나 레몬, 참외	딸기, 체리 사과, 고추	오이, 수박	포도, 가지
개수	4	4	2	2

단추를 여러 가지 기준으로 분류하고, 그 수를 세어 보세요.

3 단추 구멍의 수를 기준으로 분류하고, 그 수를 세어 보세요. (수를 하나씩 셀 때 /을 순서대로 표시하며, 5개를 ##로 나타내면 빠트리지 않고 셀 수 있어요.)

구멍 수	2개	4개
표시하기	## ## / / / /	## / /
개수	14	7

4 단추 모양을 기준으로 분류하고 그 수를 세어 보세요.

모양	동그란 모양	네모난 모양
표시하기	## ## /	## ##
개수	11	10

5 단추 색깔을 기준으로 분류하고, 그 수를 세어 보세요.

2	2	3	4	3	3	4

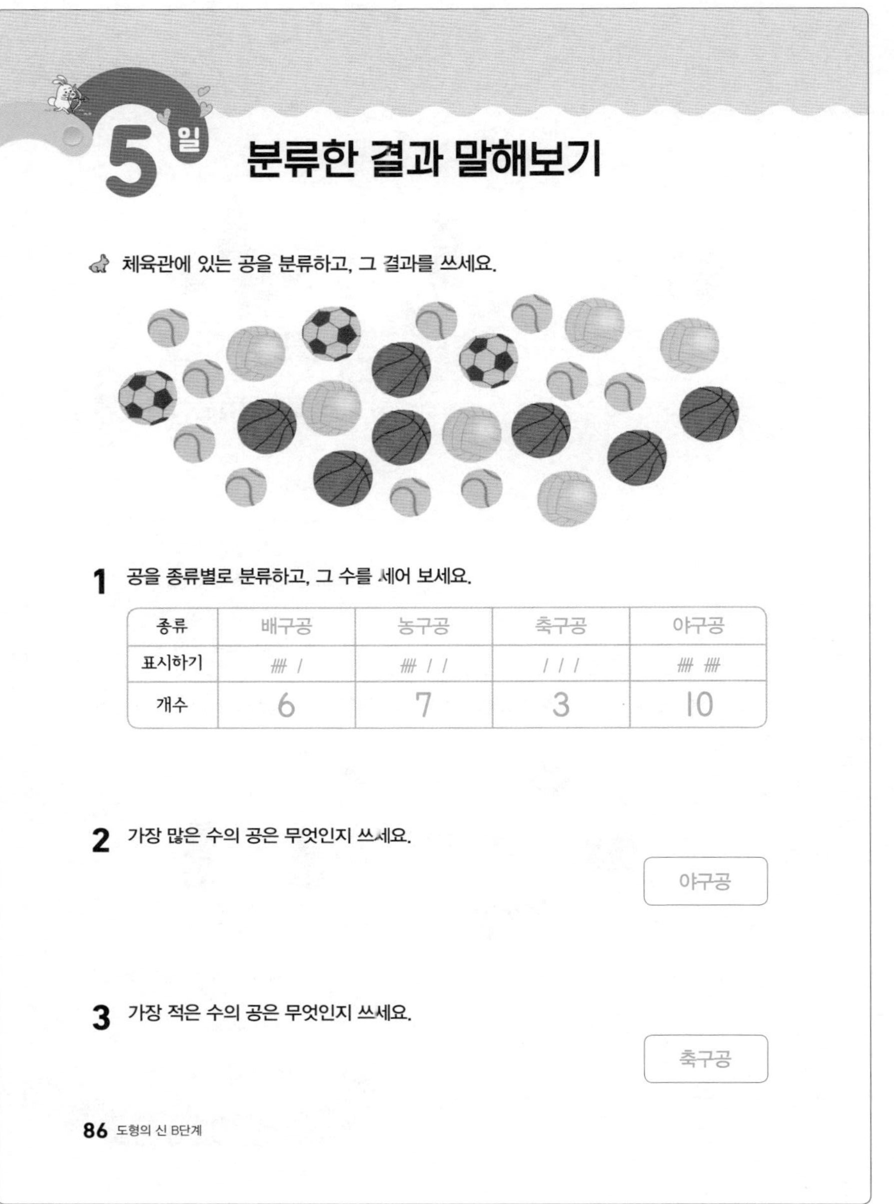

5일 분류한 결과 말해보기

체육관에 있는 공을 분류하고, 그 결과를 쓰세요.

1 공을 종류별로 분류하고, 그 수를 세어 보세요.

종류	배구공	농구공	축구공	야구공
표시하기	卌 /	卌 / /	/ / /	卌 卌
개수	6	7	3	10

2 가장 많은 수의 공은 무엇인지 쓰세요.

야구공

3 가장 적은 수의 공은 무엇인지 쓰세요.

축구공

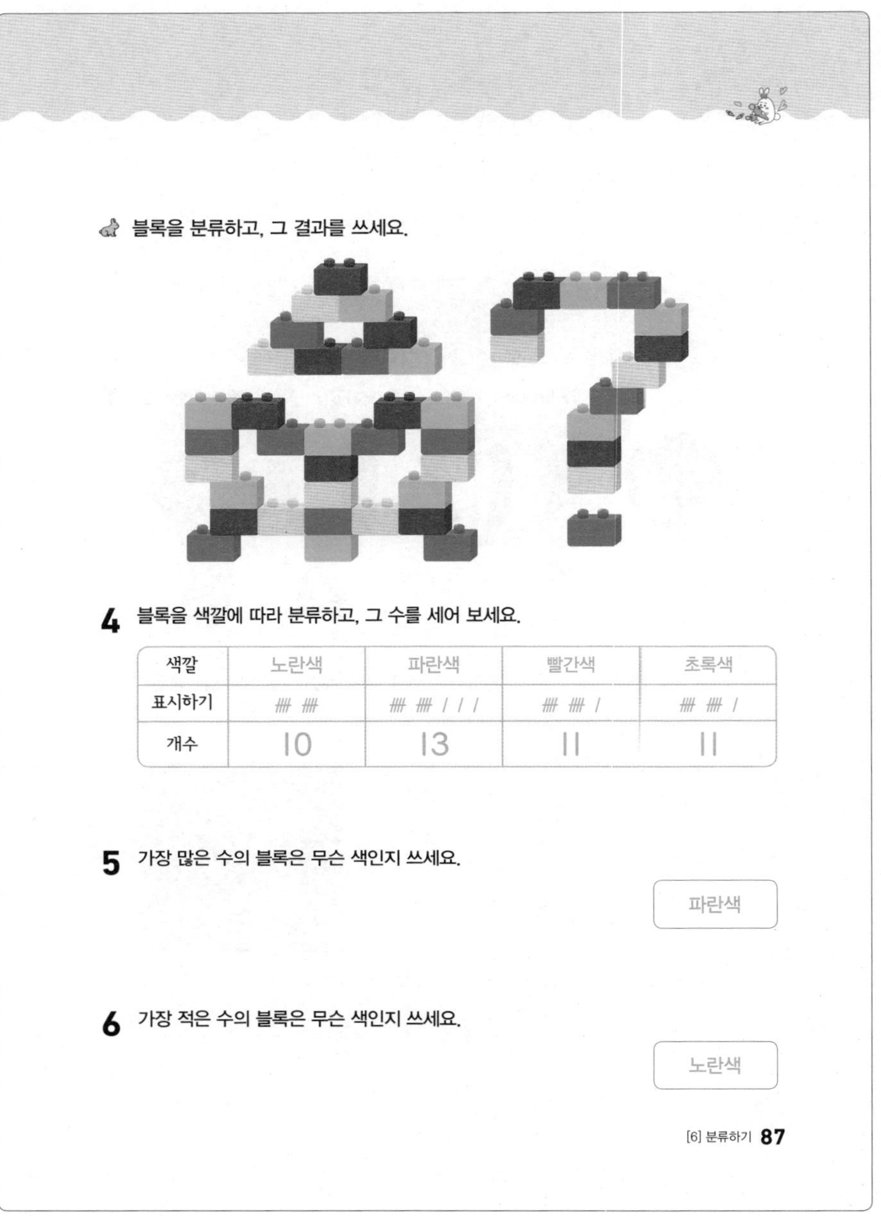

블록을 분류하고, 그 결과를 쓰세요.

4 블록을 색깔에 따라 분류하고, 그 수를 세어 보세요.

색깔	노란색	파란색	빨간색	초록색
표시하기	卌 卌	卌 卌 / / /	卌 卌 /	卌 卌 /
개수	10	13	11	11

5 가장 많은 수의 블록은 무슨 색인지 쓰세요.

파란색

6 가장 적은 수의 블록은 무슨 색인지 쓰세요.

노란색

확인 문제

도형을 분류해 보세요.

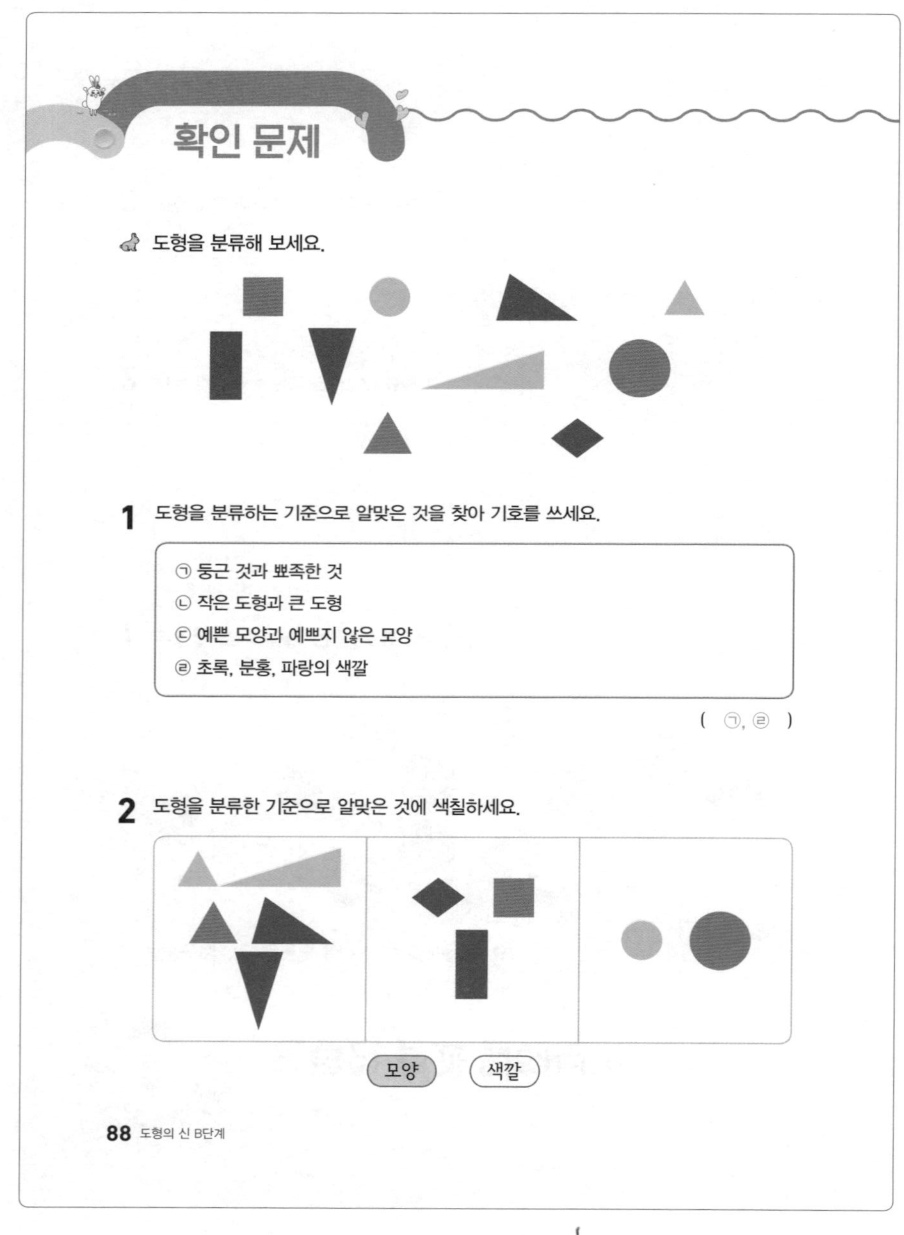

1 도형을 분류하는 기준으로 알맞은 것을 찾아 기호를 쓰세요.

㉠ 둥근 것과 뾰족한 것
㉡ 작은 도형과 큰 도형
㉢ 예쁜 모양과 예쁘지 않은 모양
㉣ 초록, 분홍, 파랑의 색깔

(㉠, ㉣)

2 도형을 분류한 기준으로 알맞은 것에 색칠하세요.

모양 색깔

3 칠교판의 조각을 모양에 따라 분류하고, 그 수를 세어 보세요.

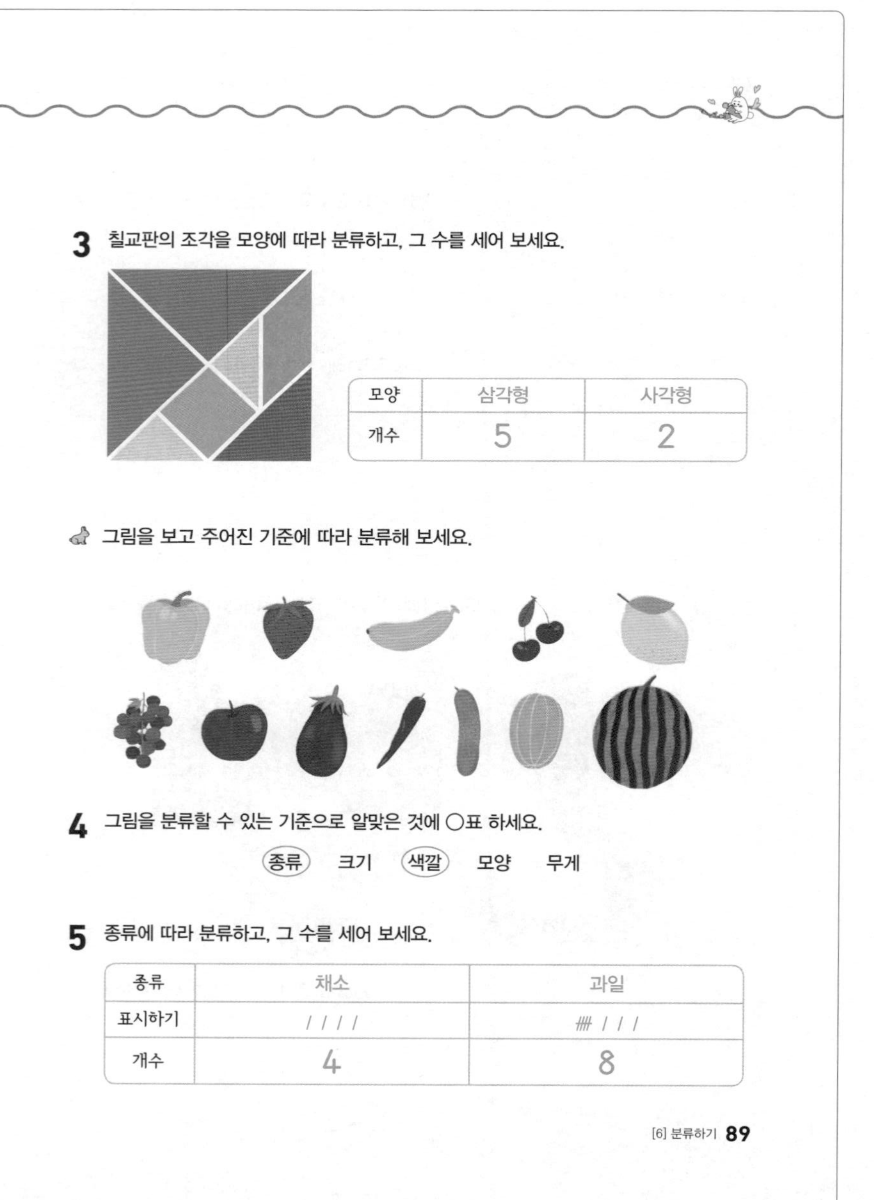

모양	삼각형	사각형
개수	5	2

그림을 보고 주어진 기준에 따라 분류해 보세요.

4 그림을 분류할 수 있는 기준으로 알맞은 것에 ○표 하세요.

(종류) 크기 (색깔) 모양 무게

5 종류에 따라 분류하고, 그 수를 세어 보세요.

종류	채소	과일
표시하기	/ / / /	卌 / / /
개수	4	8

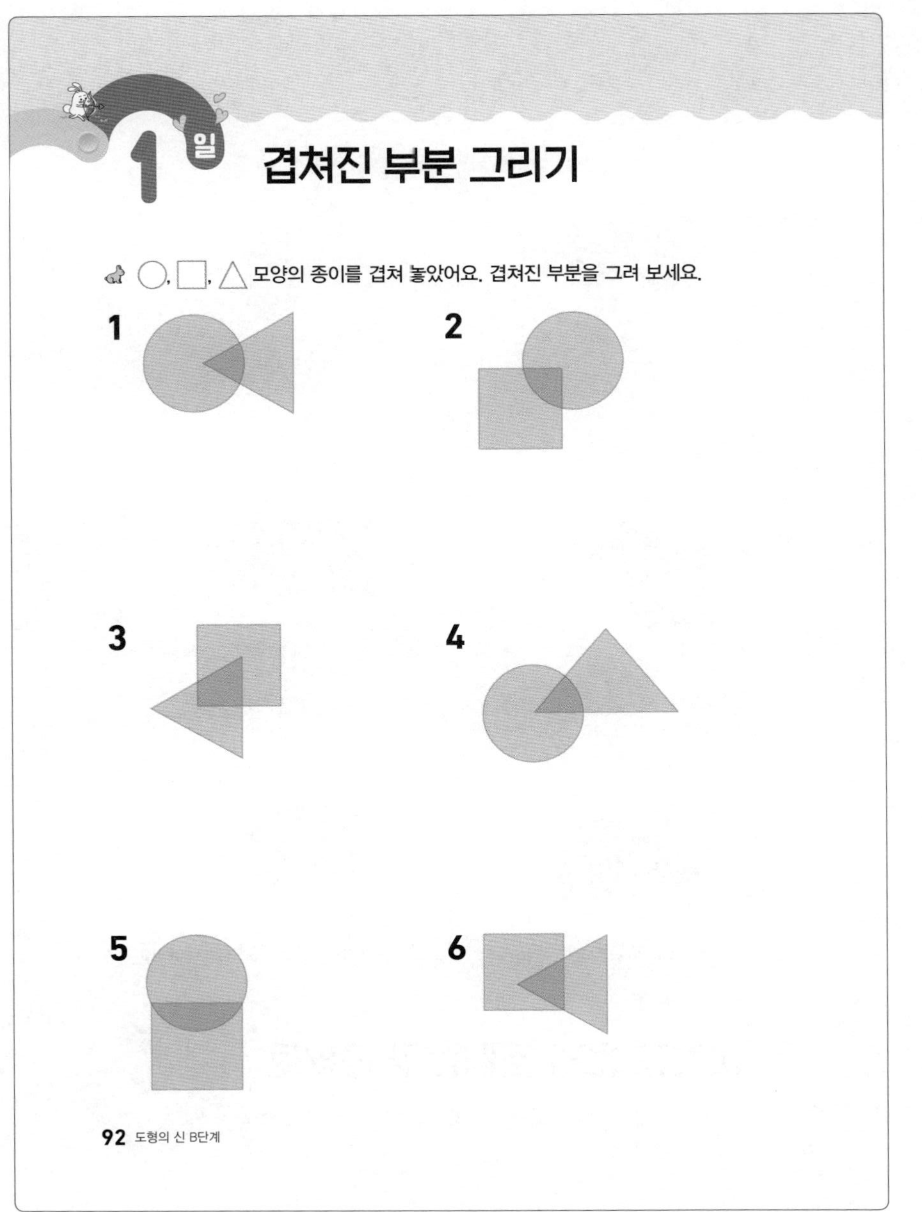

1일

겹쳐진 부분 그리기

○, □, △ 모양의 종이를 겹쳐 놓았어요. 겹쳐진 부분을 그려 보세요.

1

2

3

4

5

6

92 도형의 신 B단계

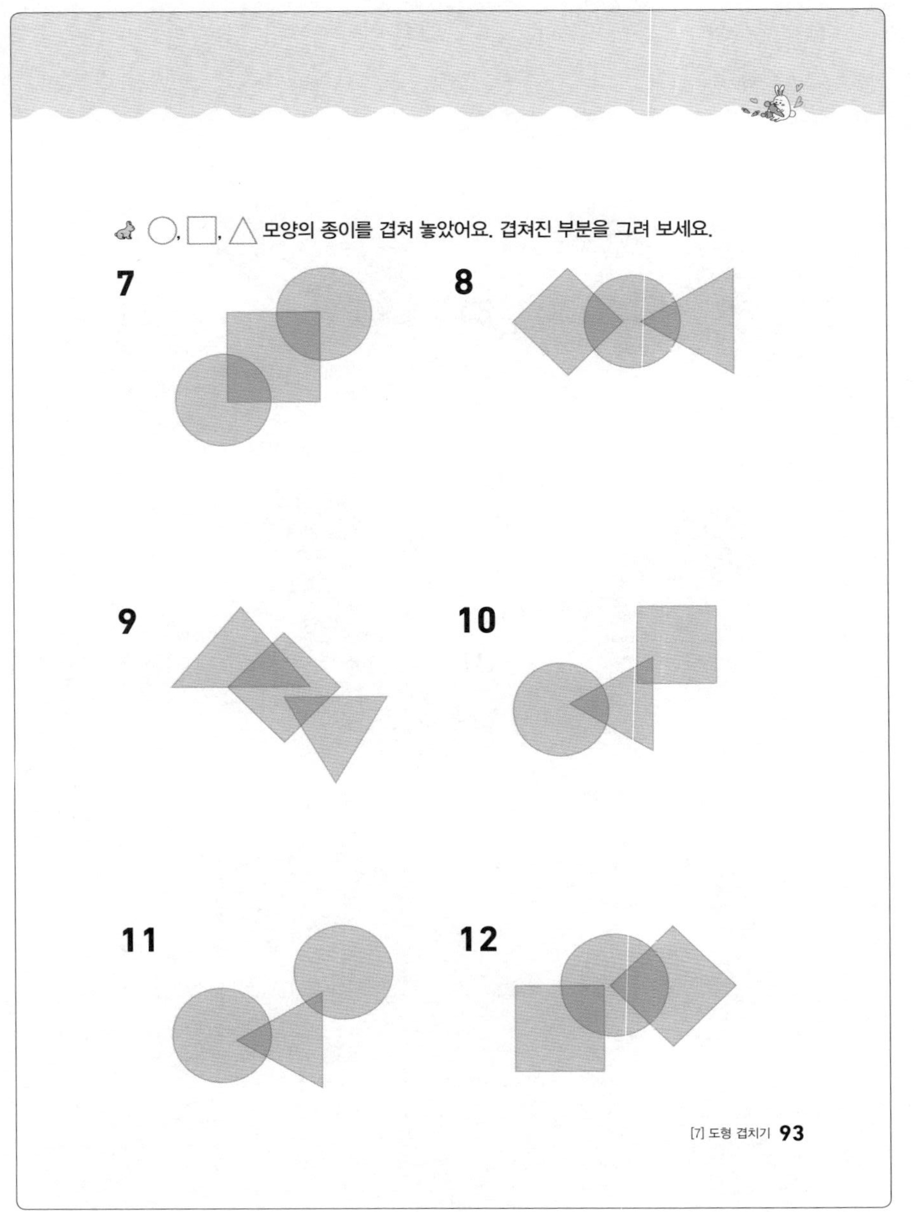

○, □, △ 모양의 종이를 겹쳐 놓았어요. 겹쳐진 부분을 그려 보세요.

7

8

9

10

11

12

[7] 도형 겹치기 93

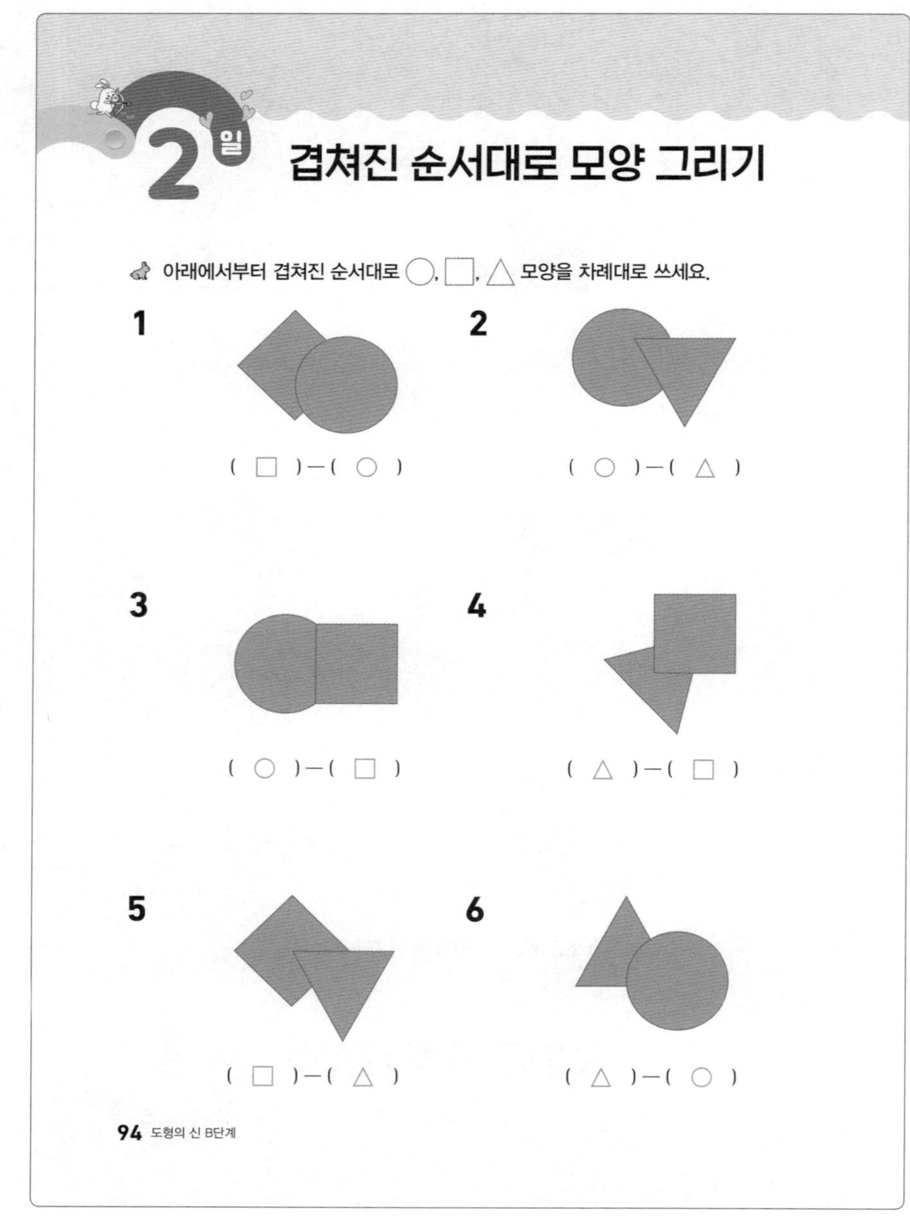

2일 겹쳐진 순서대로 모양 그리기

아래에서부터 겹쳐진 순서대로 ○, □, △ 모양을 차례대로 쓰세요.

1 (□)—(○)

2 (○)—(△)

3 (○)—(□)

4 (△)—(□)

5 (□)—(△)

6 (△)—(○)

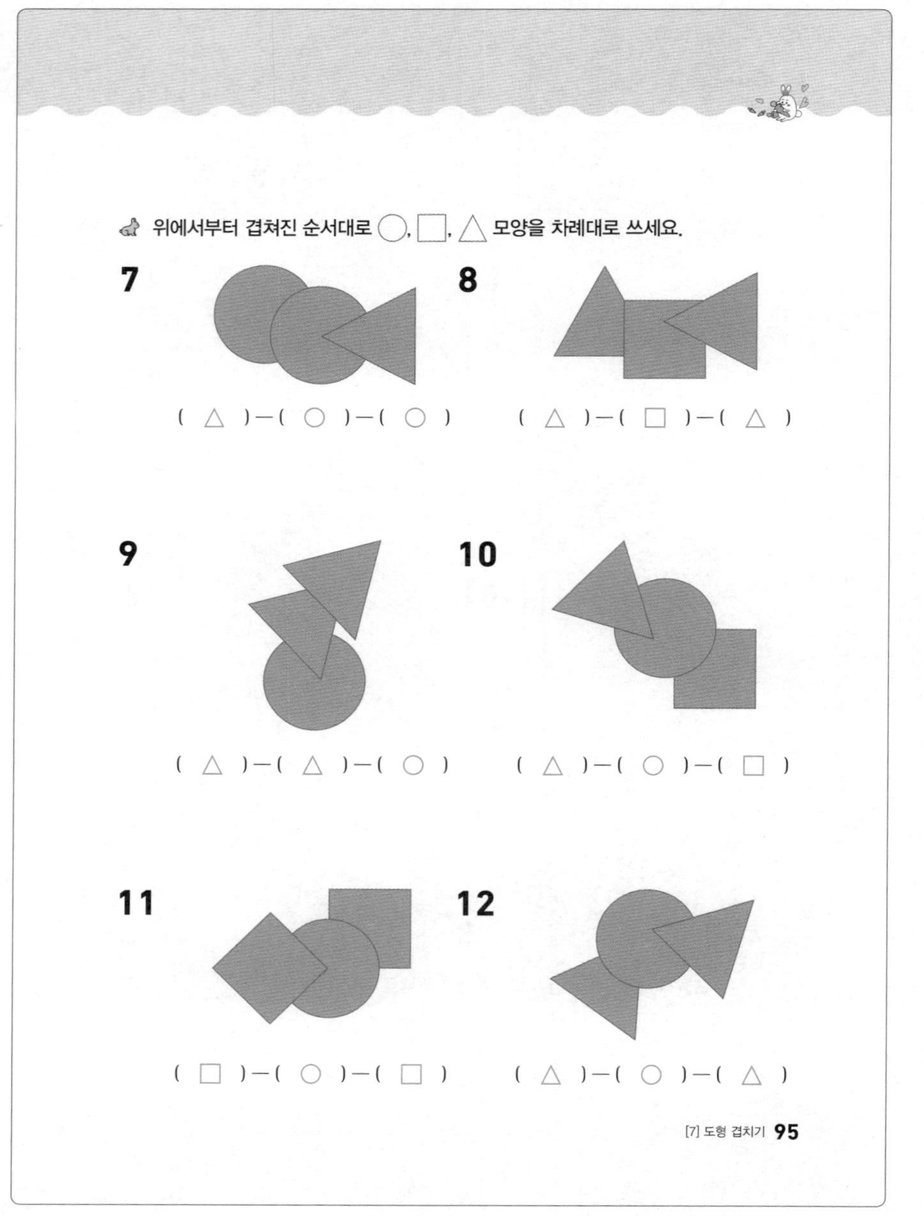

위에서부터 겹쳐진 순서대로 ○, □, △ 모양을 차례대로 쓰세요.

7 (△)—(○)—(○)

8 (△)—(□)—(△)

9 (△)—(△)—(○)

10 (△)—(○)—(□)

11 (□)—(○)—(□)

12 (△)—(○)—(△)

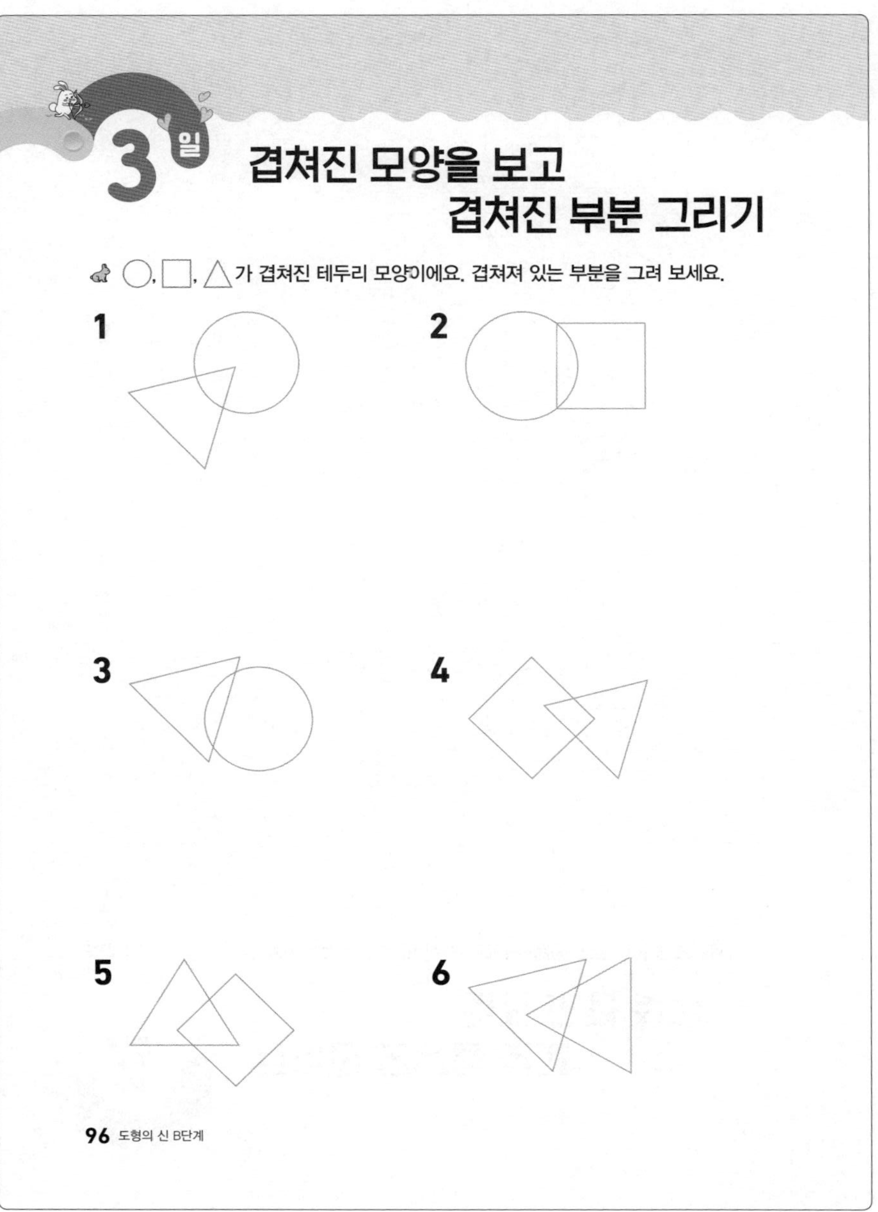

3일

겹쳐진 모양을 보고 겹쳐진 부분 그리기

○, □, △가 겹쳐진 테두리 모양이에요. 겹쳐져 있는 부분을 그려 보세요.

1

2

3

4

5

6

96 도형의 신 B단계

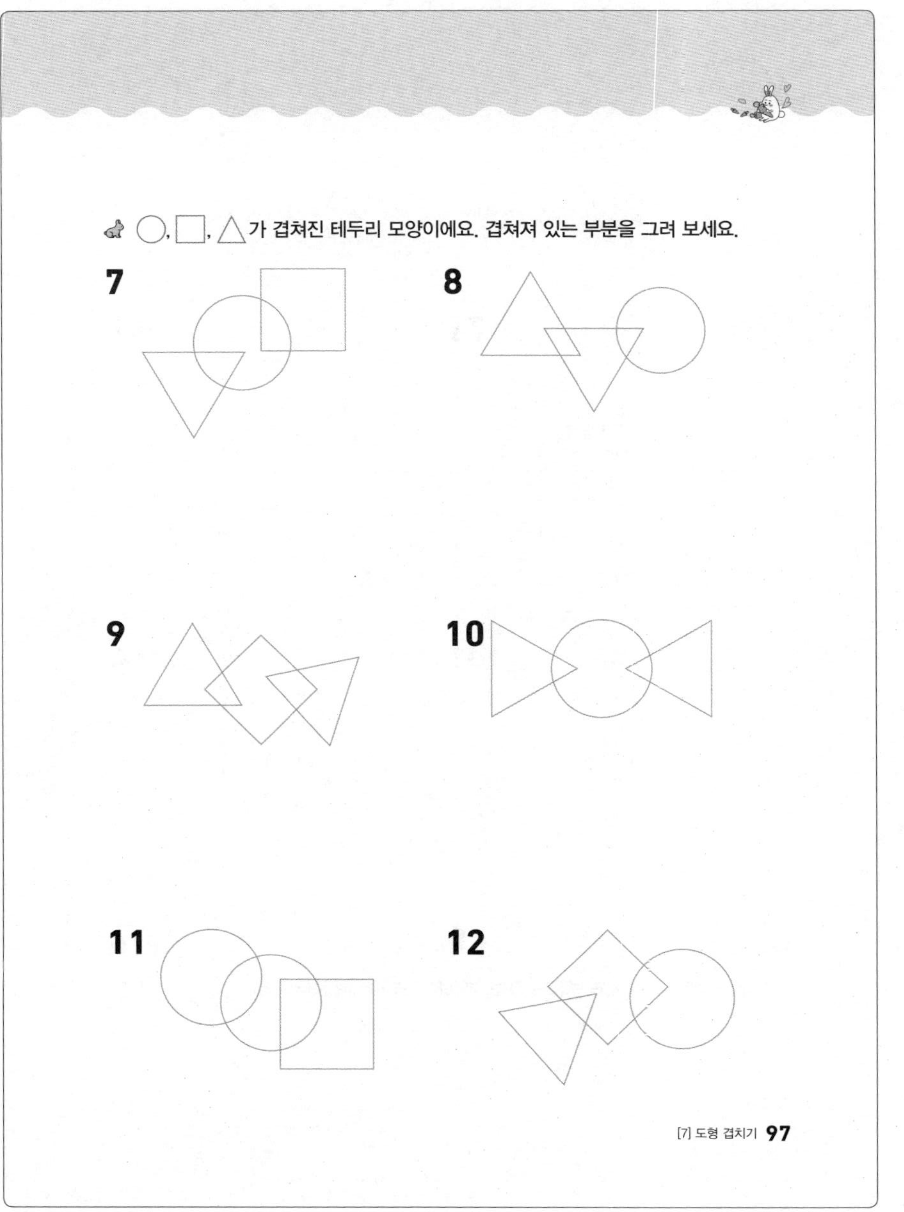

○, □, △가 겹쳐진 테두리 모양이에요. 겹쳐져 있는 부분을 그려 보세요.

7

8

9

10

11

12

[7] 도형 겹치기 97

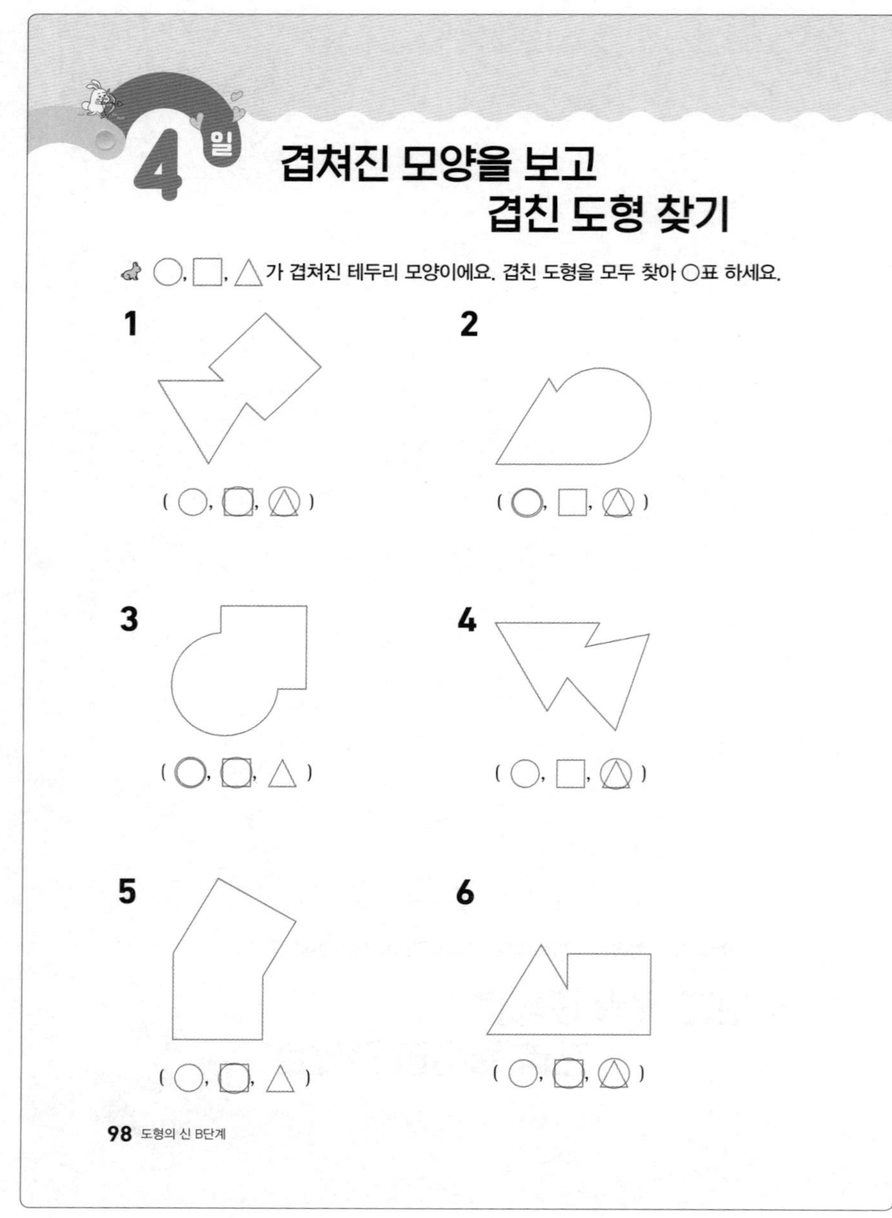

4일 겹쳐진 모양을 보고 겹친 도형 찾기

○, □, △가 겹쳐진 테두리 모양이에요. 겹친 도형을 모두 찾아 ○표 하세요.

1 (○, □, △)

2 (○, □, △)

3 (○, □, △)

4 (○, □, △)

5 (○, □, △)

6 (○, □, △)

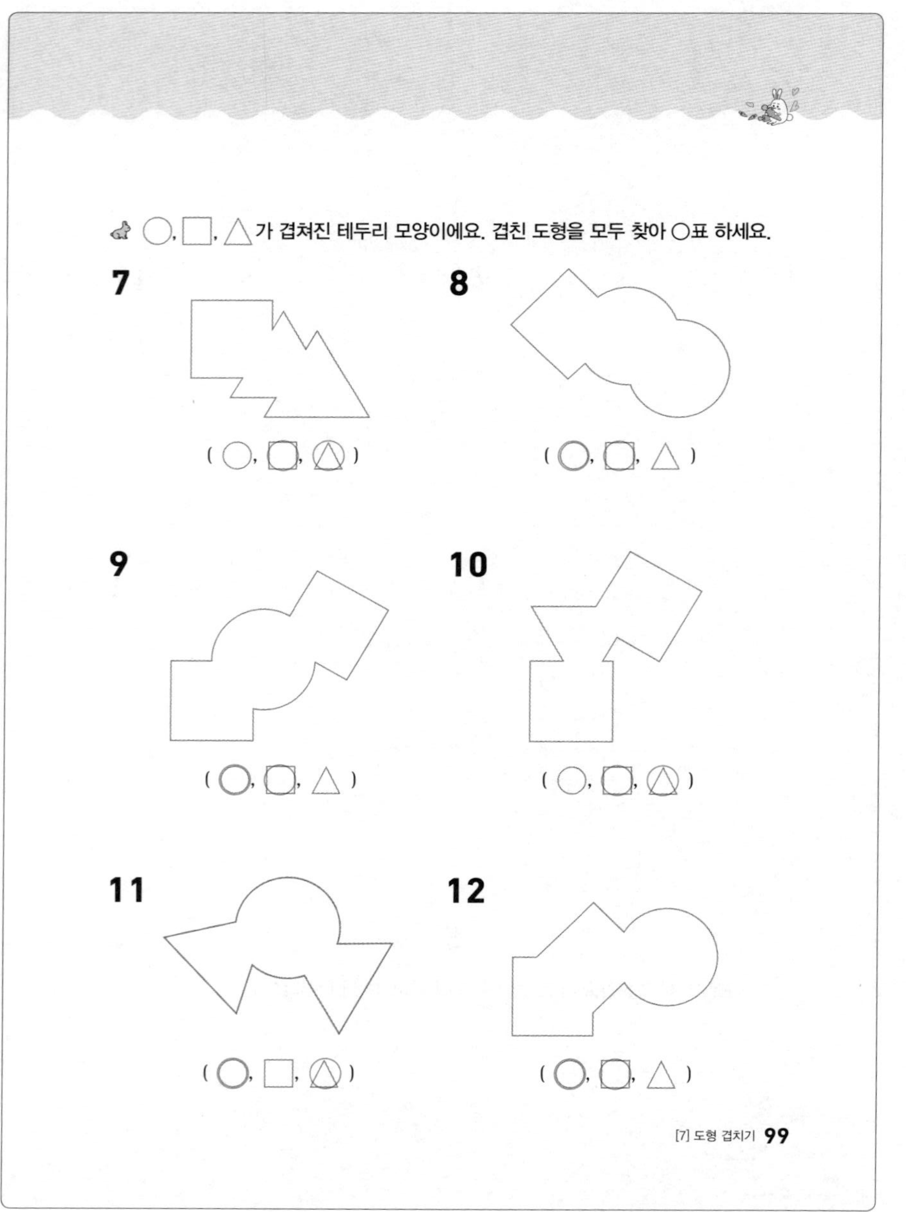

○, □, △가 겹쳐진 테두리 모양이에요. 겹친 도형을 모두 찾아 ○표 하세요.

7 (○, □, △)

8 (○, □, △)

9 (○, □, △)

10 (○, □, △)

11 (○, □, △)

12 (○, □, △)

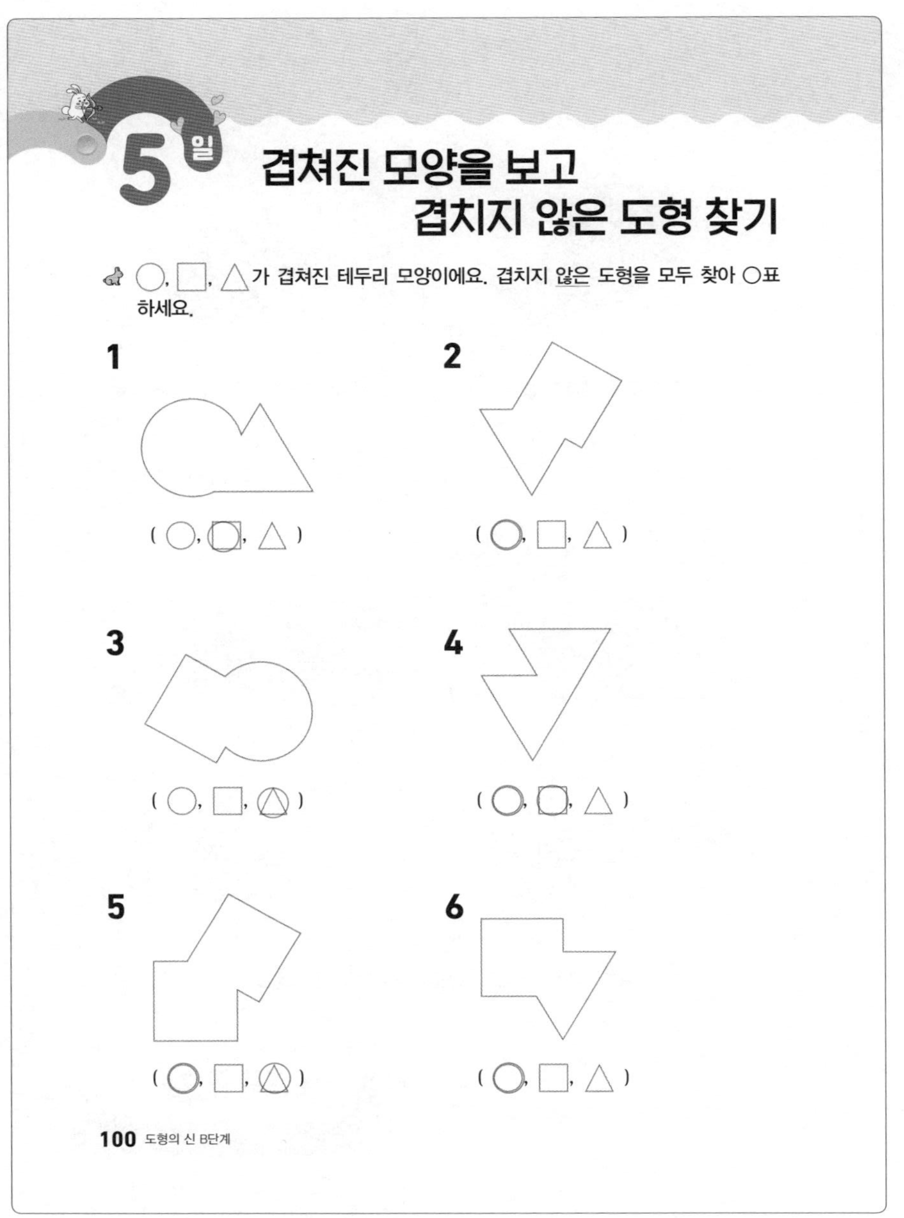

5일

겹쳐진 모양을 보고 겹치지 않은 도형 찾기

○, □, △가 겹쳐진 테두리 모양이에요. 겹치지 않은 도형을 모두 찾아 ○표 하세요.

1 (○, □, △)

2 (○, □, △)

3 (○, □, △)

4 (○, □, △)

5 (○, □, △)

6 (○, □, △)

100 도형의 신 B단계

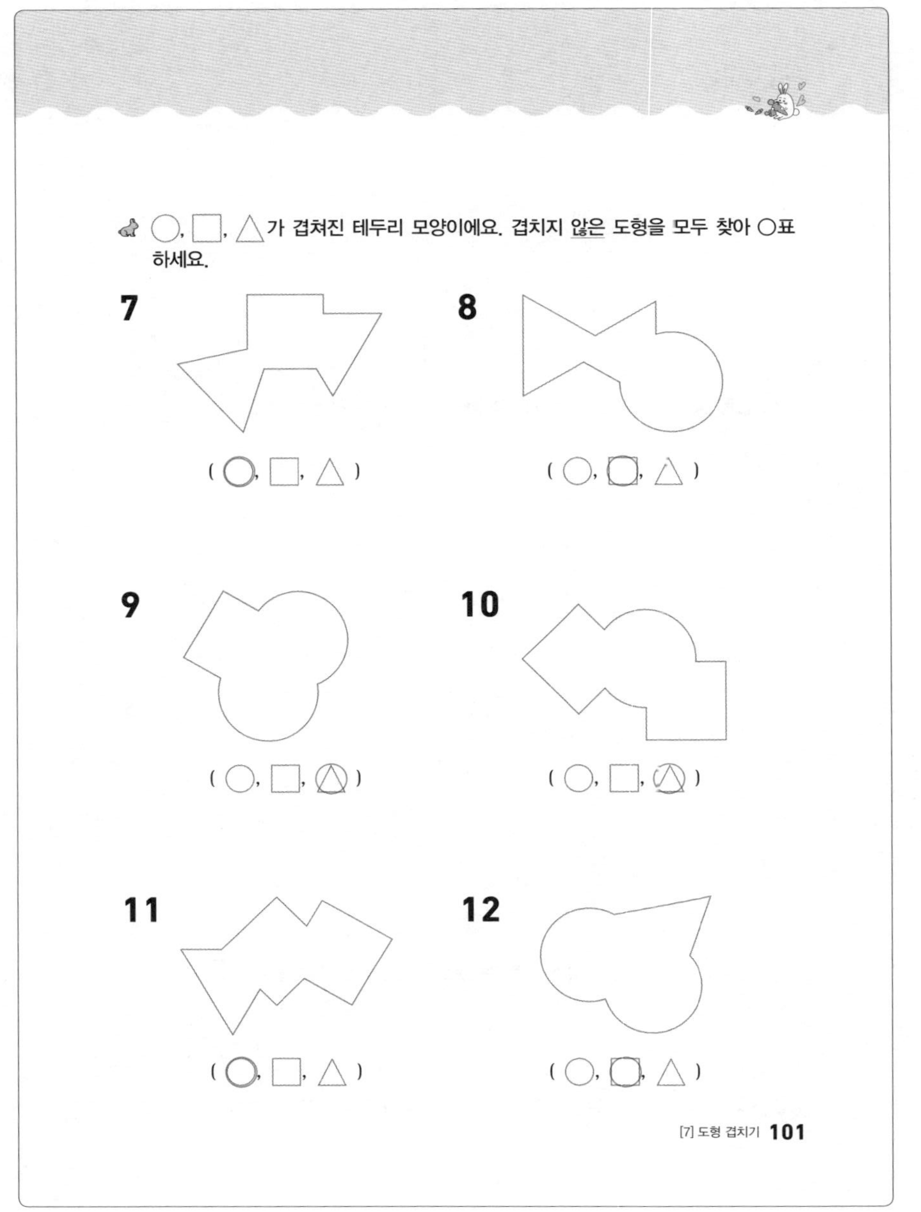

○, □, △가 겹쳐진 테두리 모양이에요. 겹치지 않은 도형을 모두 찾아 ○표 하세요.

7 (○, □, △)

8 (○, □, △)

9 (○, □, △)

10 (○, □, △)

11 (○, □, △)

12 (○, □, △)

[7] 도형 겹치기 101

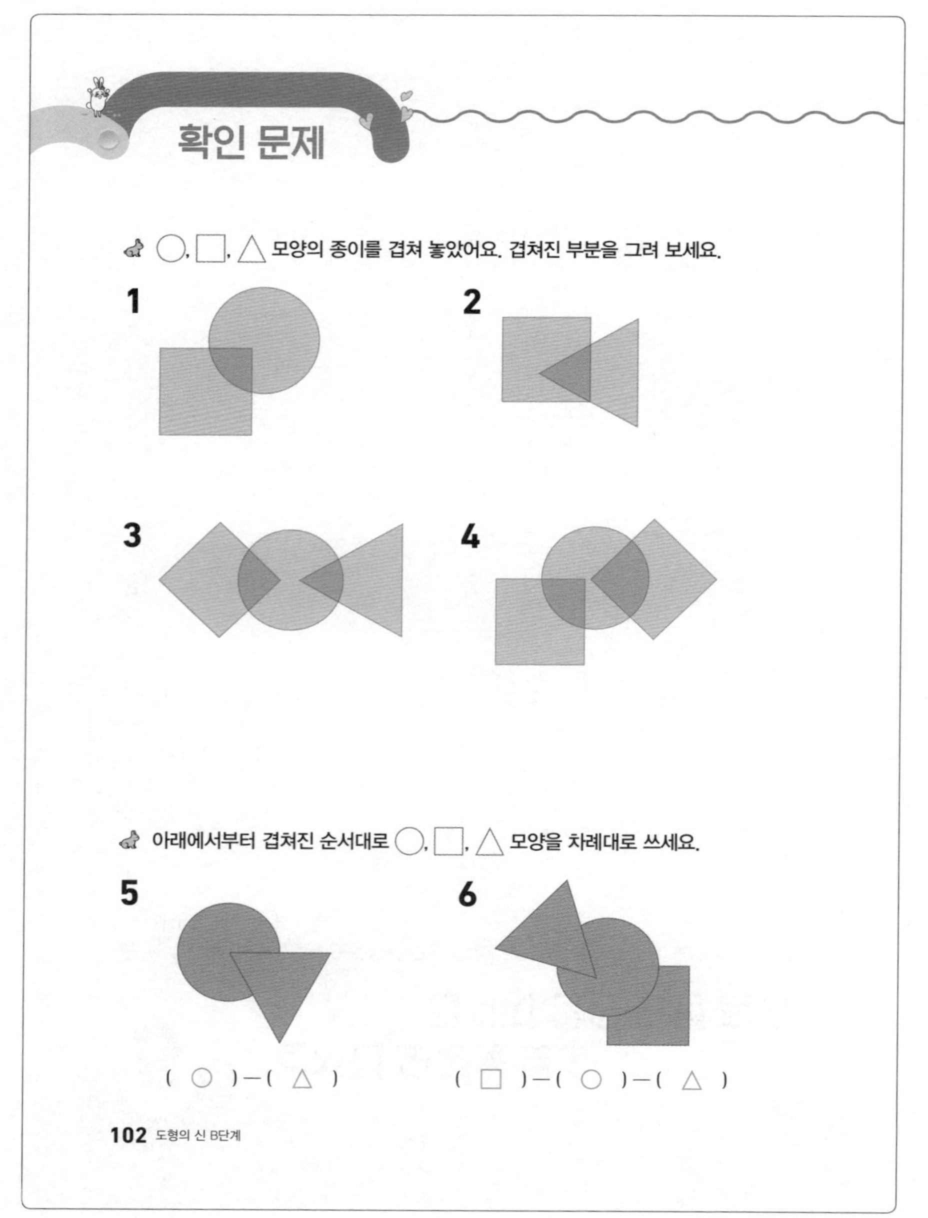

확인 문제

○, □, △ 모양의 종이를 겹쳐 놓았어요. 겹쳐진 부분을 그려 보세요.

1

2

3

4

아래에서부터 겹쳐진 순서대로 ○, □, △ 모양을 차례대로 쓰세요.

5

(○)—(△)

6

(□)—(○)—(△)

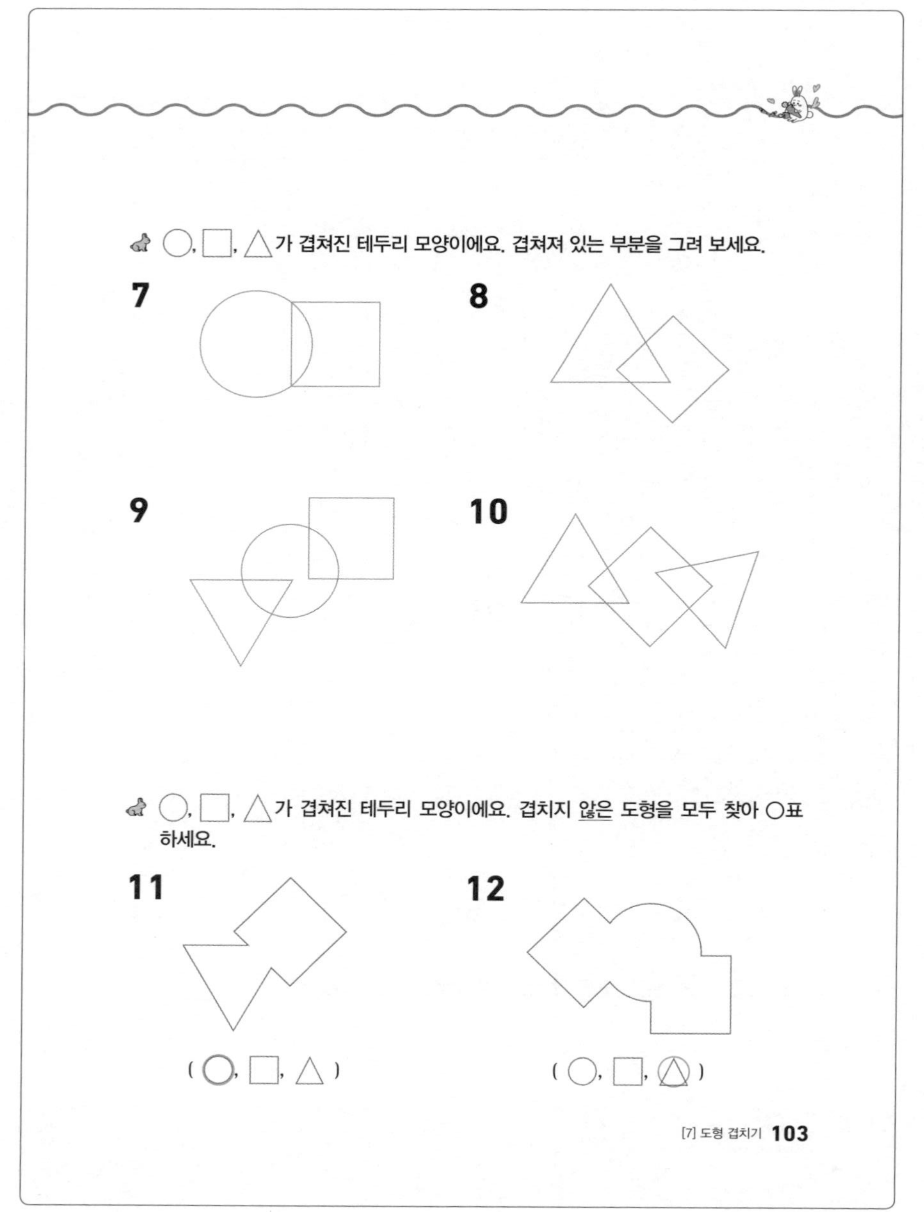

○, □, △가 겹쳐진 테두리 모양이에요. 겹쳐져 있는 부분을 그려 보세요.

7

8

9

10

○, □, △가 겹쳐진 테두리 모양이에요. 겹치지 않은 도형을 모두 찾아 ○표 하세요.

11

(○, □, △)

12

(○, □, △)

1일 쌓기나무의 개수가 다른 모양 찾기

왼쪽과 똑같이 쌓은 모양을 찾아 ○표 하세요.

1

2

나머지와 쌓기나무의 개수가 다른 모양을 찾아 ○표 하세요.

3

4

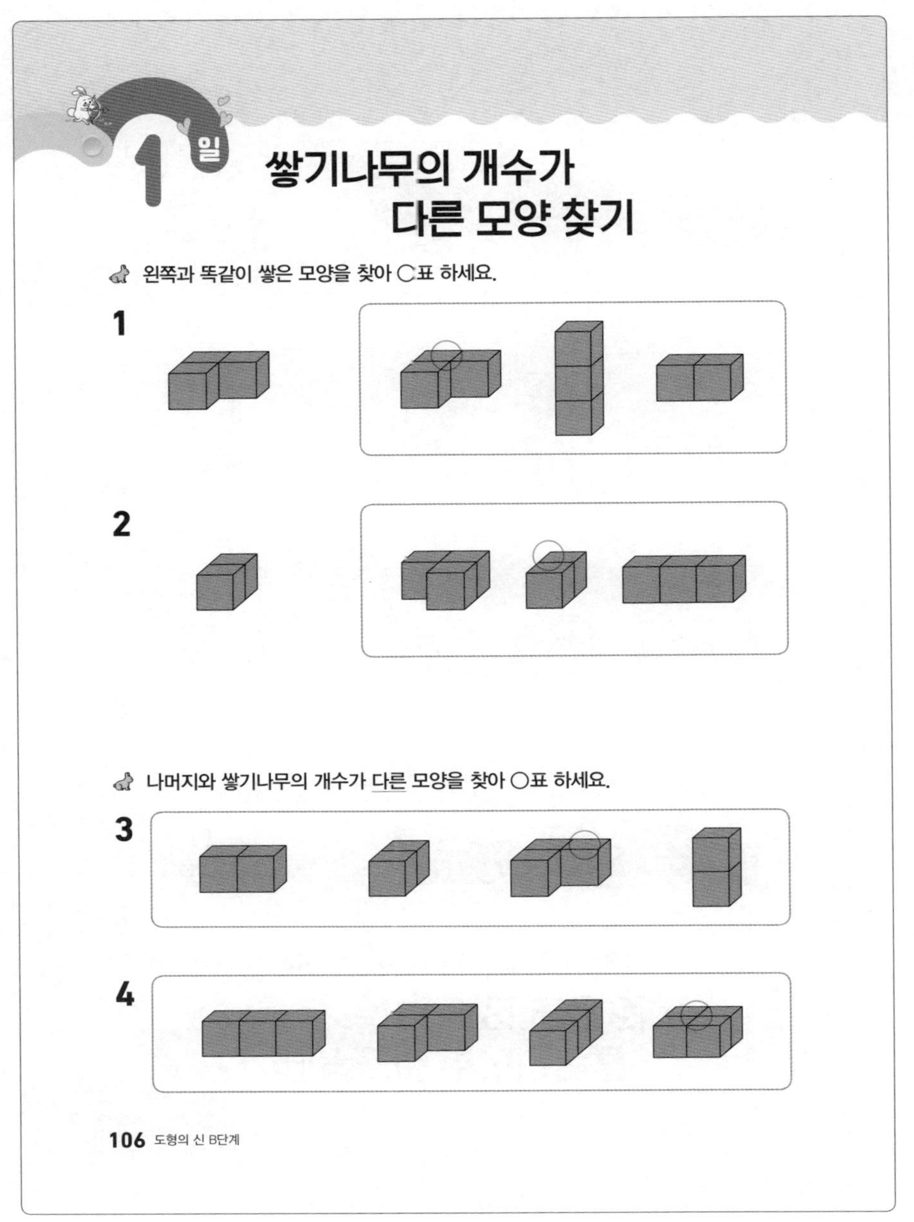

나머지와 쌓기나무의 개수가 다른 모양을 찾아 ○표 하세요.

5

6

쌓기나무 5개로 만든 모양에 ○표 하세요.

7

8

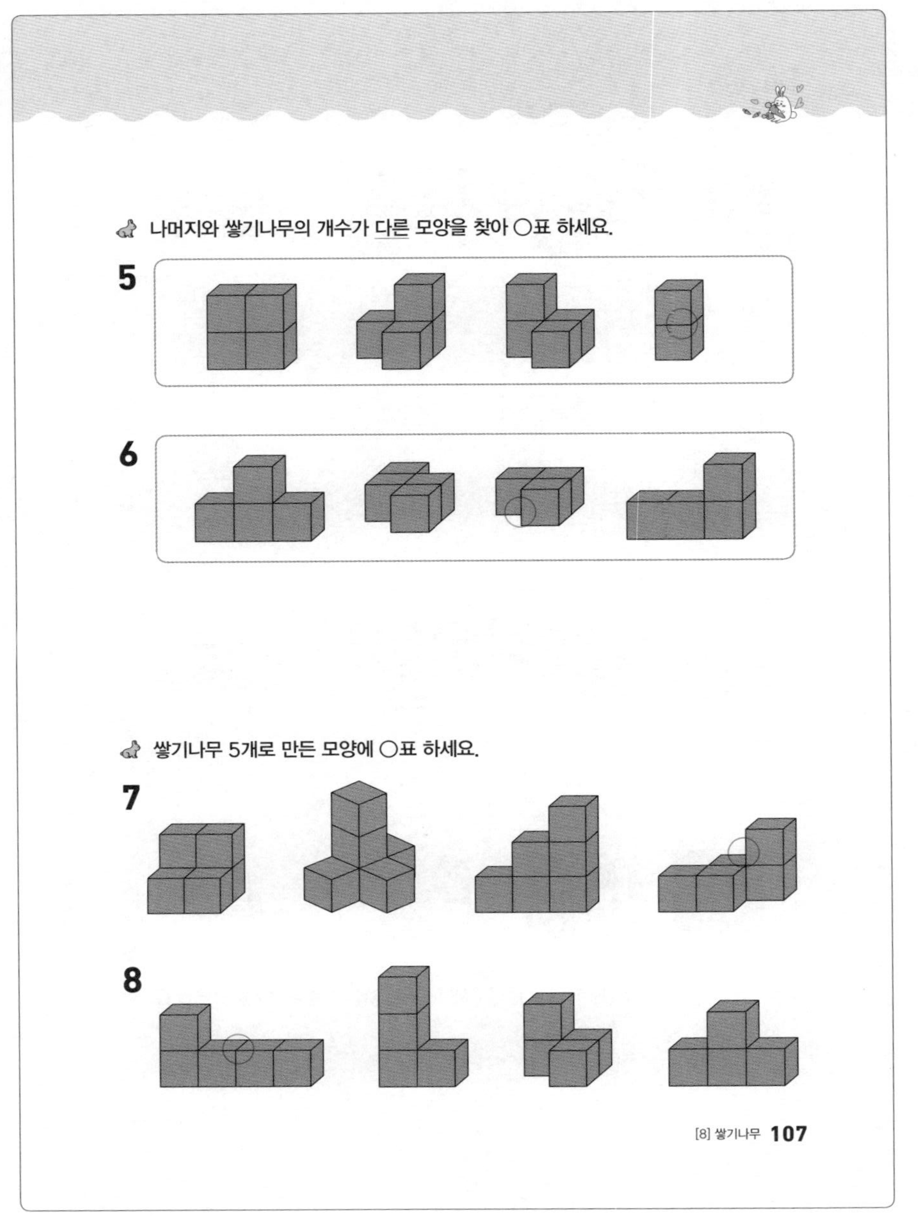

2일 흰 부분에 쌓기나무를 더 붙인 모양 찾기

흰 부분에 쌓기나무를 하나씩 더 붙인 모양을 찾아 ○표 하세요.

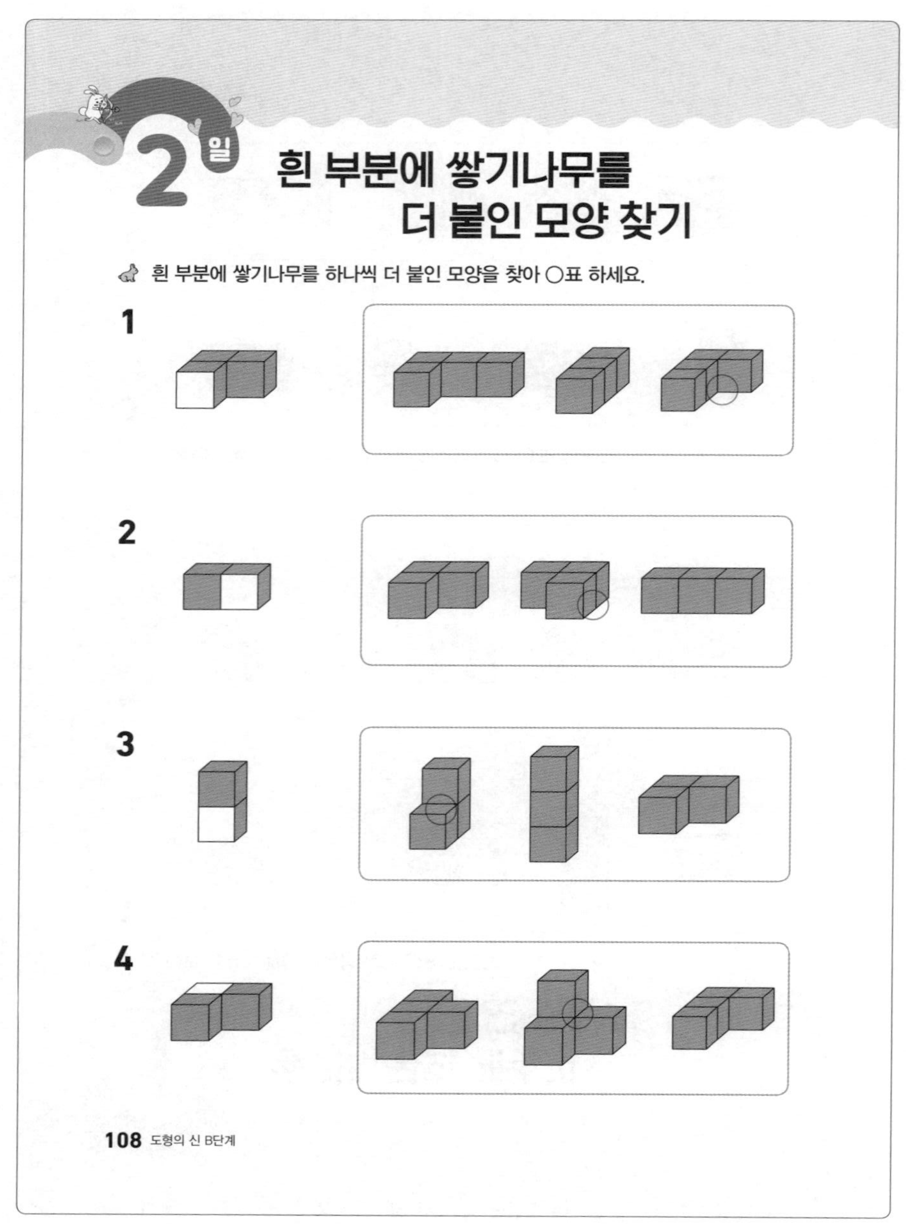

1

2

3

4

흰 부분에 쌓기나무를 하나씩 더 붙인 모양을 찾아 ○표 하세요.

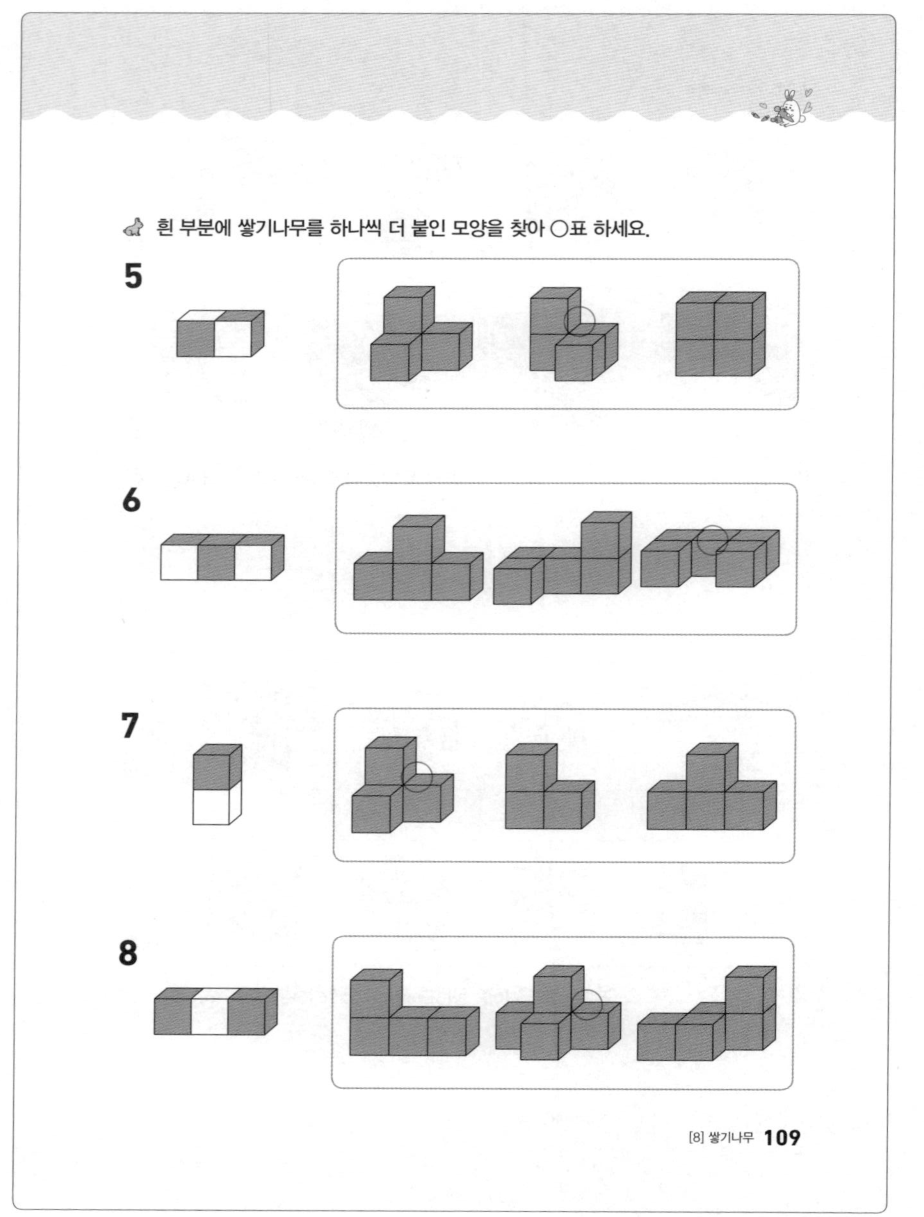

5

6

7

8

3일 같은 모양의 쌓기나무 찾기

왼쪽의 모양을 움직여서 같은 모양이 되는 것을 모두 찾아 ○표 하세요.

1

2

3

4

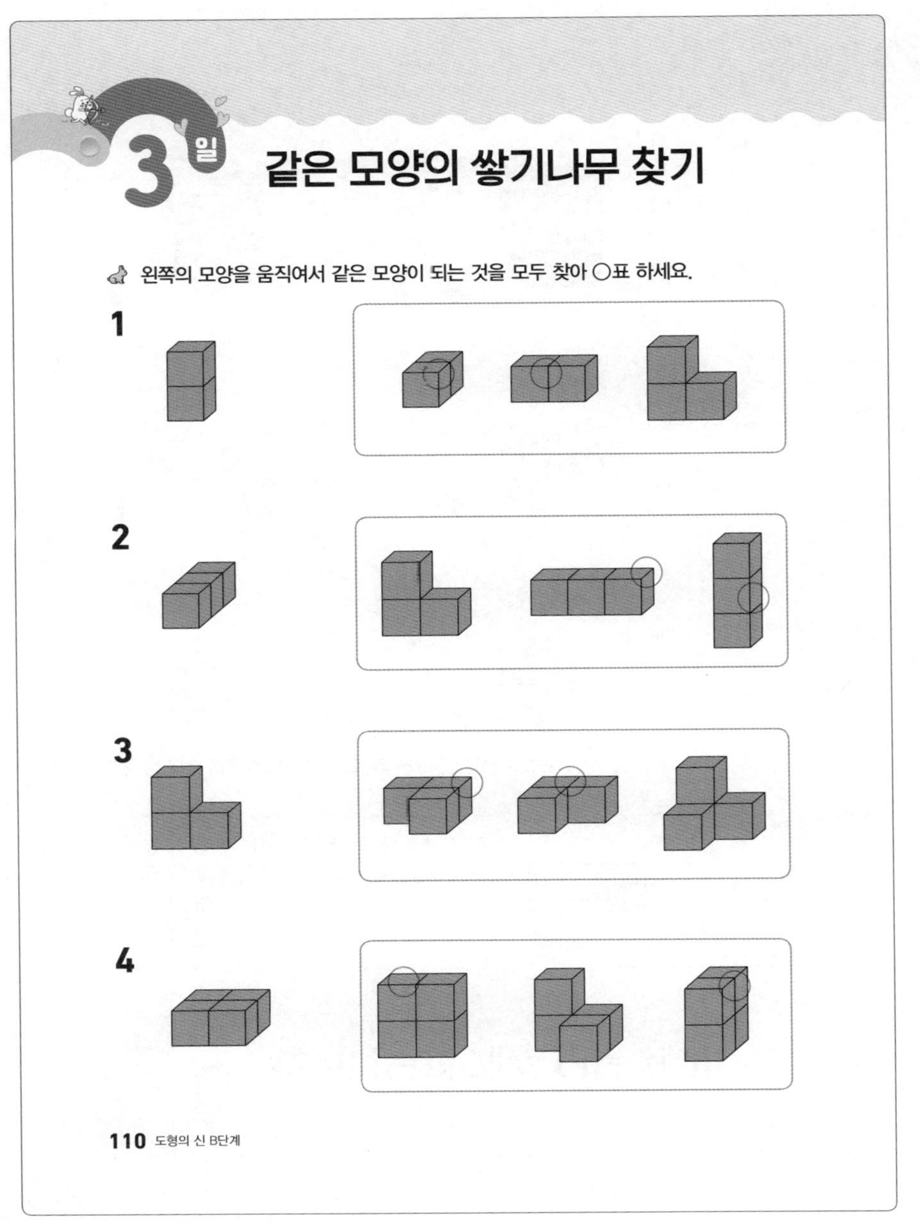

쌓은 모양이 나머지와 다른 하나를 찾아 ○표 하세요.

5

6

7

8

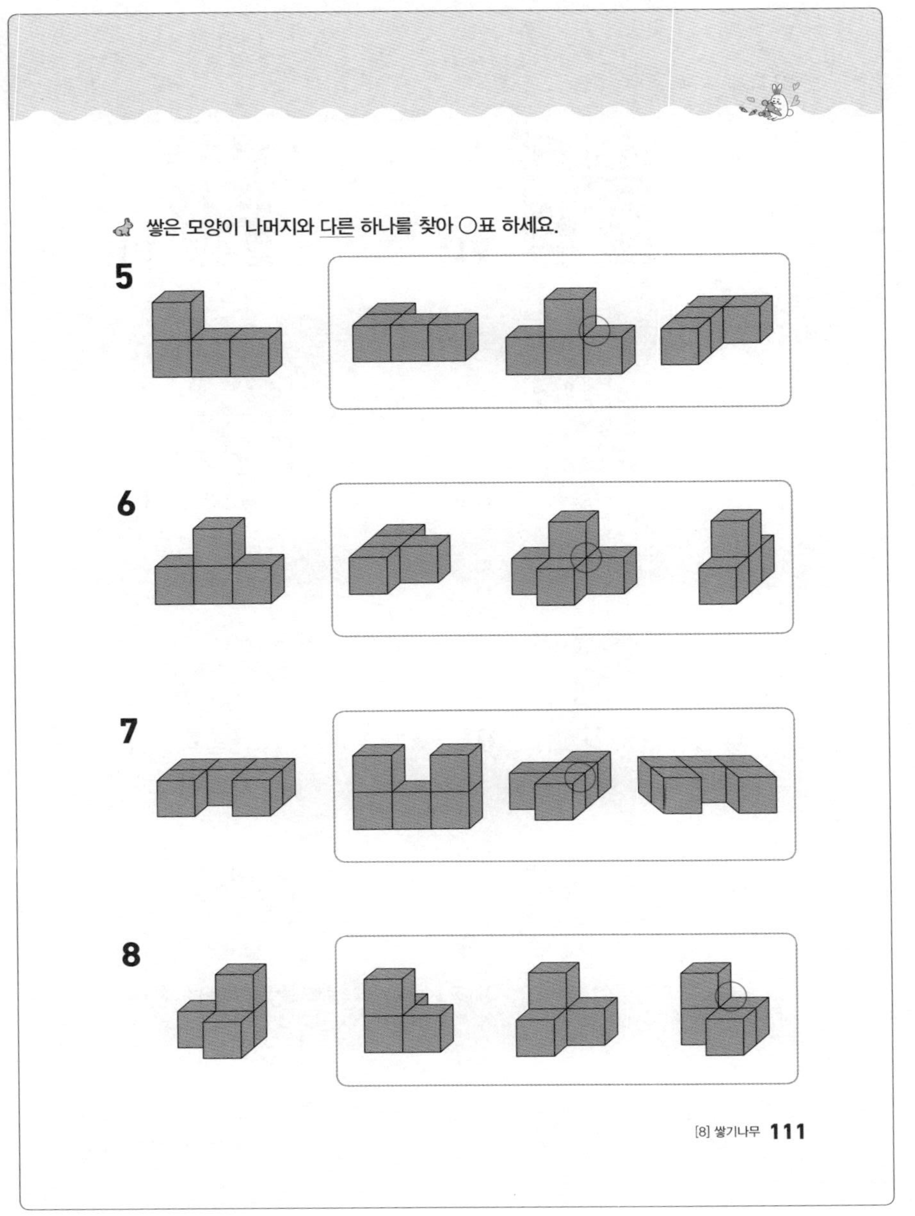

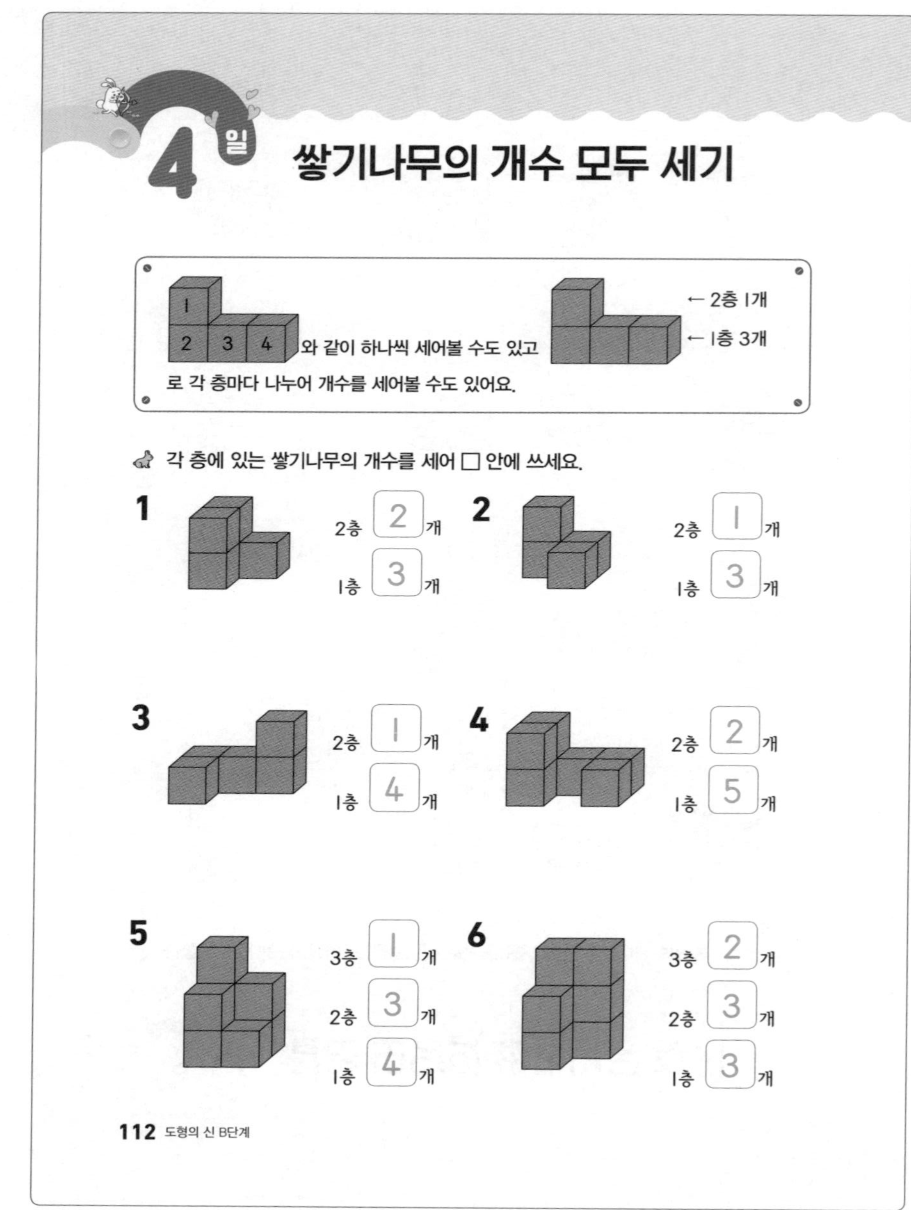

4일 쌓기나무의 개수 모두 세기

1 / 2 3 4 와 같이 하나씩 세어볼 수도 있고 ← 2층 1개 ← 1층 3개 로 각 층마다 나누어 개수를 세어볼 수도 있어요.

각 층에 있는 쌓기나무의 개수를 세어 □ 안에 쓰세요.

1 2층 2개, 1층 3개

2 2층 1개, 1층 3개

3 2층 1개, 1층 4개

4 2층 2개, 1층 5개

5 3층 1개, 2층 3개, 1층 4개

6 3층 2개, 2층 3개, 1층 3개

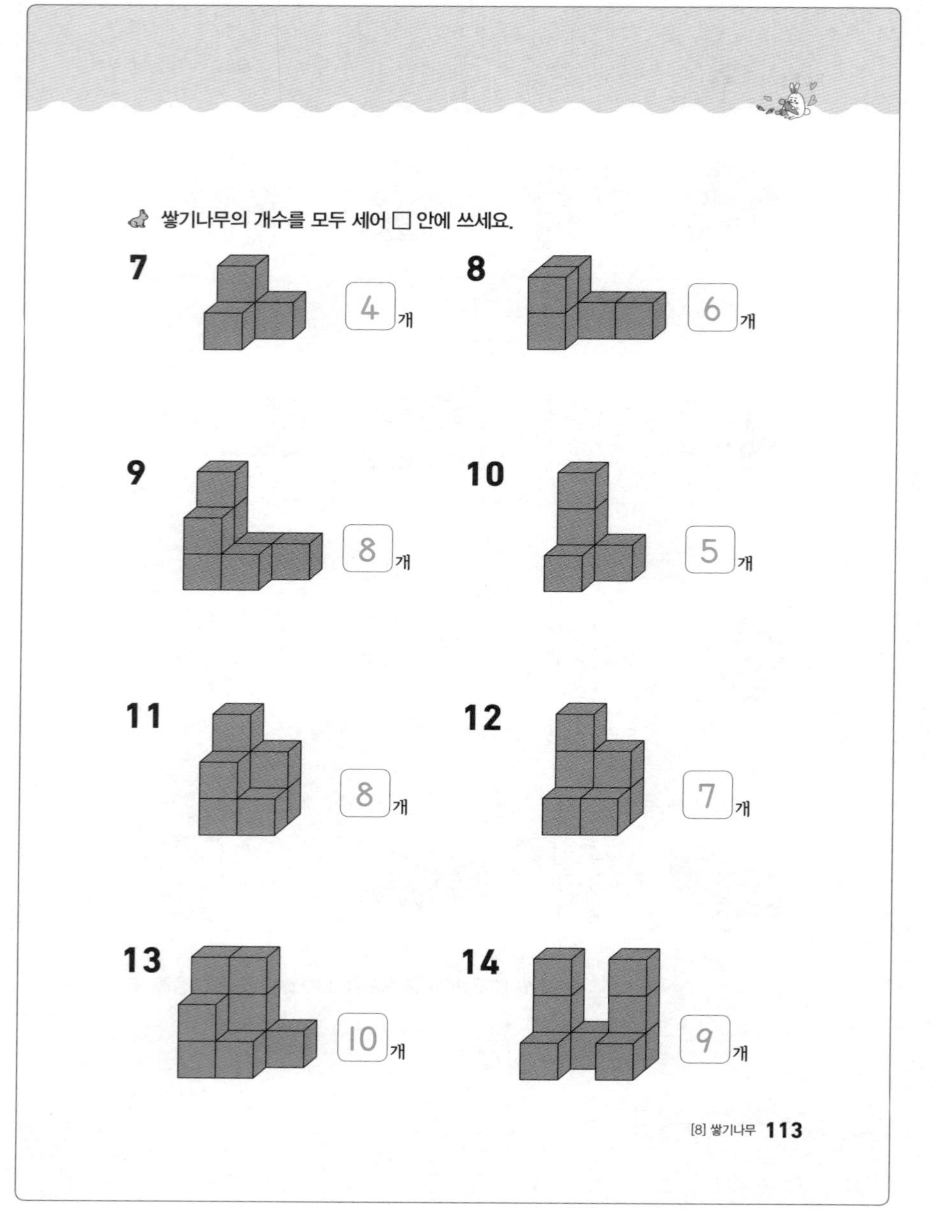

쌓기나무의 개수를 모두 세어 □ 안에 쓰세요.

7 4개

8 6개

9 8개

10 5개

11 8개

12 7개

13 10개

14 9개

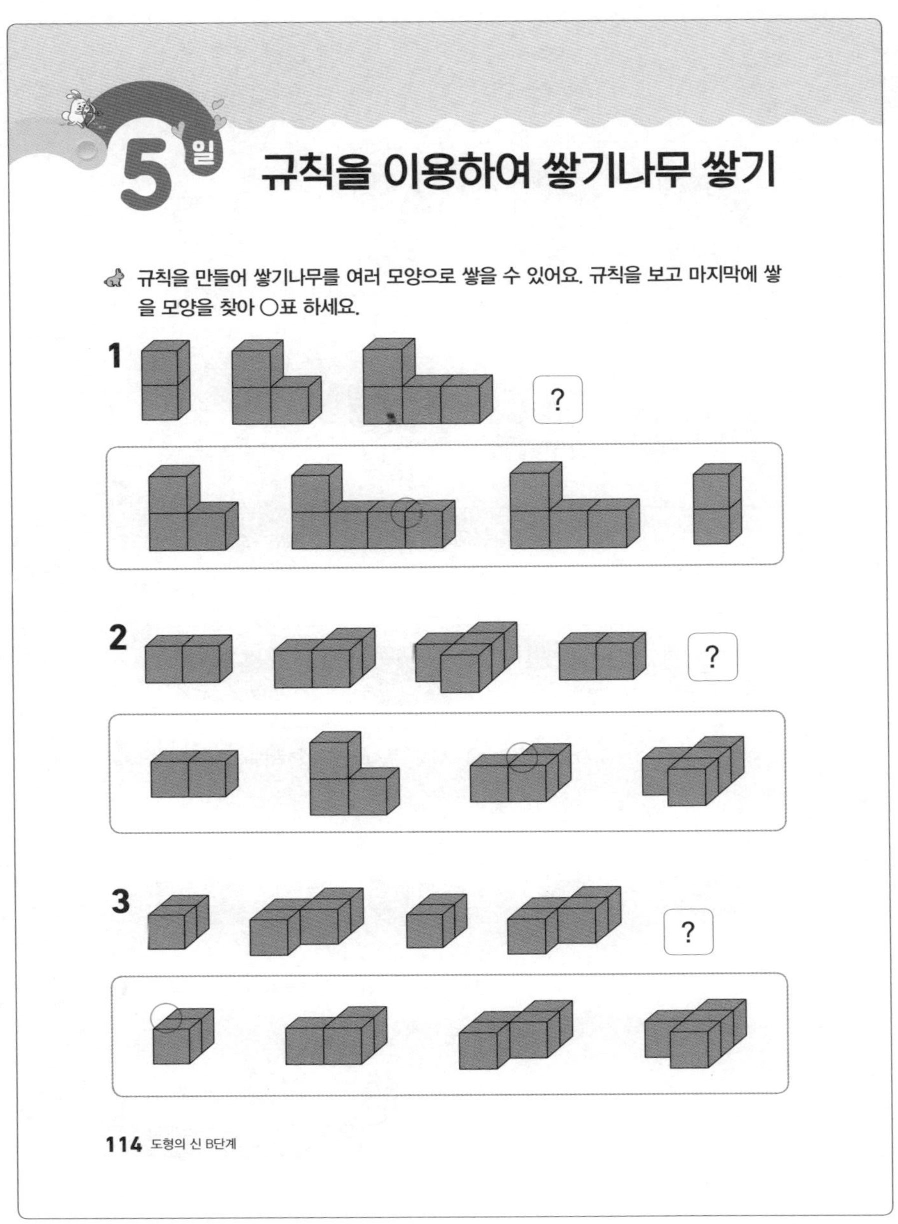

5일 규칙을 이용하여 쌓기나무 쌓기

규칙을 만들어 쌓기나무를 여러 모양으로 쌓을 수 있어요. 규칙을 보고 마지막에 쌓을 모양을 찾아 ○표 하세요.

1 ?

2 ?

3 ?

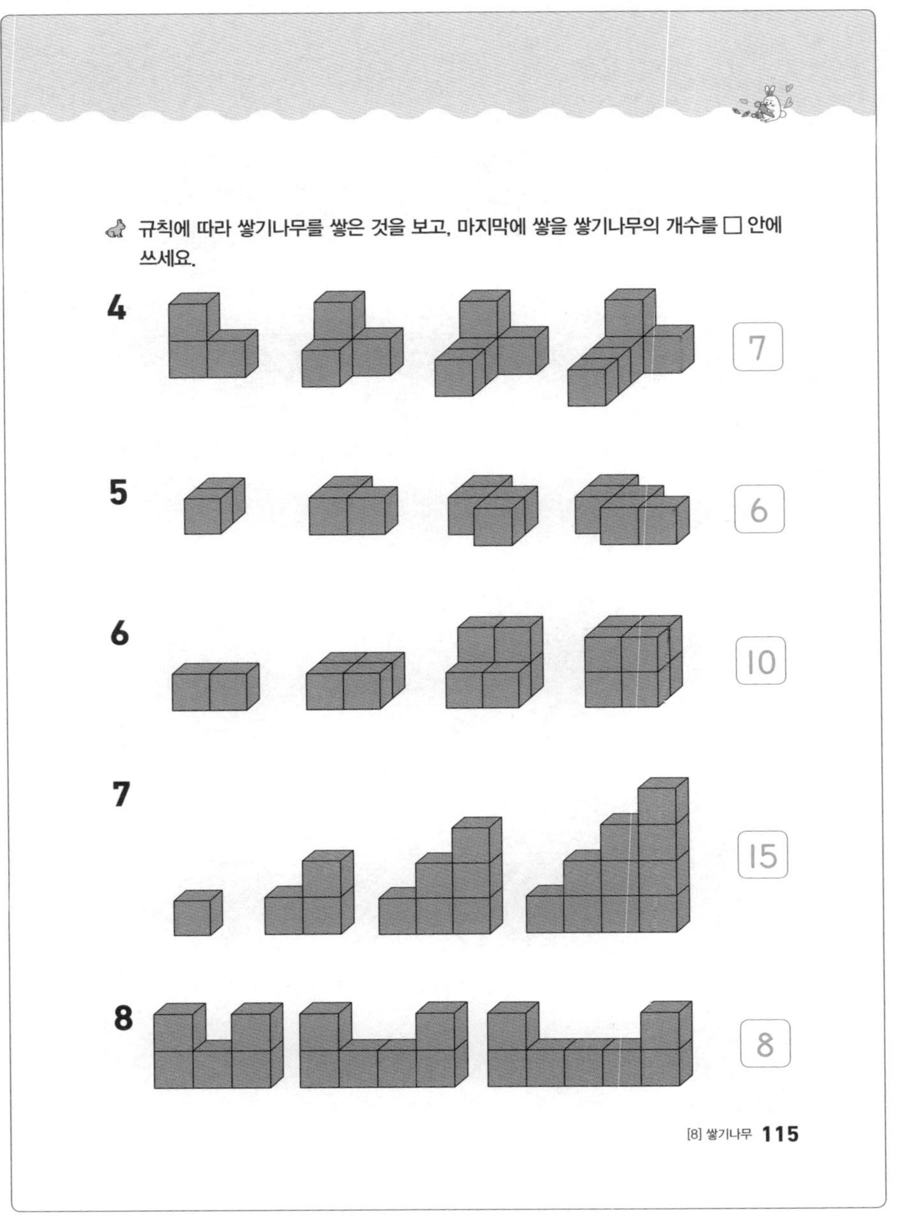

규칙에 따라 쌓기나무를 쌓은 것을 보고, 마지막에 쌓을 쌓기나무의 개수를 □ 안에 쓰세요.

4 7

5 6

6 10

7 15

8 8

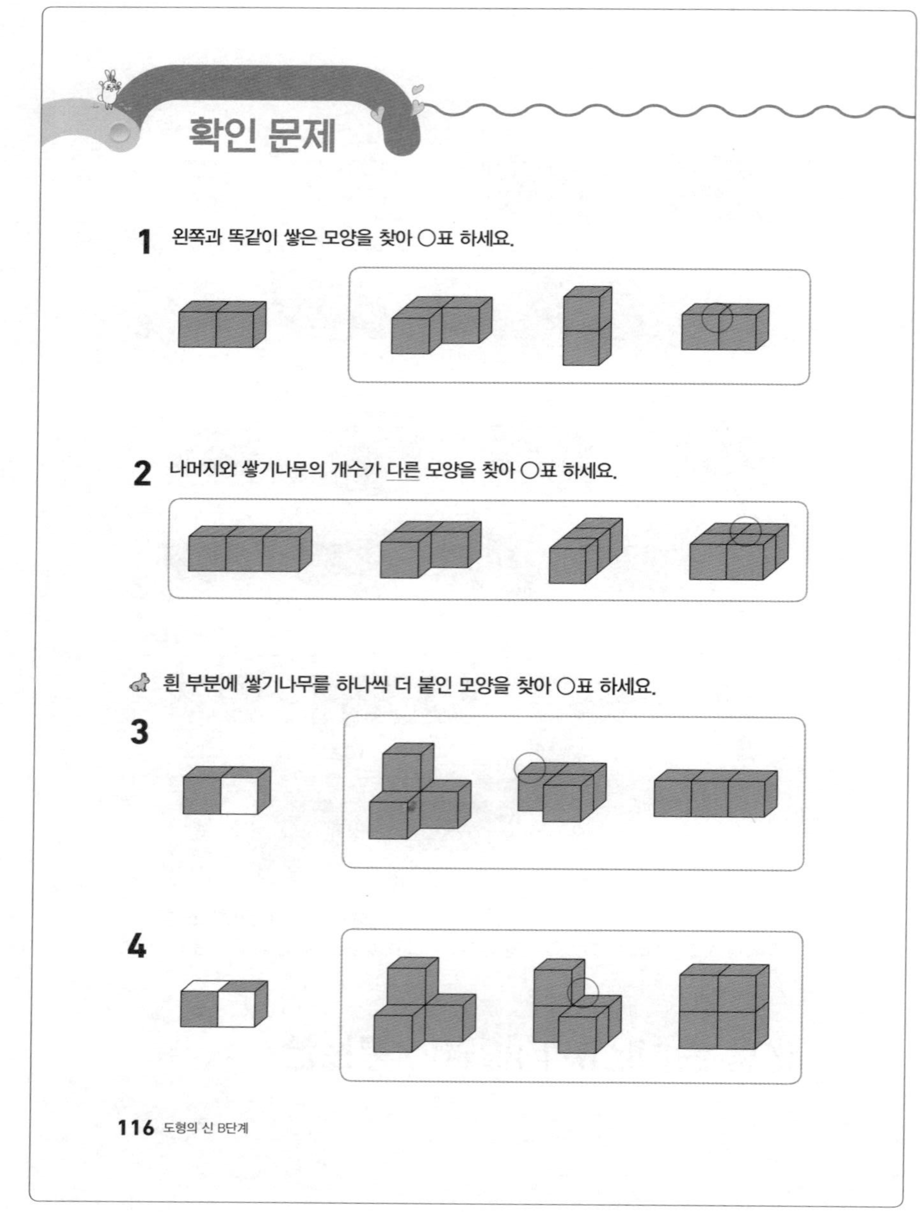

확인 문제

1 왼쪽과 똑같이 쌓은 모양을 찾아 ○표 하세요.

2 나머지와 쌓기나무의 개수가 다른 모양을 찾아 ○표 하세요.

흰 부분에 쌓기나무를 하나씩 더 붙인 모양을 찾아 ○표 하세요.

3

4

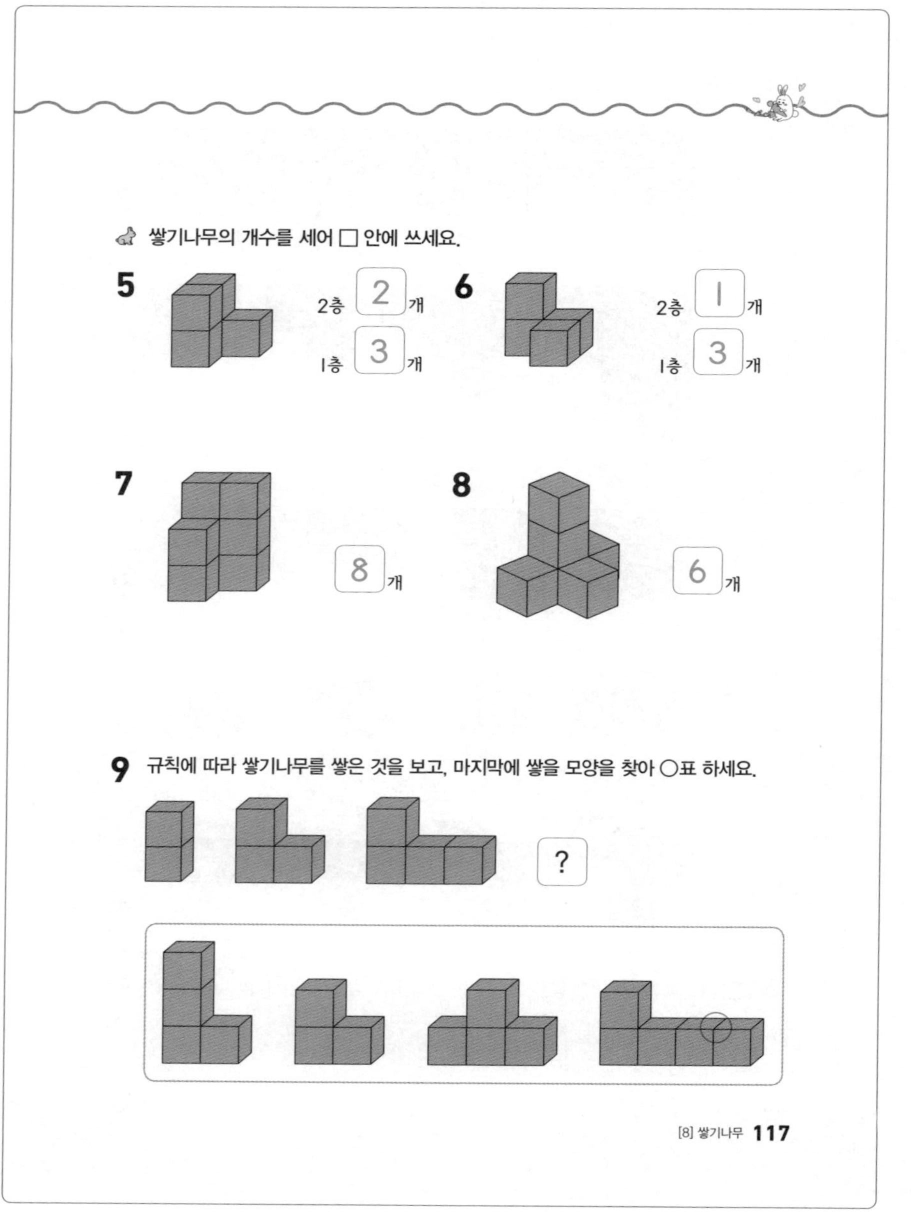

쌓기나무의 개수를 세어 □ 안에 쓰세요.

5 2층 2 개, 1층 3 개

6 2층 1 개, 1층 3 개

7 8 개

8 6 개

9 규칙에 따라 쌓기나무를 쌓은 것을 보고, 마지막에 쌓을 모양을 찾아 ○표 하세요.

?

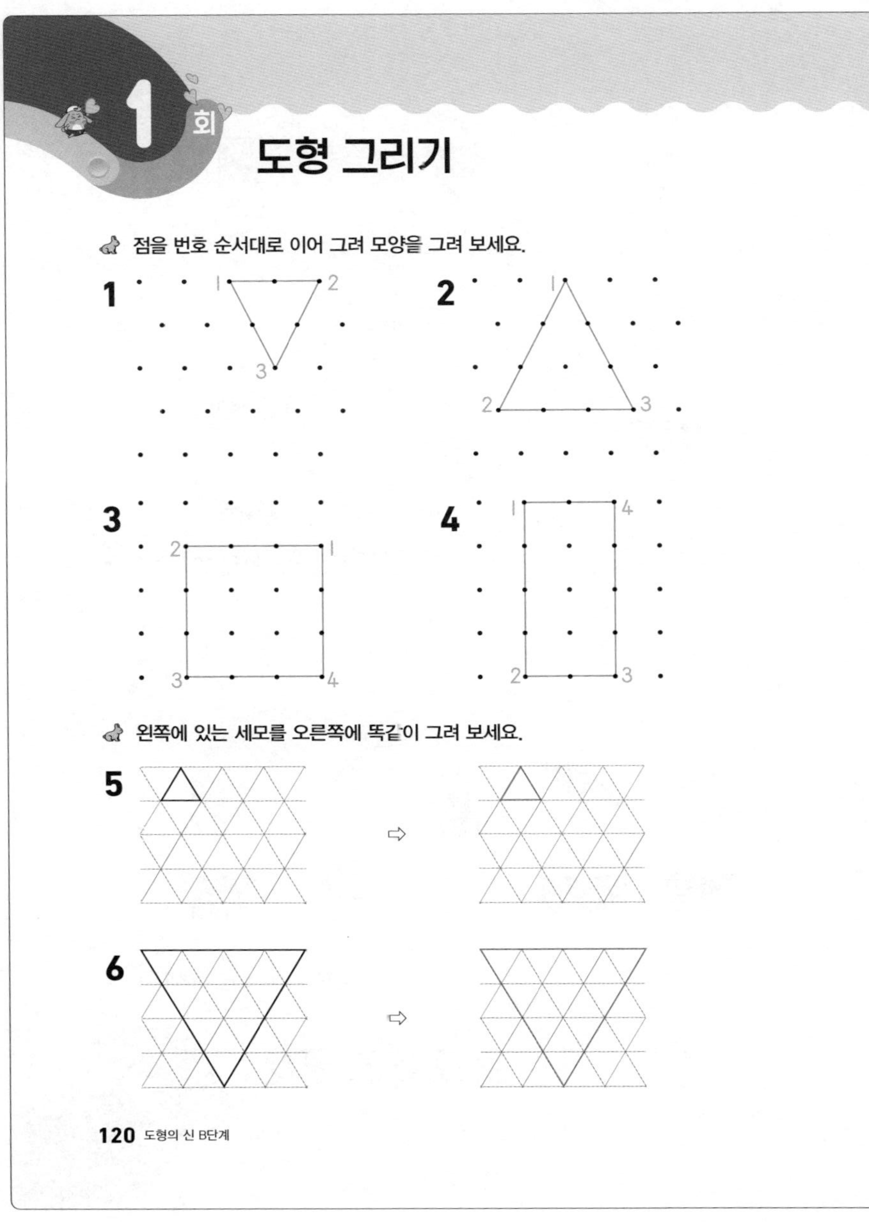

1회 도형 그리기

점을 번호 순서대로 이어 그려 모양을 그려 보세요.

1

2

3

4

왼쪽에 있는 세모를 오른쪽에 똑같이 그려 보세요.

5

6

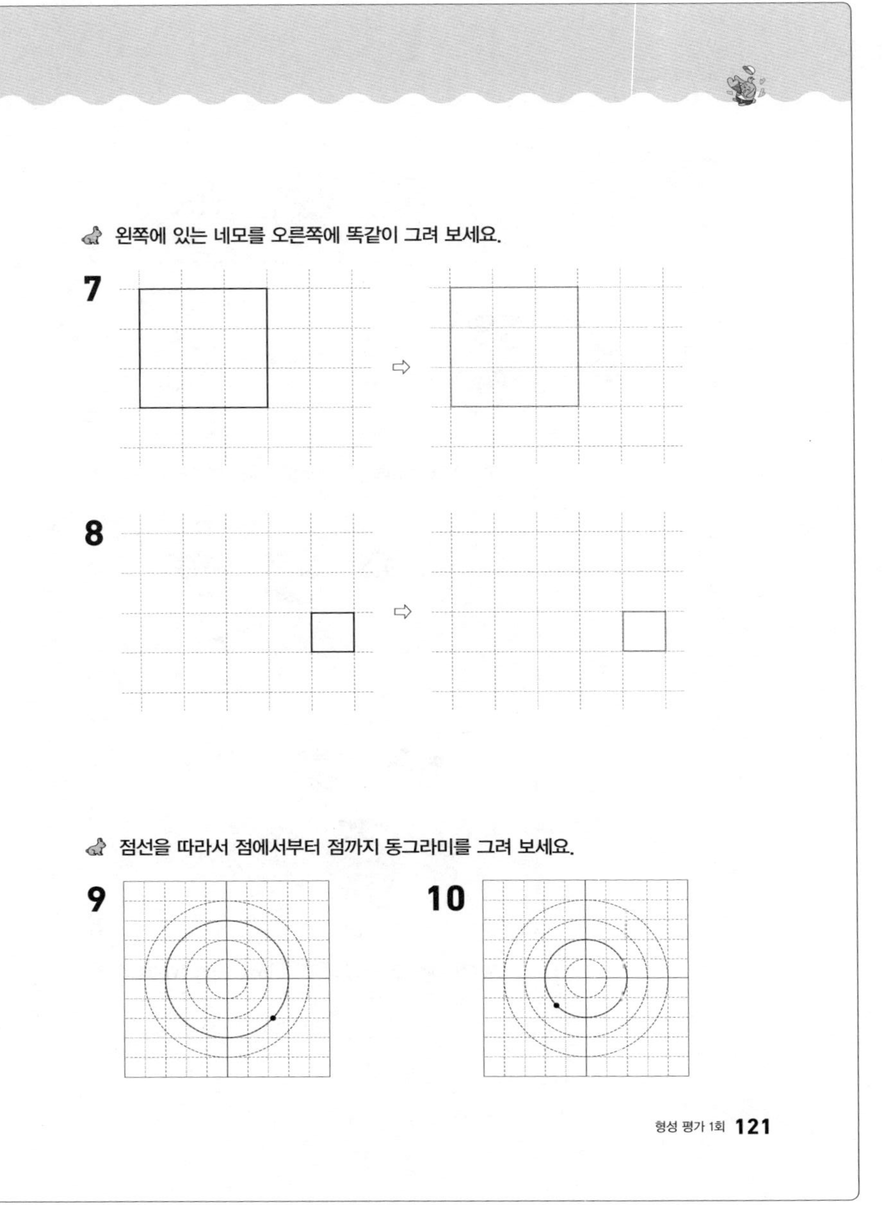

왼쪽에 있는 네모를 오른쪽에 똑같이 그려 보세요.

7

8

점선을 따라서 점에서부터 점까지 동그라미를 그려 보세요.

9

10

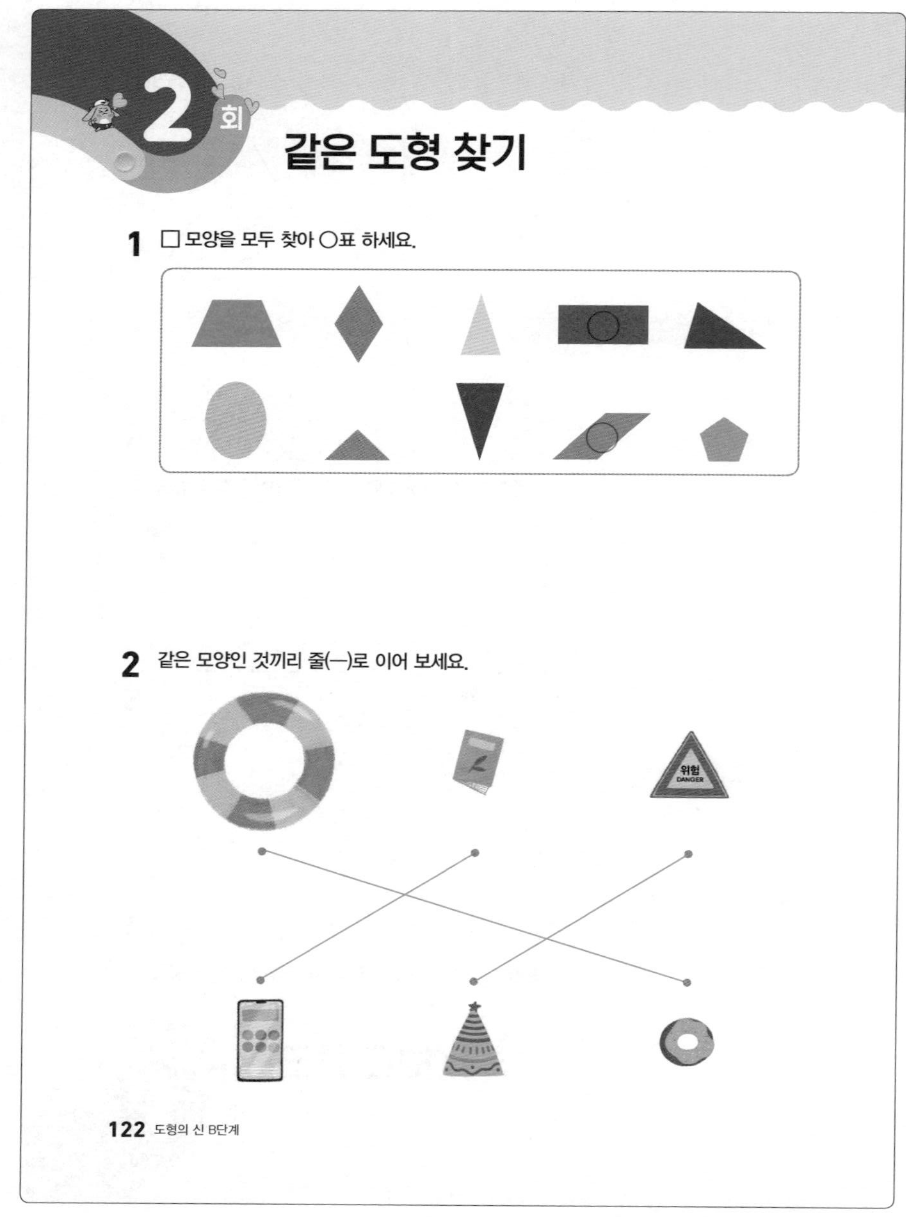
2회
같은 도형 찾기
1 □ 모양을 모두 찾아 ○표 하세요.
2 같은 모양인 것끼리 줄(—)로 이어 보세요.
위험
DANGER
122 도형의 신 B단계

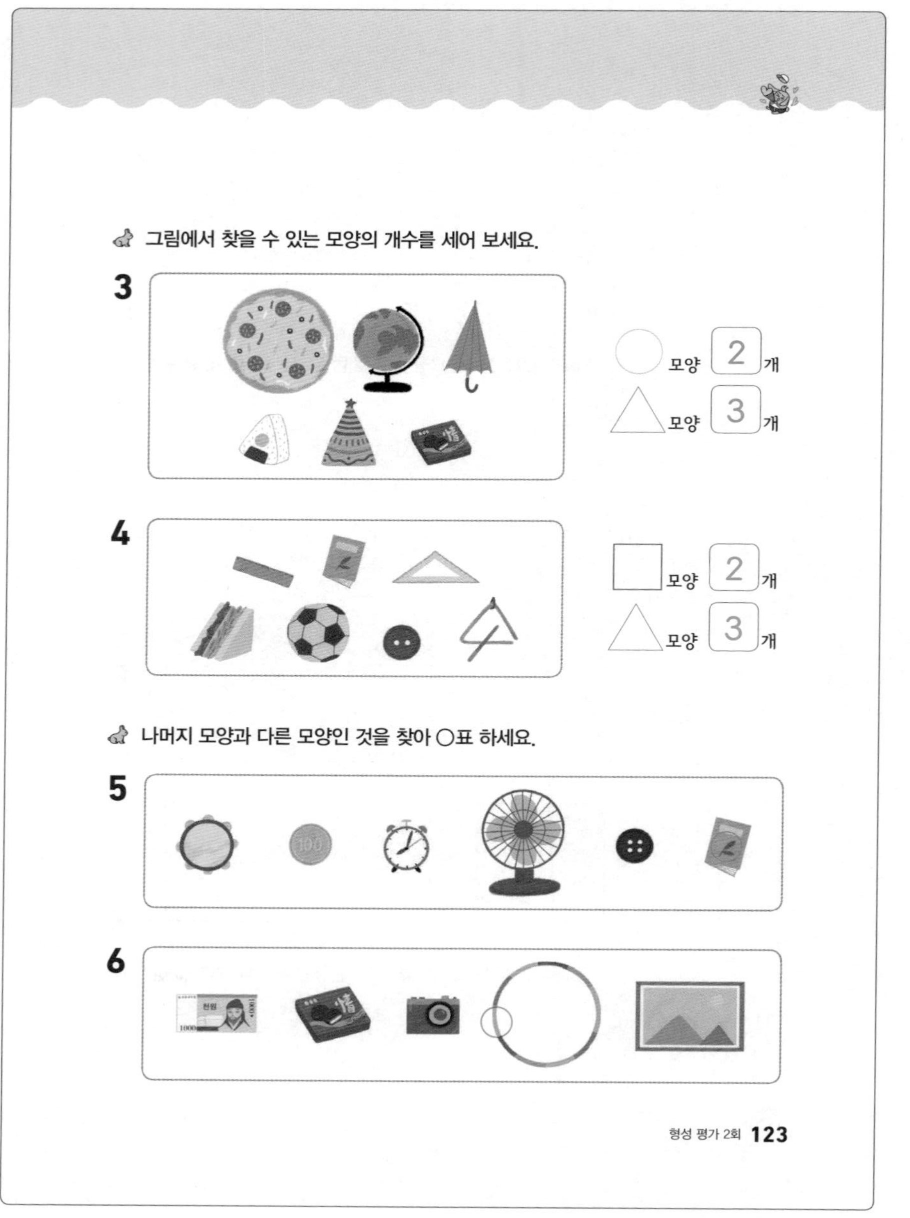
그림에서 찾을 수 있는 모양의 개수를 세어 보세요.
3
○ 모양 2 개
△ 모양 3 개
4
□ 모양 2 개
△ 모양 3 개
나머지 모양과 다른 모양인 것을 찾아 ○표 하세요.
5
6
형성 평가 2회 123

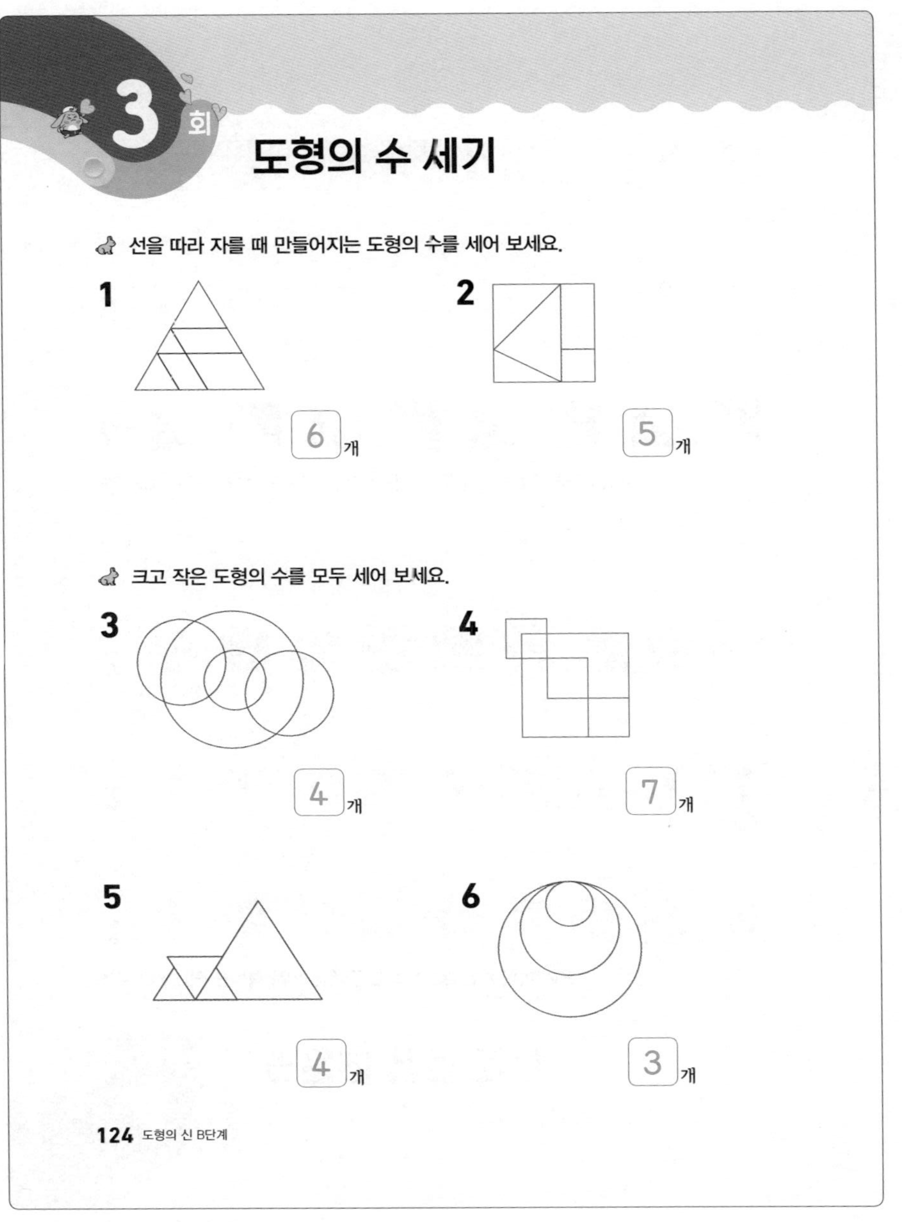

3회 도형의 수 세기

선을 따라 자를 때 만들어지는 도형의 수를 세어 보세요.

1 (6)개

2 (5)개

크고 작은 도형의 수를 모두 세어 보세요.

3 (4)개

4 (7)개

5 (4)개

6 (3)개

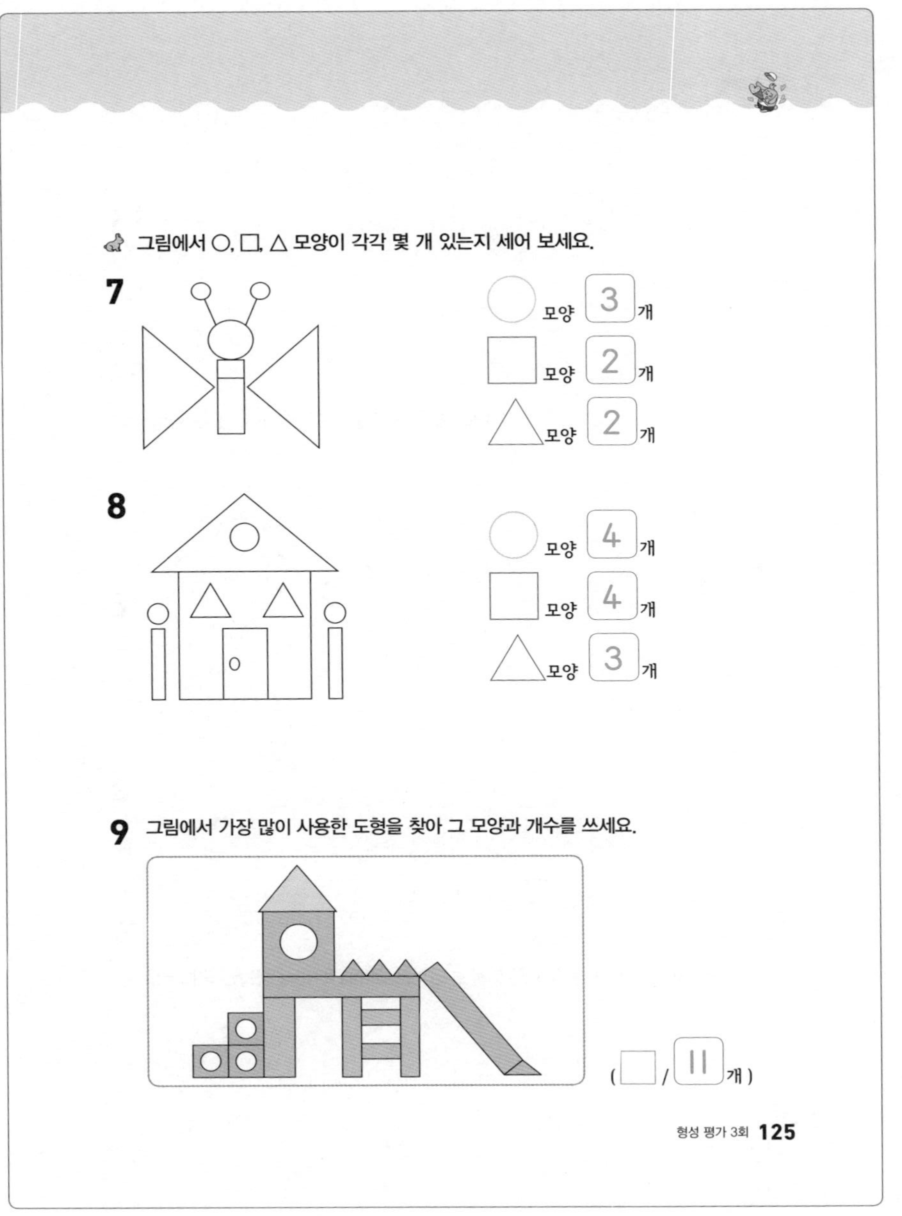

그림에서 ○, □, △ 모양이 각각 몇 개 있는지 세어 보세요.

7 ○ 모양 (3)개 □ 모양 (2)개 △ 모양 (2)개

8 ○ 모양 (4)개 □ 모양 (4)개 △ 모양 (3)개

9 그림에서 가장 많이 사용한 도형을 찾아 그 모양과 개수를 쓰세요.

(□ / 11 개)

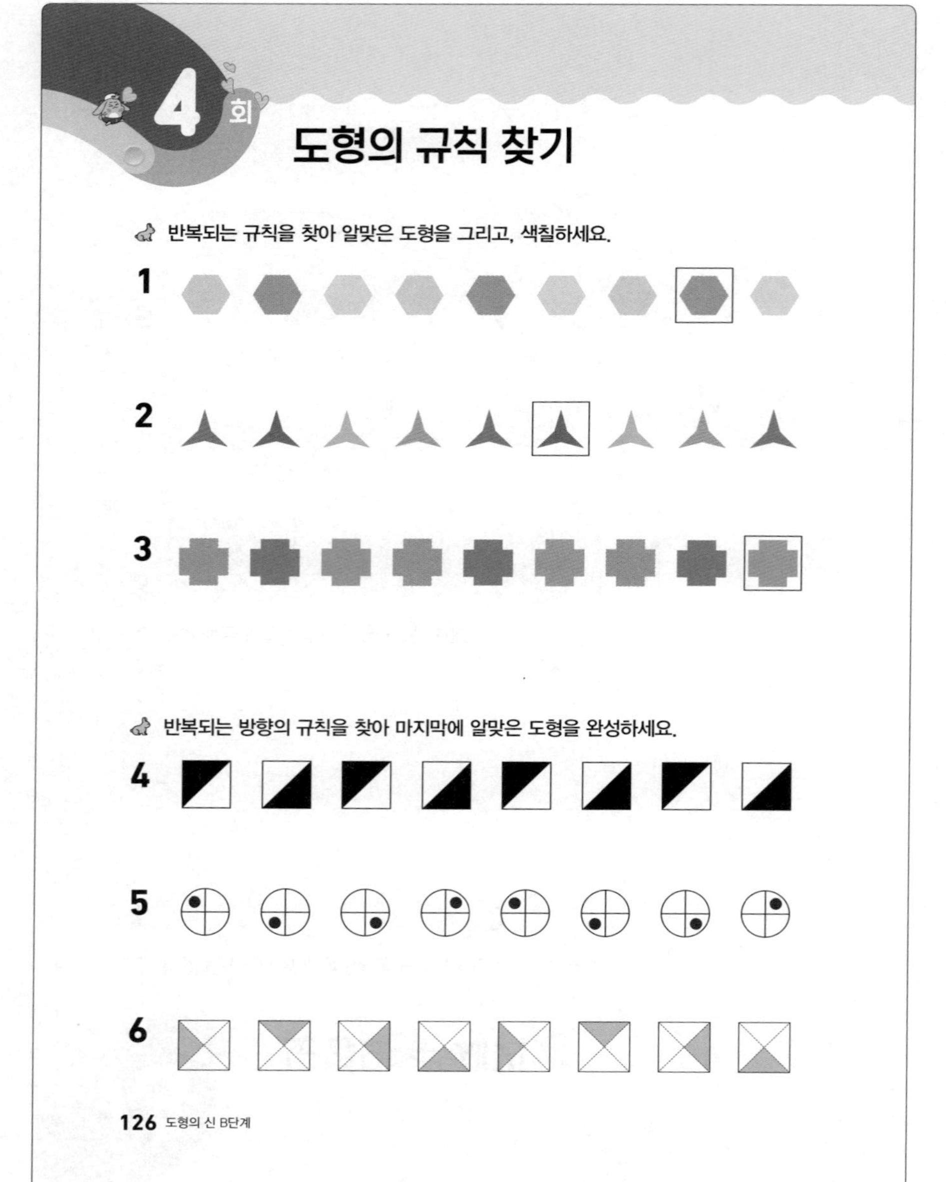

4회 도형의 규칙 찾기

반복되는 규칙을 찾아 알맞은 도형을 그리고, 색칠하세요.

1

2

3

반복되는 방향의 규칙을 찾아 마지막에 알맞은 도형을 완성하세요.

4

5

6

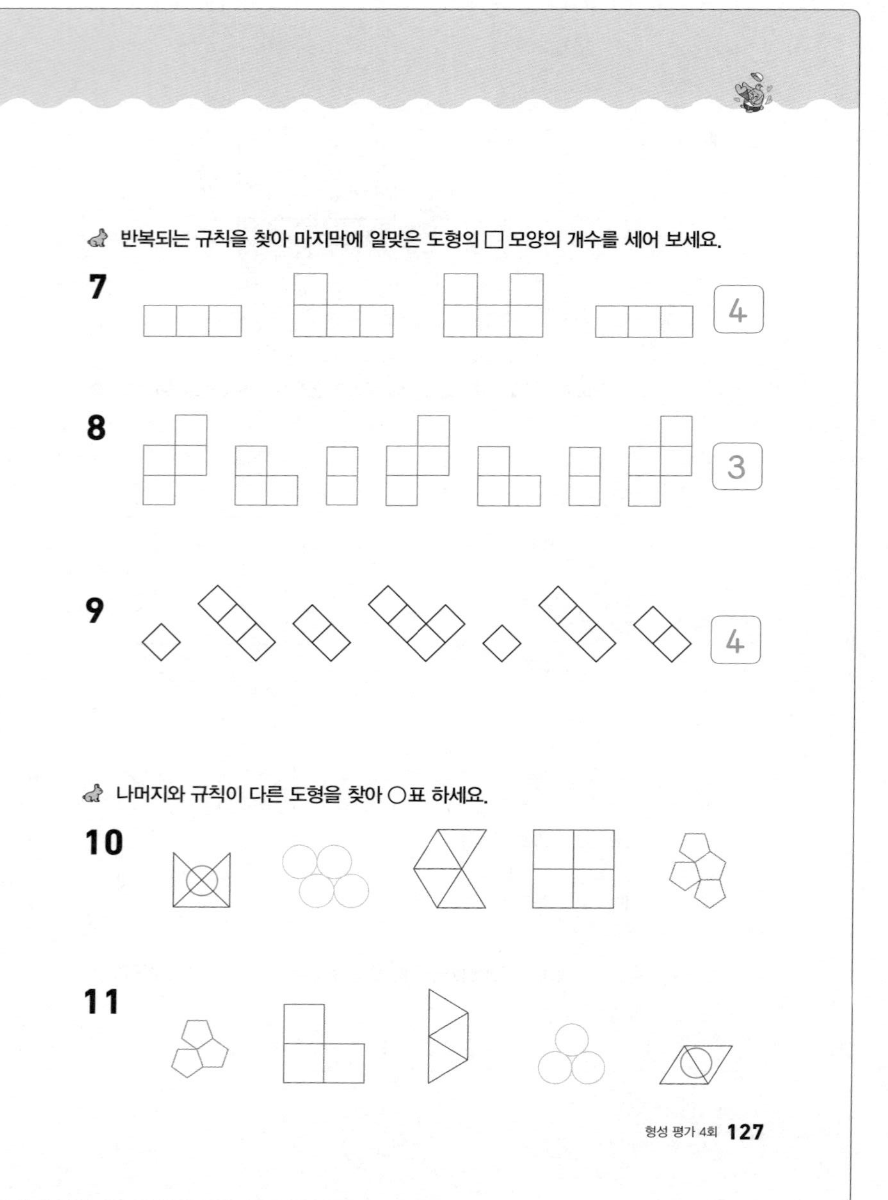

반복되는 규칙을 찾아 마지막에 알맞은 도형의 □ 모양의 개수를 세어 보세요.

7 4

8 3

9 4

나머지와 규칙이 다른 도형을 찾아 ○표 하세요.

10

11

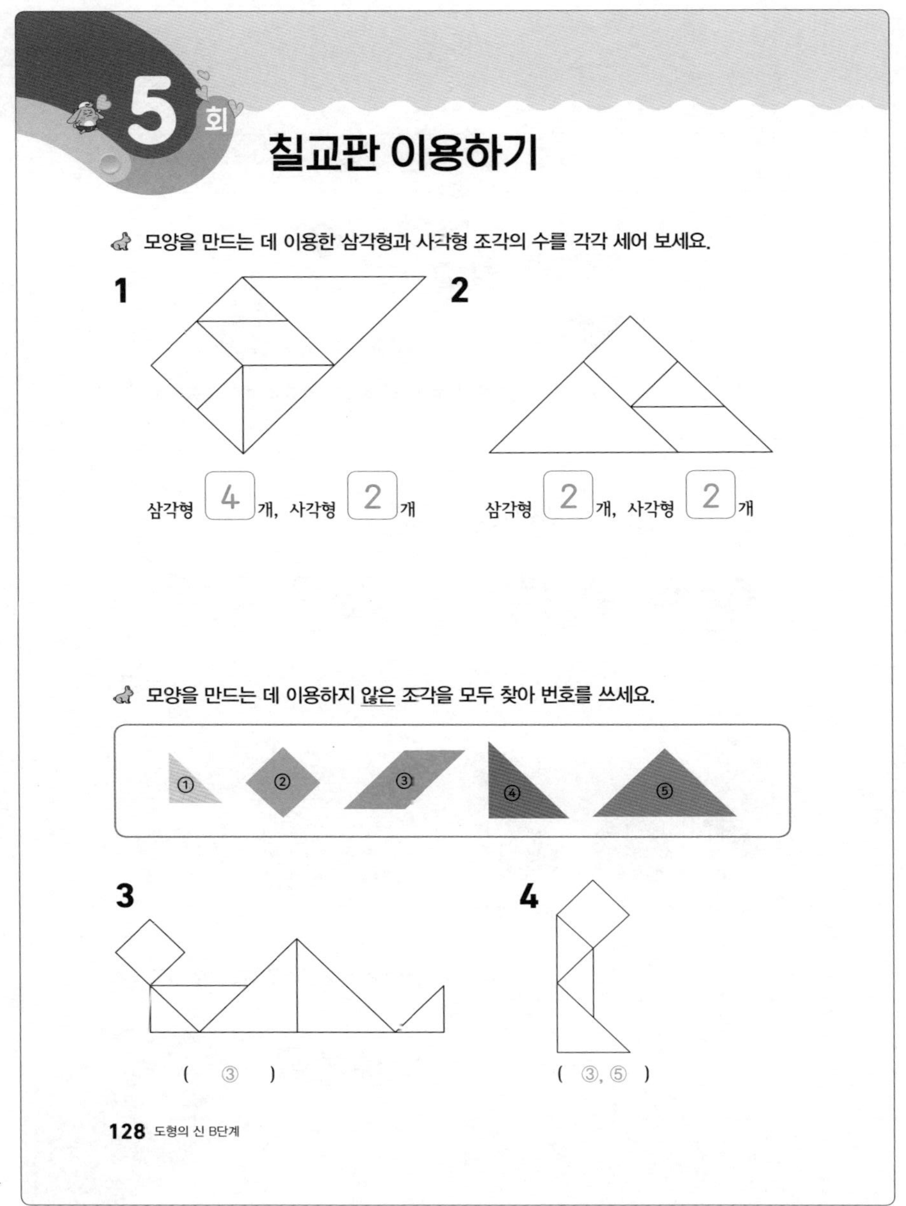

5회

칠교판 이용하기

모양을 만드는 데 이용한 삼각형과 사각형 조각의 수를 각각 세어 보세요.

1

삼각형 4 개, 사각형 2 개

2

삼각형 2 개, 사각형 2 개

모양을 만드는 데 이용하지 않은 조각을 모두 찾아 번호를 쓰세요.

① ② ③ ④ ⑤

3

(③)

4

(③, ⑤)

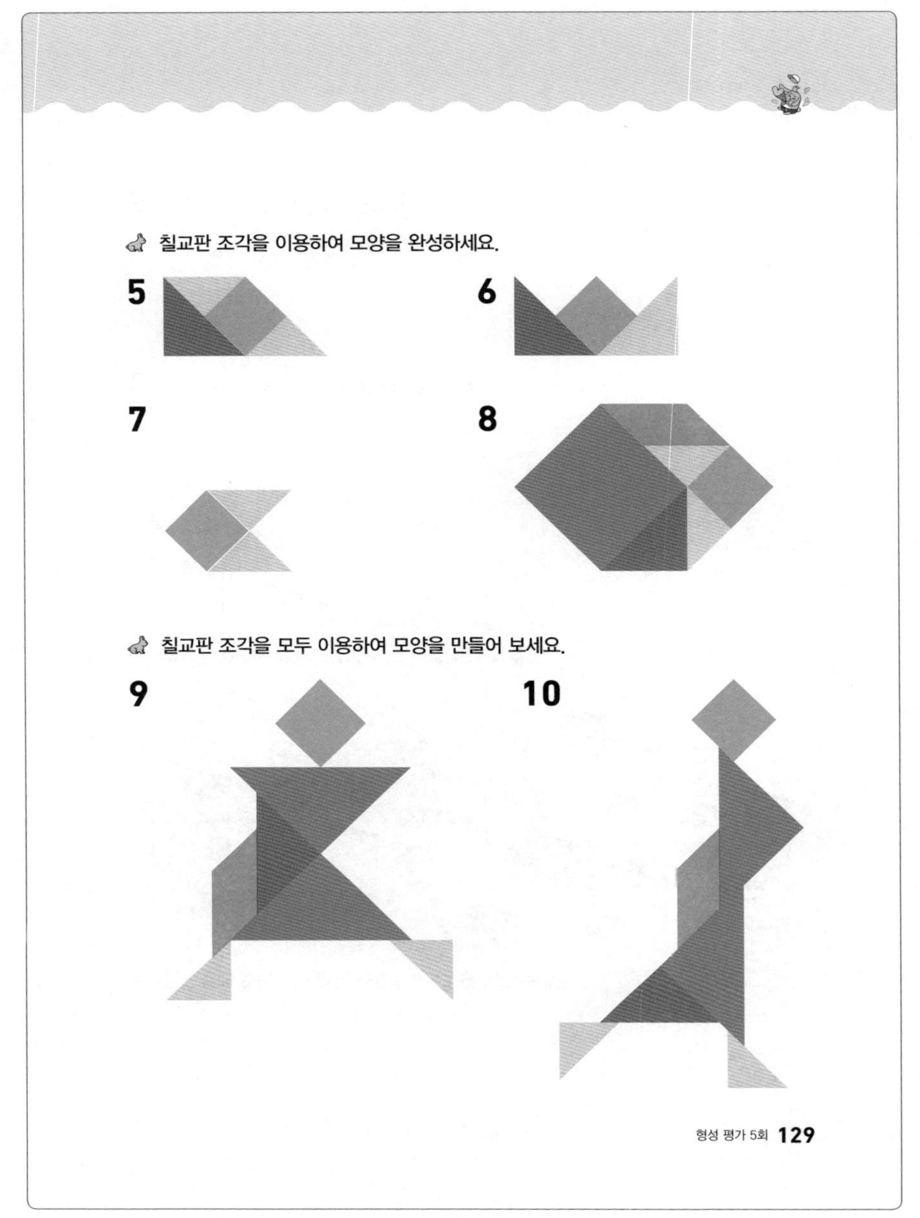

칠교판 조각을 이용하여 모양을 완성하세요.

5

6

7

8

칠교판 조각을 모두 이용하여 모양을 만들어 보세요.

9

10

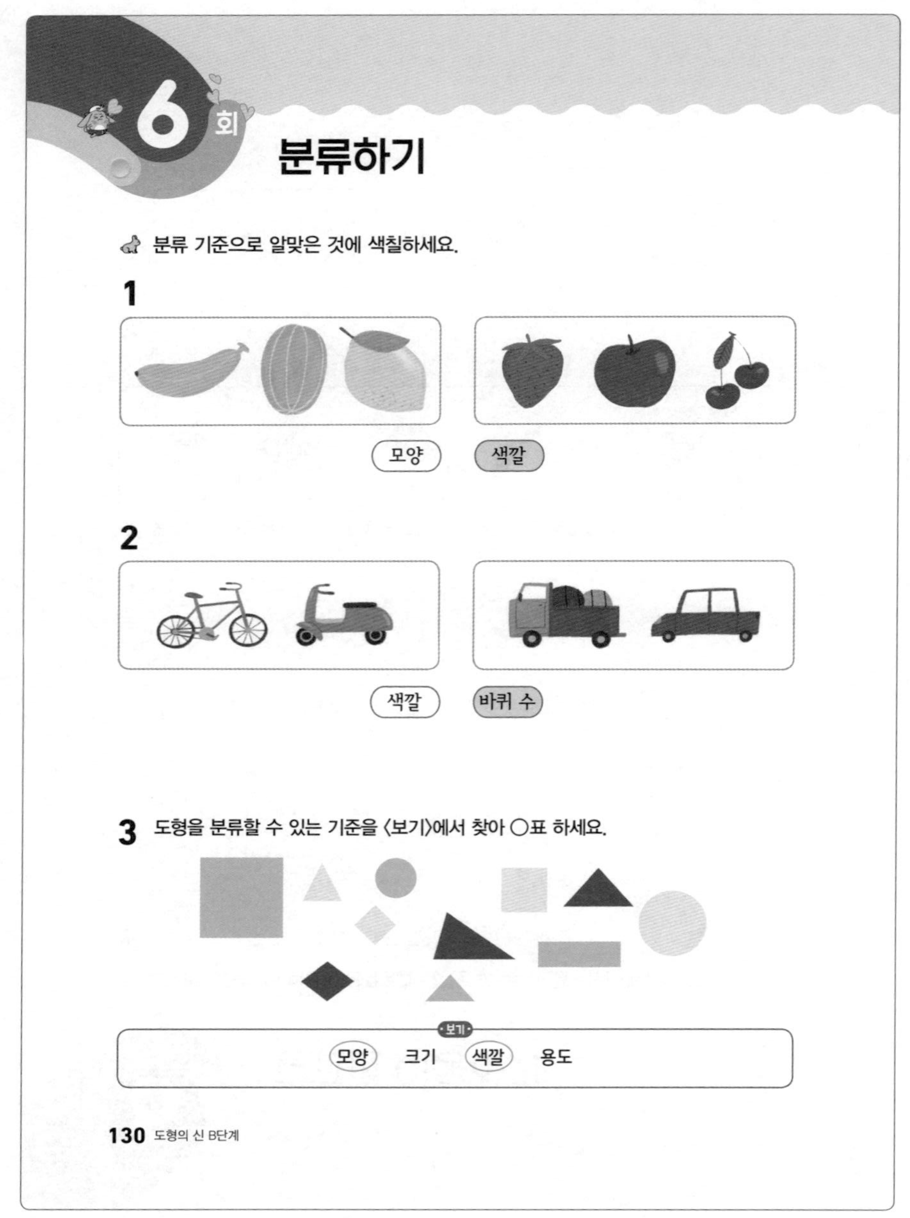

6회 분류하기

분류 기준으로 알맞은 것에 색칠하세요.

1

모양 / 색깔

2

색깔 / 바퀴 수

3 도형을 분류할 수 있는 기준을 〈보기〉에서 찾아 ○표 하세요.

〈보기〉
모양 크기 색깔 용도

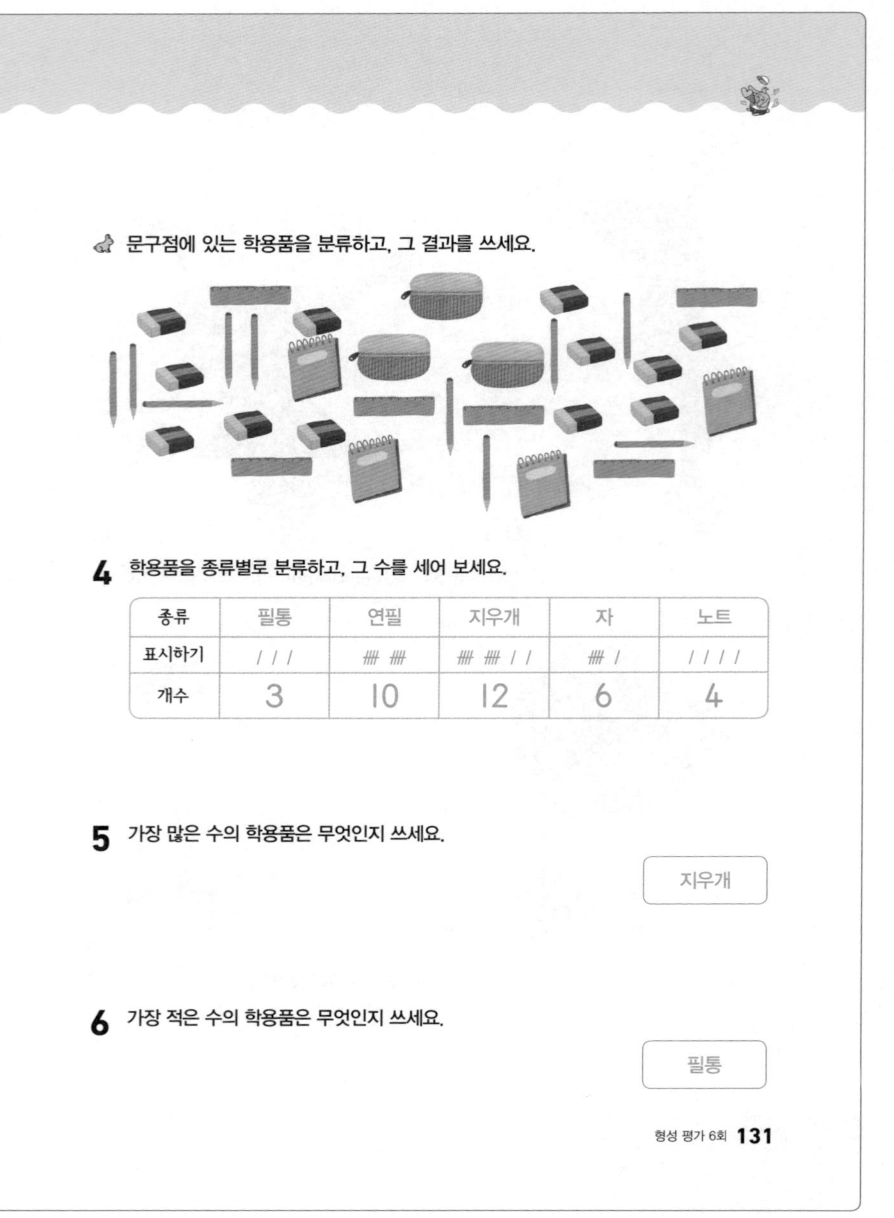

문구점에 있는 학용품을 분류하고, 그 결과를 쓰세요.

4 학용품을 종류별로 분류하고, 그 수를 세어 보세요.

종류	필통	연필	지우개	자	노트
표시하기	///	卌 卌	卌 卌 //	卌 /	////
개수	3	10	12	6	4

5 가장 많은 수의 학용품은 무엇인지 쓰세요.

지우개

6 가장 적은 수의 학용품은 무엇인지 쓰세요.

필통

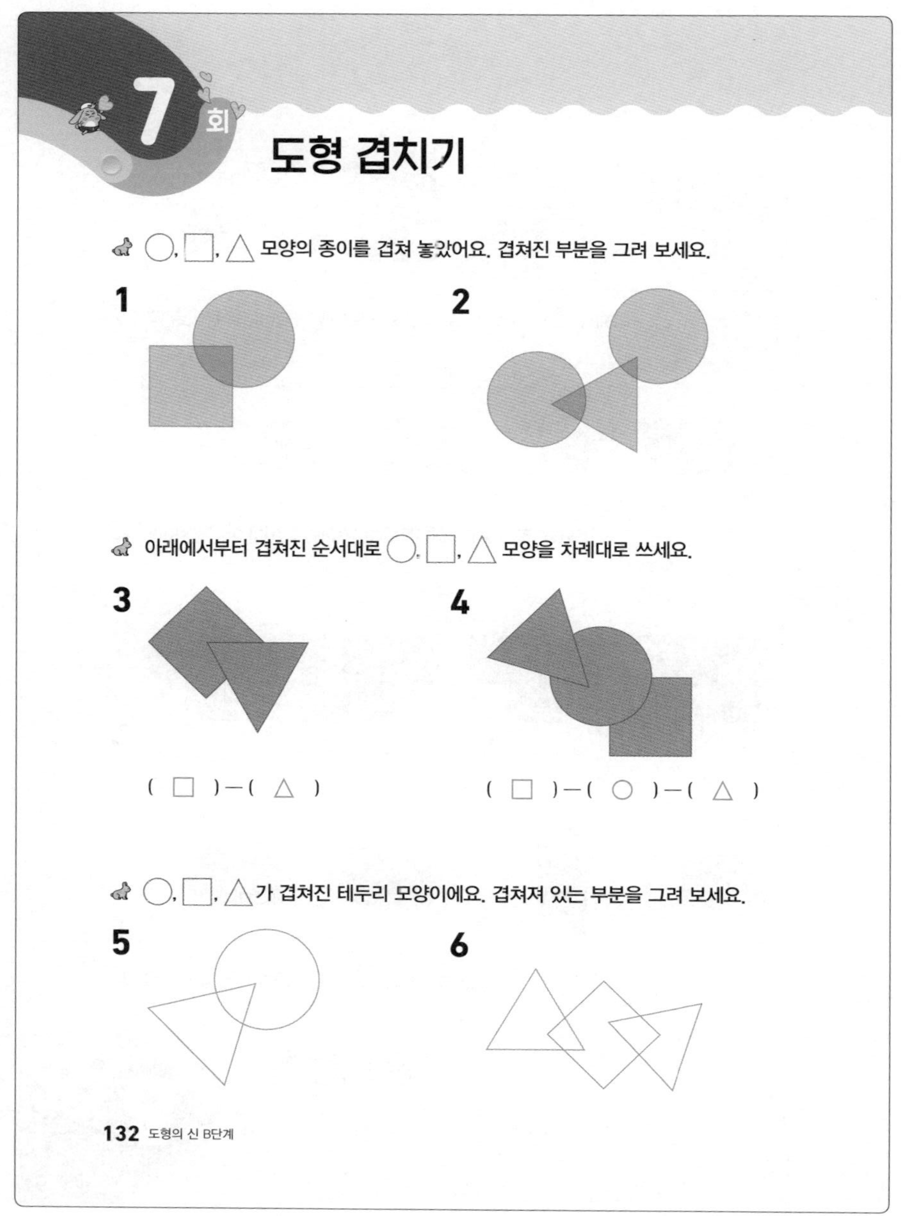

7회 도형 겹치기

○, □, △ 모양의 종이를 겹쳐 놓았어요. 겹쳐진 부분을 그려 보세요.

1

2

아래에서부터 겹쳐진 순서대로 ○, □, △ 모양을 차례대로 쓰세요.

3

(□)—(△)

4

(□)—(○)—(△)

○, □, △가 겹쳐진 테두리 모양이에요. 겹쳐져 있는 부분을 그려 보세요.

5

6

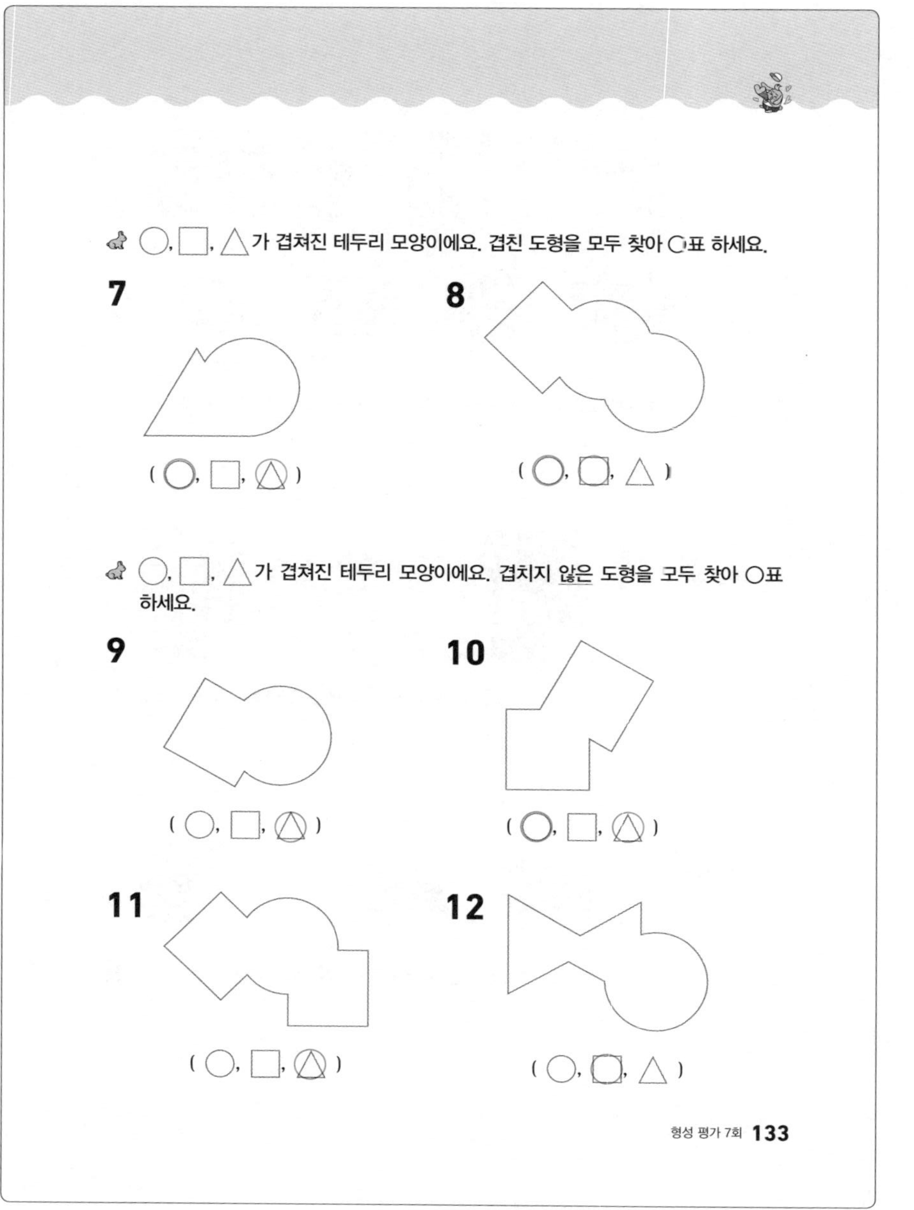

○, □, △가 겹쳐진 테두리 모양이에요. 겹친 도형을 모두 찾아 ○표 하세요.

7

(○, □, △)

8

(○, □, △)

○, □, △가 겹쳐진 테두리 모양이에요. 겹치지 않은 도형을 모두 찾아 ○표 하세요.

9

(○, □, △)

10

(○, □, △)

11

(○, □, △)

12

(○, □, △)

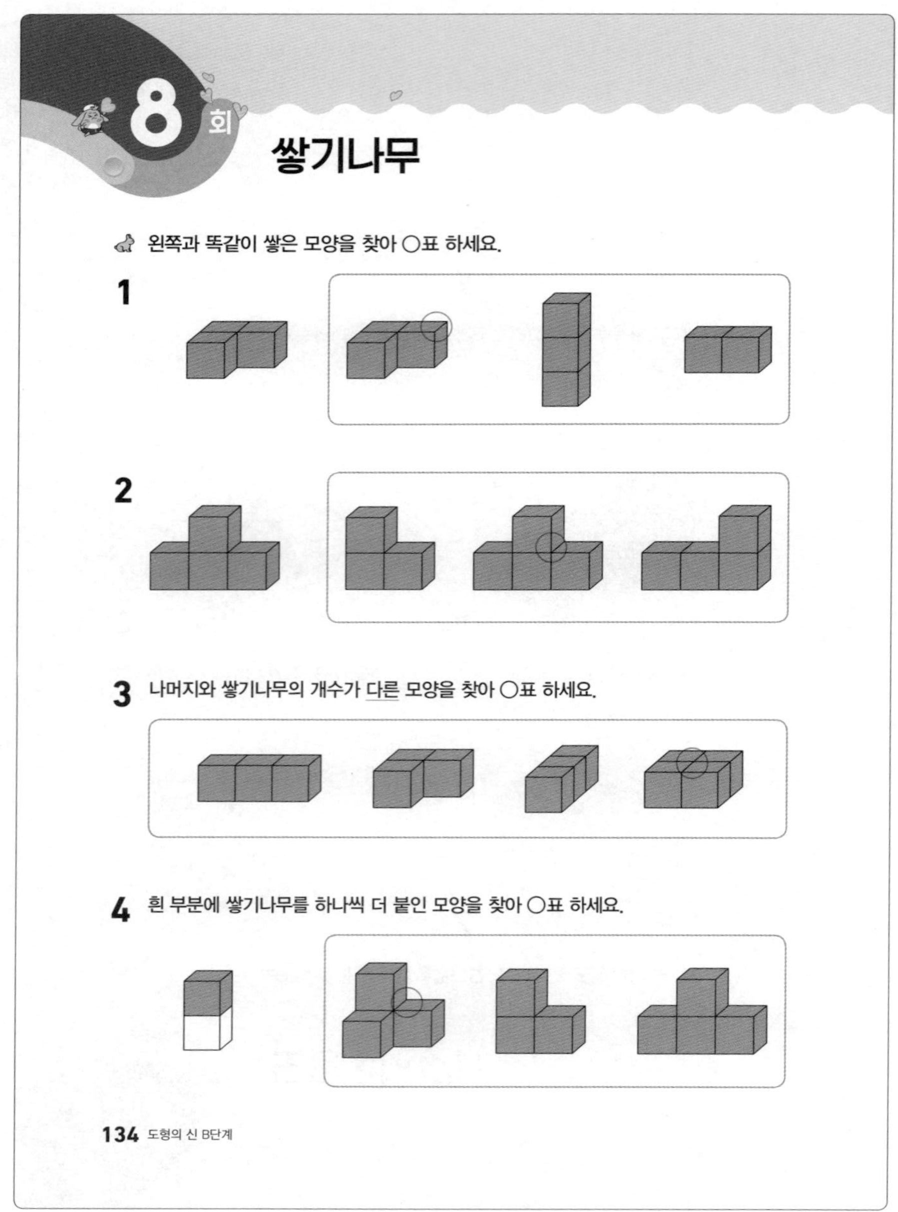

8회 쌓기나무

왼쪽과 똑같이 쌓은 모양을 찾아 ○표 하세요.

1

2

3 나머지와 쌓기나무의 개수가 다른 모양을 찾아 ○표 하세요.

4 흰 부분에 쌓기나무를 하나씩 더 붙인 모양을 찾아 ○표 하세요.

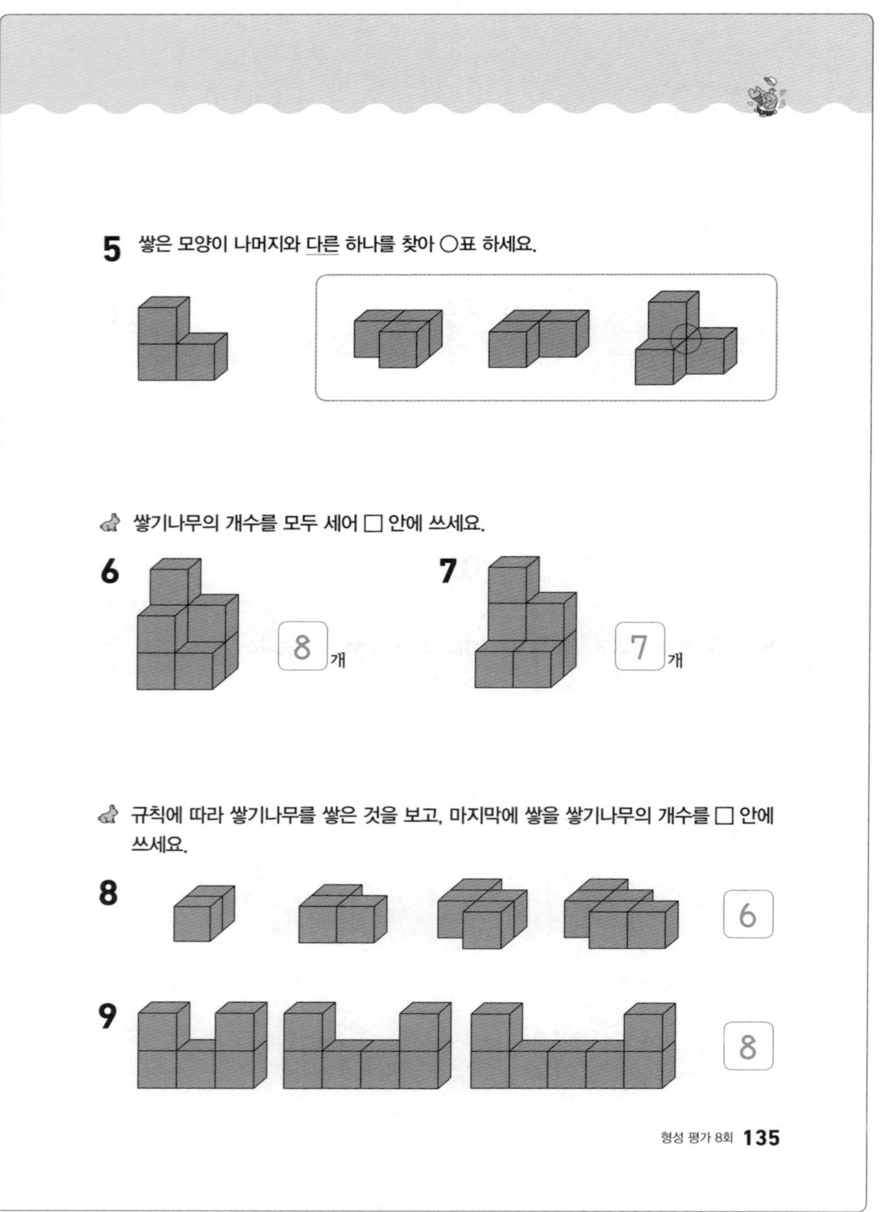

5 쌓은 모양이 나머지와 다른 하나를 찾아 ○표 하세요.

쌓기나무의 개수를 모두 세어 □ 안에 쓰세요.

6 8개

7 7개

규칙에 따라 쌓기나무를 쌓은 것을 보고, 마지막에 쌓을 쌓기나무의 개수를 □ 안에 쓰세요.

8 6

9 8

초등학교 입학 전 익히는 수와 기초 연산

매일 두 쪽씩, 하루 10분 문제 풀이로 계산의 신이 되자!

	《계산의 신》 권별 핵심 내용		
예비 초등	1권	한 자리 수의 덧셈, 뺄셈	10까지의 수 한 자리 수의 덧셈, 뺄셈
	2권	두 자리 수의 덧셈, 뺄셈	100까지의 수 두 자리 수의 덧셈, 뺄셈
초등 1학년	1권	자연수의 덧셈과 뺄셈 기본(1)	합과 차가 9까지인 덧셈과 뺄셈 받아올림/내림이 없는 (두 자리 수)±(한 자리 수)
	2권	자연수의 덧셈과 뺄셈 기본(2)	받아올림/내림이 없는 (두 자리 수)±(두 자리 수) 받아올림/내림이 있는 (한/두 자리 수)±(한 자리 수)
초등 2학년	3권	자연수의 덧셈과 뺄셈 발전	(두 자리 수)±(한 자리 수) (두 자리 수)±(두 자리 수)
	4권	네 자리 수/곱셈구구	네 자리 수 곱셈구구
초등 3학년	5권	자연수의 덧셈과 뺄셈/곱셈과 나눗셈	(세 자리 수)±(세 자리 수), (두 자리 수)×(한 자리 수) 곱셈구구 범위에서의 나눗셈
	6권	자연수의 곱셈과 나눗셈 발전	(세 자리 수)×(한 자리 수), (두 자리 수)×(두 자리 수) (두/세 자리 수)÷(한 자리 수)
초등 4학년	7권	자연수의 곱셈과 나눗셈 심화	(세 자리 수)×(두 자리 수) (두/세 자리 수)÷(두 자리 수)
	8권	분수와 소수의 덧셈과 뺄셈 기본	분모가 같은 분수의 덧셈과 뺄셈 소수의 덧셈과 뺄셈
초등 5학년	9권	자연수의 혼합 계산/분수의 덧셈과 뺄셈	자연수의 혼합 계산, 약수와 배수, 약분과 통분 분모가 다른 분수의 덧셈과 뺄셈
	10권	분수와 소수의 곱셈	(분수)×(자연수), (분수)×(분수) (소수)×(자연수), (소수)×(소수)
초등 6학년	11권	분수와 소수의 나눗셈 기본	(분수)÷(자연수), (소수)÷(자연수) (자연수)÷(자연수)
	12권	분수와 소수의 나눗셈 발전	(분수)÷(분수), (자연수)÷(분수), (소수)÷(소수), (자연수)÷(소수), 비례식과 비례배분